エドワード・ミード・アール＊編著

山田積昭＋石塚 栄＋伊藤博邦＊訳

Edward Mead Earle

Makers of Modern Strategy Military Thought from Machiavelli to Hitler

新戦略の創始者

マキアヴェリからヒトラーまで 上

原書房

マキアヴェリ
Machiavelli

ヴォーバン
Vauban

フリードリヒ大王
Frederick the Great

ギベール
Guilbert

ビューロー
Bülow

ジョミニ
Jomini

クラウゼヴィッツ
Clausewitz

アダム・スミス
Adam Smith

アレクサンダー・ハミルトン
Alexander Hamilton

フリードリヒ・リスト
Freidrich List

マルクス
Marx

エンゲルス
Engels

モルトケ
Moltke

シュリーフェン
Schlieffen

ド・ピック
Du Picq

フォッシュ
Foch

ブジョー
Bugeaud

ガリエニ
Galliéni

リヨテ
Lyautey

デルブリュック
Delbrück

新戦略の創始者　マキアヴェリからヒトラーまで　上巻　◉　目次

◉下巻目次

序言（抄訳）

エドワード・ミード・アール　陸軍航空部隊特別顧問、戦争大学講師、プリンストン大学高等研究所教授、コロンビア大学科学学士。哲学博士。

ひとたび戦争が始まると、われわれの日常生活は抑制を余儀なくされる。このことを一八六一年にアメリカのある文士はもろもろの例をあげて説明している。またウォーター・ミリスは戦争があらゆる社会の制度、機構を根底から変革させると指摘している。戦争という至上命令によって、個人たると公共機関たるとを問わずそれまでに享受していたものがすべて変えられてしまうのである。

しからば戦争は、人間の意志のとどかない神によって行われるのであろうか。いやそうではない。戦争は個人、政治家たちあるいは国家が行おうとしたり、または、誤算することから引き起こされるものである。いうなれば、戦争は国家政策の結果か、または逆に政策の貧困によって生ずるものである。そして国家が戦争を行うという重大な政策をひとたび採用すると、その後の指導の巧拙によって、勝利か敗北かのいずれかの結果で終わるのである。

これらのことは自明の理である。したがって戦争政策の決定を軍人だけあるいは政治家のみに依存したり、あるいは一部の軍人と政治家に任せたりすることは極めて愚かなことであるはずである。またかかる問題について国家がいちいち国民社会と討論して決するというようなことは不可能のことである。

しかしながら、決定された戦略が成功するか否かは、聡明で決断力のある一般国民の支援が得られるか否かによってきまるものである。すなわち一般国民は定められた戦略を成功させるために、それぞれの生命、一身の幸福および各人の名誉のすべてを国家に捧げなければならないのであるから、この支援を受けることは大変なことである。戦争時における民主国家にとって、偉大な指導者が必要となるが、このような事態に際会すると多くの場合英雄的人物が出現するものである。すなわちワシントン、リンカーン、ロイド＝ジョージ、ウィルソン、クレマンソー、チャーチル、フランクリン・ルーズベルト等の人物がそれらである。これらの偉大な指導力の源泉となるものは、国民に深く根ざしている精神力、意志力、強固な信念である。戦闘態勢に入っている民主国家においては、国民がその生命を危険にさらして奉仕すべき戦争の目的を理解し、また若い将校はいうに及ばず一兵にいたるまで、これを理解していなければならない。アメリカ陸軍の軍紀や軍事行動は理性的、合理的なものでなくてはならないとの基本原則を打ち立てたのは、プロイセン将校のシュトイベンであった。またアメリカ国民の基礎教育の一部として軍事教育を行うべきであると提案したのは、偉大な民主主義者であったトマス・ジェファーソンである。

ウィンストン・チャーチルはこれらの基本的な原理をよく理解している。第二次世界大戦中、イギリス国民に対して行った数多くの演説において、なぜに子供たちや父たちが遠く家庭より離れた戦場において死ななければならないかについて語っている。一九四三年五月二〇日、チャーチルがアメリカ合衆国議会で述べたのも同趣旨のものであった。チャーチルはアメリカ人に対し、日本を倒す前に、ドイツを撃破しなければならない根本理由を説明した。これによって、それまで鋭く対立していた戦略に対する世論が統一され、国民の支持を得ることとなった。

本書の目的は従来のものより物事を、より広い範囲と、長期にわたって観察し、近代戦の戦略がどのように発展してきたかを説明し、その間に得られる最良の軍事思想に関する知識により、アングロサクソンの読者が戦争の原因を理解し、また戦争の遂行に必須の原則を会得することをねらいにしている。戦争の遂行に不断の警戒を行うことは自由の代価であり、また永遠の平和を維持しようと欲するならば、軍備がいかに国際社会に重要な役割を果たすものであるかを明確に理解することが必要であると信ずるのである。しかしながら、現実においては必ずしもこの理解をもっていないのが事実である。ゴードン・クレイグ氏が第11章で指摘しているように、今日の偉大な軍事史学者たちは軍事問題に関心があることを常に弁解しなくてはならないように感じている。なぜかといえば、多くの人々が戦争嫌いであるということと、戦争が人類社会にいかなる役割をはたしているかということに無関心な平和主義者が、戦争が歴史上に占める重要な意義を無視し、あるいはわれわれの将来にもたらすであろう不吉な結果に無頓着であるからである。ここで問題としているのは武力それ自体のことではない。あるいは武力を問題にしないのは誤りであるかもしれないが時として武力を使用しなければならない場合のことを問題としているのである。われわれはパスカルが約三世紀前にいっているように、「武力を欠いた正義は無力であり、正義を欠いた力は暴力である。われわれは正義と力とを結合させなければならない。」ということの言葉を信じなければならない。今やアメリカは近代の最先端をいく軍事力をもつ国家となりつつある。われわれ自身および世界のためにこの強大な軍事力を行使するのはほんの瞬間に限られる。

戦略は戦争それ自体、戦争の準備と戦争の遂行を取り扱うものである。これを狭義に定義すれば、戦略とは会戦（campaign）の計画、指導および部隊指揮の術である。戦略は戦術と異なっている。戦術は戦場における個々の部隊を直接指揮する術である。

一八世紀末頃までは戦略（strategy）は謀略詭計を本質としていた。〈戦争の奸計〉（ruse de guerre）すなわち敵を欺いて勝を制するものと解されていた。しかし時代が進むにつれて、戦争も社会もだんだん複雑となってきた。戦争と社会は分離的なものでなく、社会に内在する性質そのものであることを知っておく必要がある。そしてだんだん戦略も必然的に非軍事的要素、すなわち経済的、心理的、道徳的、政治的および技術的考慮をより多く加味するようになった。したがって戦略は単に戦争時のことのみでなく、平和時の政治の一要素となってきたのである。戦略の用語を限定して使用する場合は、狭義の意味で軍隊指揮を指している。

今日の世界では戦略とは、国家資源の統制、その利用法、ならびに多数国家の（軍隊も含めた）協同団結、それらの生命線の確保、国家利益の増進等を包含し、敵の現実的、潜在的な攻撃または時として攻撃を予測しうるような敵に対応する術まで戦略の範疇ということができる。戦略の最高級のかたち——時として大戦略（grand strategy）と呼ばれる。この戦略においては国家が戦争手段に訴えることなく目的を達成すること、あるいは一度戦争に入った際は勝利の公算を最大限に追求することに関し、国家の政策と軍備の統合をはかるものである。本書に述べる戦略はかかる範囲の広汎な意義をもっている。

このような広汎な戦略を論ずるにあたっては、過去の有名な将軍たちは戦場における戦術家として、極めて多くのものを残しているが、戦略的な問題では記録されたものがほとんどないので割愛し、クラウゼヴィッツとジョミニにしぼって記述している。これに反し軍人でないアダム・スミス、フリードリヒ・リスト、はては社会革命家のマルクスおよびエンゲルス、政治家のロイド＝ジョージ、クレマンソーが顔を出してくるがこれらのことは、近代の戦略には非軍事的要素が多く含まれているからである。

アメリカの軍人もわずかに、マハン提督とミッチェル将軍が本書に論ぜられているにすぎない。多くの軍人たちが植民地戦争や南北戦争で示した輝かしい業績は戦略事項というより戦術またはすぐれた技術によるものであった。

各章の筆者は必ずしも編者と意見が一致しているわけではなく、また意見を一致する必要もないと考えている。また各筆者相互においても同意見であるとは思えない。しかしマキアヴェリよりヒトラーにいたる各章を通じて一貫したテーマが、程度よくあらわれている。速戦即決と殲滅戦の考え方、機動戦と陣地戦の考え方、また戦争と社会制度の関係、経済力と軍事力の関係、戦争心理学と軍隊の士気の問題、軍隊における軍紀の役割、職業軍隊と国民軍の問題などである。軍事技術は国際的なフリーメーソン的なものであり、一国に特有のものでありえない。同様に戦略の発達進化にも国境がなく、重商主義、自由貿易主義、自由主義、平等主義、全体主義、社会主義、平和主義といったような思想やイデオロギーも戦争の原因や遂行にも関係がある。

国境がない戦略においてもしばしば国固有のものが戦略に大きく影響してくる。それがその国特有の戦略となることがある。これらは各国民の性格や心理状態の差異から生ずるし、価値観の基準や人生観の差異からも生起するものである。ドイツ人はそれを世界観（Weltanschauung）と呼んでいる。

一面それらは各国の政治的、社会的、経済的機構の結果であり、さらに、その国々の地理的位置と国の伝統にもとづく政治的、軍事的表現であるともみなしうるのである。

外交と戦略および政治と軍事は不可分である。これを認識しないと外交は破綻する。このことはウォーター・リップマン氏がその著書『アメリカの外交政策』に述べているとおりである。国家の存立は国民がその国の利益がなんであるか、その利益を増進するにはいかにすべきか、これに対する認識度にかかるのである。

ゆえに国民は必ず自国の戦略を理解することが必要である。われわれはこの事を一部の軍人に全面的に任せることも欲しない。われわれの軍隊（将校を含めた）は民主的基礎である一般国民が選んだものである。民主主義国家には国家の安全保障のため唯一の安全貯蔵資源は全国民であり、またそうでなくてはならない。

軍職にある人々は、一般読者や国際問題の研究者と同様、以下の本書の記述に興味を持たれるであろう。たとえば長い間戦術家、戦略家の間で論争のまとになった攻勢作戦と守勢作戦の優劣問題のごときは、本書の読者がすでにおわかりのように、これらは単純な軍事問題でなく、軍事、歴史、社会および経済的事項をすべて包含する複雑な問題であることに気づかれるであろう。一般的には防者は攻者にまさる技術的利益を享受することが通常である。しかし事実からいえば、攻者は防者を一掃することがしばしば存在する。攻勢作戦の絶大な力はあたかも洪水のごとく、その進路に横たわる天然の障害物や人工障害物を圧倒することができる。これは社会革命が起こった時に事実となってあらわれている。その例は一七九三年におけるフランス、一九三三年におけるヒトラー出現後におけるドイツの状態がそれである。革命はダントン流の傍若無人振りを発揮するに止まらず、さらに加速され、一層の不敵さと暴君振りをほしいままにし、意見の混乱に乗じ、イデオロギーの闘争により旧秩序を破壊してしまうのである。

また攻者が有力な新兵器――たとえば火薬、戦車、航空機等――を得た場合には防者に対し優越権を握ることができる。また在来兵器でも新しい運用法をあみ出した場合――たとえば飛行機をドイツのシュトゥーカ（急降下爆撃機）や長距離爆撃機に改造――にも同様のことがいえるのである。

一九世紀の間を通じて大部分の新兵器、なかんずく機関銃と潜水艦により防衛力は著しく強まった。しかしながら、戦車と航空機の出現によって、この傾向は一変し、この両者が今日の戦術と戦略を支配するようになったのである。社会制度と工業生産技術の間には切っても切れない関係が存在しているが、これら両者は戦争の技術とも不思議な親友関係のかたちで結ばれている。すなわちエンゲルス、レーニン、トロツキーのような革命家とルーデンドルフのような保守主義者とを、戦争の研究および進歩した勝利への手段において結合させ、結論を一致させている。

社会が高度に工業化されればされるほど、戦争手段もますます複雑となってくる。その結果として必然的に、従来理論上では単に戦略の奴僕にすぎなかった兵站や戦術的諸要素が逆に戦略を規制するようになる傾向をもつようになった。アイゼンハワーやウェーベルのような戦略家はその仕事を完遂するためにモントゴメリーのような戦術家の補佐を受けなければならない。これはあたかもロバート・リーが配下にストーンウォール・ジャクソンをもっていたのと同じである。

近代戦を実行するためには巨大な技術的準備の先行を必要とするので戦略を急変することは極めて困難なことである。一度広大な攻勢作戦が開始されると、その惰性は政治的その他の考慮上変更の要求が起こっても、それに無関係にある長い時間そのままで継続されてゆくであろう。ヨーロッパの戦争が終了した時、それまでの極東方面の兵站上および戦術的諸成果は、わが極東戦略の決定のために非常に役に立ったのである。

近代的な条件下では、軍事問題は経済、政治、社会および技術的事項が互いに交錯しているので、純粋に軍事戦略のみを取り扱うことは不可能であることに疑問をいだくものはないはずである。（ヒトラーの一九四一年ロシアに侵入するまでの例）現に今日では政治と戦略は不可分のものとなっているのである。

戦争は今やわれわれすべての上にのしかかっている。戦争はすべての人々にかかわりのあることである以上、すべての人々が戦争は自分たちの関心の的であることを認識しなければならない。戦争時においてはこれにより国民の総力を結集させるのに役立ち、平和時においても、戦争時と同様戦争に対し広汎な理解をもつことが必要である。

本書が戦争と平和に対する一層幅広い理解の一助となれば幸甚である。

（伊藤博邦訳）

第I部

近代戦の原点
一六世紀から一八世紀まで

第1章

戦術のルネサンス
マキアヴェリ

フェリックス・ギルバート　政治思想史専攻。ベルリン大学哲学博士。一九一四年の戦争の起源に関するドイツ外交史料集の編者。

「社会活動と軍隊の活動ほど不調和なものはないと多くの人々は考えている。しかしわれわれは国家統治の本質から考えると、社会と軍隊の間には非常に密接な関係があり、これらは互いに両立しさらに、ついには連係統合さるべきものであるということに気がつくであろう。」とはマキアヴェリ著『戦術論』の冒頭の一節である。これは軍事問題に対するマキアヴェリの見解を理解する端緒となるものである。マキアヴェリは政治における軍事力の決定的役割について当時としては異色の観察をくだし、国家の存立と繁栄は、いつに軍事力が政治機構のなかにおいて適切な位置におかれているかどうかということにかかっているとの結論に到達した。彼の別著『君主論』にも「よい武器がない限り、よい法律はありえない。」と述べており、また「統治者がその権力を維持しようとするならば軍事力にたよることを忘れてはならない。」とも説いている。

マキアヴェリはその『論文集』にも同じ問題を取り扱っており、ローマの軍事組織、ローマ共和政府の政治機構とローマの世界帝国への勃興との関係について雄大な議論を展開し、このローマの史的研究からマキアヴェリは、「国家の基礎は優秀な軍事組織にある。」との結論を導いている。

I

なぜマキアヴェリは政治と軍事組織との関係に焦点をむけるようになったのであろうか。

それはマキアヴェリの体験を通じてえたものであった。マキアヴェリは政治における軍事的要素の影響を観察しているうちに深刻な教訓を与えられたのである。マキアヴェリは故郷の都市の軍事的機構がうまくいっていなかったため自由を失い、ついにイタリアが独立国から外国軍隊の占領地にまで転落するのを目のあたりに見せつけられたのである。もとより、マキアヴェリが政治と軍事の問題に対し興味をいだいたことは、その生来の卓抜な政治的洞察力と、当時の政治的運命を左右した政治力に対する、鋭い理解力の賜であったのではあるが。確かに政治と軍事組織の関係についての根本的問題点が一四、一五世紀の頃、革命的大変動の底に横たわっていたことは事実であったが、社会的政治的環境のなかにおこった革命的進歩と軍事組織に生じた変化との因果関係を見極めることは明敏な人でなければとてもできることではない。

一方、軍事的進歩にもとづく変化だけについてならば一般の人々も、これを明らかに認めていた。それは火薬の発見と火器の発明と砲兵の出現により、騎士の鎧を無効なものとし、騎士が最も重要な役割を演じていた中世の軍事組織の崩壊をもたらしたことである。

軍事組織の歴史はその時代の一般の歴史ときりはなすことはできないし、中世の軍事組織は中世社会の重要な一部をなしていたのである。それゆえ中世社会機構の崩壊とともに騎士も没落していったのであり、騎士は精神的にも経済的にも中世の特種な産物でしかなかった。

貨幣経済の急速な発展が中世社会の農業機構の基盤をゆり動かし、その結果軍事組織の変化にも迅速な影響をおよぼしてきた。新しい経済的発展の立役者であった都市と富裕な君侯は、勤務のかわりに金銭の代償を受けること、金銭による代償または俸給で勤務を確保するという新しい好機を軍事的分野において最大限に利用しだした。君侯は軍務につくことを欲しないものから金銭の支払いをうけ、他方、戦闘期間の義務を果たした騎士に所定の俸給を約束することにより、その義務を延長して軍務にとどまらせることができるようになった。このようにして君侯は俸給による職業的軍隊の基礎をかため、家来にたよることからまぬがれ自由となることができた。

この過程すなわち封建的軍隊から職業的軍隊に、封建国家から専制国家への移行は徐々に進み、その完成は一八世紀に実現したのであるが、中世の軍隊時代の真の騎士的精神は極めて迅速に凋落してしまった。

当時の大国フランス・アラゴンおよびイギリスにおいては新旧の両要素が混淆し、封建的徴兵と職業軍人とが混在していた。しかし時代の寵児であった大貨幣国たるイタリアの都市国家では、全部を職業軍人に依存した。一四世紀以来戦争を金儲けの手段であると考えていた騎士たちにとってイタリアは「絶好な土地」となった。

傭兵隊長にひきいられた団体（冒険組合）は、リーダーから衣食と俸給を与えられていたが、彼らは報酬をくれるところならどこの国にでも奉仕していたのである。このようにイタリアの軍人は他の市民とまったく分離した別の職業的特種社会を形成していた。

資本主義と貨幣経済の発展は軍隊の募集源を拡大し、そして貨幣は今までの軍隊の伝統にとらわれることなく新しい階層の人々を軍務に引っ張りこんだ。この新しい人々の加入で新兵器と新戦闘方式が導入され発展していった。

百年戦争中にフランスおよびイギリスの軍隊に弓隊と歩兵隊が出現した。この新しい軍事組織上の試みは、一五世紀末にブルゴーニュ公国のシャルル勇胆公がスイス兵により打ち破られてからたちまち脚光を浴びるにいたった。一四七六年のモラットの戦いとナンシーの戦いにおいて、シャルル勇胆公の騎士隊はスイス歩兵隊の布陣をその馬蹄によって打ち破ることができず完敗を喫した。この出来事はヨーロッパにセンセーションを巻きおこし、やがて歩兵は時代の寵児として軍隊組織の中堅という地位を占めるにいたったのである。

火薬の発明の重要さは、次のような社会情勢の背景、すなわち第一に、貨幣経済の発達、第二に、君侯が家来への依存を脱却して自ら安定した軍事的勢力を建設しようとしたこと、第三に、封建制度の没落に起因した軍隊組織上の新しい試みが台頭したことなどによって考えられねばならない。火器と砲兵は社会的進化の原因とはならなかったが、社会革新のテンポを速めた重要な要因であったことは確かである。その最も重要なことは君主の地位をその家来との関係において強化したことであった。

作戦に火砲を使うことは厄介な仕事で、重い火砲とその付属品の運搬には多くの車両を必要とし、またその取り扱いには特殊の技能をもつ技術者が入り、加えてこれらのことを処理するのに莫大な経費を要した。この時期の軍費は砲兵の費用が全額のなかの釣り合いのとれないくらい大きな割合を占めていた。それゆえ非常に富裕なもののみが砲兵をもつことができ、砲兵の発明は大国には有利であったが、小国や地方政権には不利であった。

中世騎士の地位に対する決定的決着は、それまで外部からの攻撃に対して比較的安全と見なされていた城戦において明らかとなった。

築城の技術はこの時期には非常に改善され、小国も国境に要塞線を建設することにより、優勢な敵に対し守備をまっとうすることができたのであったが、これらの中世の築城は火砲に対しては脆弱であり、攻撃側は軍事的優位に立つこととなった。

一五世紀の偉大な建築家のひとりで、ウルビーノ公フェデリーコ・ダ・モンテフェルトロのために要塞建設の監督にあたっていたフランシスコ・ディ・ジョルジョ・マルティーニは、その築城論において「攻撃に対しよくこれを支えうる防御をなしうる人があったら、それは神に近いにちがいない。」とこぼしている。

軍隊の構成と軍事技術の変化はまた軍隊の精神をも変化させた。封建制度の発展の根本であった道徳律、伝統および習慣は新しく編成された軍隊ではなんの力もなくなってしまった。戦争によって富を得て、略奪しようとする冒険者や悪党ども、すなわち戦争によって何物も失うことなく、反対にあらゆるものを得ようとするものたちが軍隊の主体になってきた。戦争はもはや宗教的義務でなくなった結果、軍務の目的はただ経済的利益を追求するようになった。

そこでこのような職業、すなわち人殺しを仕事とする事業に従事することは罪悪ではないかという道徳上の問題が生じてきた。一五世紀のはじめにクリスティーヌ・ド・ピサンはその軍事論文の一節を費して、「金銭の報酬をうけて軍務につくことははたして正義と認められるべきか」という問題を熱心に論じており、また百年後にはマルティン・ルターは、「軍人はクリスチャンたりうるや」という質問に答える必要に迫られた。イタリアのようにヨーロッパで最も文化の進んだ国では、人々は職業軍人と接触することを恥とし、政治家の間でさえ、軍隊の行為は不信の的であった。

フェラーラ公の大使が一四七四年にフィレンツェから、「治安は非常によくなってきましたので、もし不測の事態がおこらない限り、将来においては鳥や犬に対しての戦闘は起こっても、軍隊間の戦闘はおこらないでありましょう。そしてイタリアを平和時統治する人々は、戦争時の統治者以上に尊敬されるでありましょう。なぜならば戦争の本当の目的は平和にあるからであります。」と報告している。さらに進んだ頭の持ち主たちは戦争と軍隊とを全廃すべき可能性について論議し、軍事組織の構成と性格、社会組織におけるその地位と必要性が再検討を要する問題となるにいたった。古い格付けはもはやその根拠を失い、新しい時代はまさに始まろうとしていた。

しかし新しい歴史的軍隊の勃興や、新しい政治構成の発達を感知するには、政治に対する潑剌とした興味と鋭い知性が必要であった。政治的大事件のたびごとに伝統的な偏見や現在の政治思想がすでに不適当であることが明らかとなり、その政治的な新しい解釈と対応の道が啓かれていった。次のようなことが一四九四年に発生した。強力な砲兵とスイス歩兵に増援されたシャルル八世のフランス軍がイタリアに侵入し、その政治機構を根底からくつがえしてしまった。マキアヴェリの友人で当時の偉大な歴史家であったフランチェスコ・グッチャルディーニは「イタリアにとって最もいやな年であった。この一年は以後多年にわたる苦難の最初の年で、次々と限りなく起こった恐ろしい災厄に門戸を開いたものであった。」と述べ、またこのフランス軍の侵入が原因となって革命的変化が生じたことについて有名な著述をのこしている。

侵略の影響は野火のようにまた伝染病のようにイタリアの全土を席捲して支配階級をくつがえしたのみならず、政府の機構と戦争の方法までも変えてしまった。以前にはイタリアの五つの教会領国家とナポリ、ヴェネツィア、ミラノおよびフィレンツェの都市国家とがあった。そしてこれらすべての国家はその利益を最大限に擁護するために現状維持を欲していた。そして相互に他の国がその領土を拡大して他国の脅威となる程強力になるのを防止しようとしていた。彼らは政治的場面におけるほんの少しの動きにも神経をとがらせ、小さな城の持ち主がかわっただけでも大騒ぎをしたのであった。戦争が生起した場合、互いに兵力はほぼ同等で、重荷の砲をかかえた軍隊の編成には時間がかかり、ひとつの城をおとすのにも普通一夏もかかっていたので、戦争は非常に長く続き、そして少しの損害かまたはまったく損害なしで終結した。しかしフランス軍の侵入の場合は、あたかも暴風が来たようにすべてのものがくつがえされてしまった。イタリアの各国領土の間に結ばれていた絆はたちきられ、共通の幸福は消滅してしまった。各市や王領国家が次々と粉砕される状況を知った各国家は恐怖におののき、ただ自己の安全のみを考えるようになった。彼らはとなりの火事がやがてたやすく自分の家に燃えうつってくることを忘れていたのである。戦争はますます急速かつ狂暴になってきた。王国の滅亡や征服は昔の小さい村よりも早くなり、また都市の攻撃も非常にはやく昔数ヵ月もかかったものがわずか一日か数時間で片づいてしまった。このようにして、戦争は一層激烈かつ凄惨さを加えていった。国家の運命を決定したものは巧妙な外交や利口な政治家ではなく、ただ作戦と軍隊の行動のみが物をいったのである。

グッチャルディーニの言葉は非常に深刻にイタリア人が感じた一五世紀と一六世紀の情勢の対比を物語っている。一五世紀においては彼らは発明、技術の進歩および学識によってえた富と新生活を誇って、他のヨーロッパの国々の社会組織や知的生活がなお迷信や偏見に惰しているのを軽蔑するのを常とした。ところが一六世紀になってイタリアの運命がかつて彼らが軽蔑していた国の手に握られてしまったのである。

グッチャルディーニの記述にはどうしてイタリア人が敗北するにいたったかという経過をのべている。それには「イタリアの文明が経済的文化的分野において極めてすぐれていたので、近代の戦争技術の研究を怠ってしまったためである。」としている。

イタリアの領土に通ずる道を守っていた城と要塞の帯は、シャルル八世の砲火の前にはもろくも破れ去った。イタリアの乗馬傭兵隊はシャルル八世のひきいるスイス歩兵隊と砲兵隊の猛攻を支えることができなかった。近代軍事技術が旧式のそれを打ち破ったのであり、今日の電撃戦そのものであった。フランス軍はなんらイタリア軍の抵抗をうけることなく、彼らが宿営しようとする家にチョークでしるしをつけるような調子でやすやすと勝ったのである。その後フランス軍の楽勝と、イタリア軍の無能に誘惑されたスペイン人とドイツ人も同じ獲物に手を出してきた。以来イタリア人はその祖国がヨーロッパの戦場となり、多くの外国人が軍事的名誉を求める興味の中心となってゆくのを、驚愕のなかにただ傍観しているほかはない立場におかれてしまった。すべてのイタリア人は、ゲタノ・ディ・コンサルヴォ将軍（グラン・カピターノ）がナポリ戦役においてスペイン人の貧弱な群衆を訓練して立派な歩兵に再編制した奇跡を聞き、またガストン・ド・フォアがその部隊の迅速な機動と奇襲的な夜行軍により優勢な敵を打ち破ったことを知り、またドイツ傭兵「ランツクネヒト」の組織者で後に「ローマの侵略者」の指揮者となったゲオルク・フォン・フルンスベルグの名を聞いて驚嘆し、かつ恐れた。イタリアの運命について深く将来を考えた人々は、もしイタリアが外国の野蛮人と同等の勢力をもち、再び祖国の主権を回復しようとするならば、その軍隊組織を改善する以外に道はないという結論に達した。

この革命期に際し、イタリアの災厄は軍事問題に対する一般の関心を誘発したが、マキアヴェリにとっては、彼がフィレンツェの政界で軍事組織とその政治的関係を実地に学んだために一層強烈なものがあった。マキアヴェリが一四九八年から一五一二年まで比較的短い期間であったが、ピエロ・ソデリーニが首班として政治を統轄していたフィレンツェ都市国家で実際の政治にたずさわったことは、マキアヴェリの生涯を通じて最大の悲劇の原因となった。マキアヴェリとソデリーニの結びつきは決して偶然ではなかった。メディチの追放後、しばらく混乱と無秩序の期間があったが、まもなく貴族派と民主派との間に妥協が成立してソデリーニを擁立することになった。しかしソデリーニは、この両党のいずれをも信頼しようとせず、永久的な官僚政治こそ彼の支配権の親柱であると考えていた。マキアヴェリは没落した貴族の子孫であったが、貴族主義でも民主主義でもなく、彼はふたつの党派のいずれにおいても指導的地位に立つことはなかった。そこでマキアヴェリはソデリーニの官房書記官となりソデリーニ派に属して、彼の才能をあらわす好機を得たのである。ソデリーニははやくもこの野心的な青年の才能を認め、彼の側近に加えて、重要な外交および行政の仕事を与えた。そこでマキアヴェリはソデリーニの全施政期間を通じて懸案となっていた「ピサの奪回」という大軍事問題と取り組むことになった。

ピサはアルノ川の河口にある海港で、フランス軍侵入の混乱を利用してフィレンツェの支配下から独立したのであった。ソデリーニの治世が安定するか否かはピサの奪回いかんにかかっていた。このためにイタリアの最も優秀な傭兵隊長が招かれてフィレンツェの軍務についた。ピサの攻撃にはいろいろの計画がめぐらされ、その水上輸送を断つために、アルノ川の流れを変えるという空想的なことまで発案されたほどであった。しかし毎年冬が近づいて軍事行動が困難になる時がきてもピサは陥落せずそのまま残っていた。この失敗はソデリーニ政権に対する人民の不満となってあらわれ、またフィレンツェ国家の権威を失墜させずにはおかなかった。そのうえ長い間傭兵隊を維持しておくことも国庫と納税者にははなはだしい重荷となっていった。そこでソデリーニとその友人たちは新しい方法によってピサ攻撃を終結に導き、財政的緩和をもたらすような方策を必死になってさがし求めた。具申された多くの案のなかに、トスカナの人員をもって人気ある市民軍を編成せよという案がある。マキアヴェリがその最初の発案者であったかどうかは明確でないが、このためにマキアヴェリが一五〇六年条令の決定的な案文を作成したことは周知のことである。その法律は一八歳から二〇歳のすべての男子は義務的に軍務に服すべきことを規定したものであった。

この条令は徴兵制度の厳密かつ広汎な規則を定めたものではなかった。ただその方向にふみ出した程度のものにすぎなかった。兵役義務はフィレンツェ市民には課せられないで、ただ農民とフィレンツェの属領であったトスカナの農民のみに限定された。そして該当者のなかでもごくわずかの人が選抜され、つとめて市民生活を妨害しないよう周到な注意が払われていた。そこで平和時においては徴兵の訓練も決して過重なものでなく、日曜日や祭日に村人は行軍の基礎や槍の使用法を訓練され、一年に二度、方々の村からその地方の中心の町に集まって二日間の部隊訓練をうけるくらいのものであった。フィレンツェの政治家はこれ以上の思い切った施策を認めようとはしなかった。なぜならばトスカナの農民は、武装されればフィレンツェの支配に反抗を企てるかもしれないし、あるいはソデリーニが強力な軍事組織をもった場合、その援助を得て専制君主になることを恐れたからである。

この中途半端な計画もいくらかの成果を収めて、一五〇七年のピサ攻囲戦には二〇〇〇人の市民軍が参加するようになったが、これは主としてマキアヴェリの努力によるものであった。徴兵事務はマキアヴェリの事務所で扱われ、マキアヴェリは国内を馬でまわって軍務につく人々を選び、そしてその訓練を監督した。またマキアヴェリは将校選抜の責任も負っていた。加えて市民軍がピサの前面に布陣した時はその補給関係までも監督した。市民はただ傭兵隊の援助の地位にすぎなかったが、その参戦はフィレンツェの最終的成功にあずかって非常な力があった。すなわち市民軍は冬中攻囲戦をつづけてピサの糧食補給を妨げ、ついに飢餓により、彼らをして一五〇九年に降伏するのやむなきにいたらしめたのである。

市民軍がピサ攻撃で示したこの成果は、この新制度に対するフィレンツェの信頼をたかめた。しかしそれから二年後、(神聖ローマ帝国の)皇帝軍がメディチの支配を回復しようとしてフィレンツェに侵入してきた時に、彼らはこの徴募市民軍に非常な期待をかけて抵抗をはかったが、市民軍は老練な皇帝軍に対し惨敗の憂き目にあってしまった。市民軍はプラトという小さな町でフィレンツェへの交通路を防御しようとしたが、皇帝軍がその第一撃でプラトの城壁突破に成功した時にパニックにおちいり、抵抗らしい抵抗もせずに潰走《かいそう》してしまった。ひきつづく敗退で四〇〇〇人以上の主として市民兵が殺され、惨酷と無慈悲になれていた当時でさえも、これは目にあまる虐殺であった。かくしてフィレンツェへの道はひらかれ、メディチは勝利者としてその生まれ故郷に帰ってきた。

メディチ政権の再興はマキアヴェリの政治生活の終幕となり、再び返り咲こうとするすべてのマキアヴェリの努力は無駄に終わった。強制的な引退は、マキアヴェリをして行動から思索に、政治の実行から政治理論の研究へと転向せしめたのである。マキアヴェリの政治的経験の思い出のなかで、戦争と軍事組織の問題は、マキアヴェリにとってとくに苦い味をのこしていたにちがいない。共和政権の没落、ひいてはマキアヴェリの生涯に不幸な運命を与えたものは、マキアヴェリが生みの親として創設し育成した市民軍がそのひとつの原因ではなかったか。しかしこのことに対するマキアヴェリの見解は、彼の行動に対する愚痴っぽい弁明でもなければ、また他の人々のおかした過ちに対する狭量な非難でもなかった。マキアヴェリが個々の政治的事件の背景をなす歴史的関連性を見つめ、ある現象を説明できる一般的原則を発見するまで満足しなかったということは、マキアヴェリのすぐれた知性のあらわれであった。そしてマキアヴェリがその行動を正当化しようとした熱烈な願望は、ついに一般的原則を樹立するにいたらしめ、更にそれはマキアヴェリに対して、軍事問題が時代の進展に伴いイタリアの運命に最も重大な影響をもっていることを啓示させたのである。マキアヴェリは軍事と政治の関係を深刻に考察した。マキアヴェリが主役となって経験した当時の危機が原因となって、彼は今や軍事と政治の関係を主な命題として研究に着手することになり、マキアヴェリは近世ヨーロッパにおける最初の軍事思想家となったのである。

II

マキアヴェリの軍事観察を分析してみると、彼の思想は純軍事専門書である『戦術論』のみに限定することができないことを理解しうる。マキアヴェリの政治および歴史に関する論文においては、戦争と軍事組織の問題が最も重要な役割を演じていることが『君主論』や『論文集』において、また『フィレンツェの歴史』において看取される。『戦術論』にあらわれているマキアヴェリの軍事思想と、他の歴史書や軍事書に見られる彼の思想との間には多少の差異が認められるのは、それらの著書のねらいがそれぞれ異なっているからにすぎない。『戦術論』はマキアヴェリの軍事思想を主として系統的、技術的に述べたものであり、『君主論』および『論文集』はそれを警句に富んだ提言として取り扱っている。『戦術論』は軍事的改革を積極的に論じ『君主論』と『論文集』は軍事問題を観察して積極的にこれを批判したものである。

マキアヴェリの視察と批判は主としてフランス軍侵入前の一五世紀に、イタリアで華やかであった軍事組織に向けられている。マキアヴェリの嘲笑の的となったものは傭兵隊長と騎馬傭兵隊とであった。「彼らは協同しない。訓練もないのに野心的で不規律で信用がおけない。味方に対しては大胆で敵に向かった時は卑怯者である。また神もおそれず人との約束にも忠実でない。」と述べている。

マキアヴェリによれば、一五世紀のイタリアでは経済的考慮が第一で軍事組織や戦争行為はこれによって性格づけられた。

兵士は傭兵隊長の商売資本だったので、傭兵隊長はこれを消耗することを嫌った。そこで傭兵隊長は戦闘をさけて機動戦を選び、もし戦闘をさけることができない時はその損害を最小限にするよう努力した。これがすなわち無血戦争時代である。短期戦は傭兵隊長の望むところではなかった。彼らは失業したくなかったので、勝利が確実な時でも、すぐにこれをかたづけないで次々と戦闘がつづくように引きのばしをはかった。マキアヴェリはイタリアで歩兵ができなかったのも、その原因は傭兵隊長の経済的利益に関するものであったと暗にいっている。もし騎兵を全廃することができたなら、各国はもっと安価な方法で徴兵を行い、隣国の軍隊を凌駕することができるであろうし、もし歩兵が採用されるようになると傭兵隊長は無用なものになる。そして全般的にみて彼は当時の状況下では改善することはほとんど不可能に近いといっている。それは、すべての傭兵隊長は同じ利己的な動機で支配されており、戦争を単なる請負仕事と考えていたから、彼らは従来認められていた一般原則を守って同じような戦争をつづけることがその共通の利益と考えていたからである。

マキアヴェリの記述に対して反論するならば、一五世紀の後半においては傭兵隊長も軍事の新機軸に興味を示しはじめており、比較的小規模ではあるが、歩兵と砲兵を使いはじめたのであった。そのうえ、彼ら傭兵隊長間には激しい競争心があって、ただ彼ら自身の個人的野心や特権のためばかりでなく敵を破るということに非常に熱心であった。またもし彼らが長期の機動戦だけにたよったとしてもそれを故意とか悪意によるとのみ判断することはできない。当時の戦略は一五世紀のイタリアの政治的情勢によって支配されていた。小国家が相互に牽制しあっていたこと、またそれぞれがほぼ力の均衡を保っていたことは、大規模な軍事的改革を実現しようとする努力に対してはあまりにも越えることのできない障害であったからである。

マキアヴェリはこのイタリアの政治組織と旧式な軍事機構との関係について知らないわけではなかった。彼は軍事技術の応用範囲が広まれば広まるほど、傭兵制度は廃止されて歩兵の採用が行われ、これによってヨーロッパ諸国からの征服を防ぐことに成功するであろうと信じていた。

マキアヴェリはカストラチオ・カストロカニをほめて、「もし敵を欺くことにより勝つことができるのなら、力によって勝とうとはしないであろう。なぜならば勝利は方法でなく勝利者に与えられる栄光であるからであると彼はいっている。」と述べた。ゆえにマキアヴェリは将帥の関心は単に軍事行動のみに限定するべきものではない。たとえば虚報をふりまいて敵の士気をくじくような策略を案出すべきであるといっている。マキアヴェリはフロンティヌスの非常な称讃者であってその戦略に関する本には戦争に使われる策略の事ばかり書いてあって、いわゆるフロンティヌスの考案を多く論じたものであった。

マキアヴェリを近世心理戦の創始者と呼ぶことは不自然かもしれないが、しかし彼の研究は戦争に対する新しい理論を提示している。マキアヴェリの頃には、たとえばラヴェンナの戦いのように、互いに戦闘をはじめる折に丁重な挑戦の言葉と騎士道的な挨拶とを交換し、また戦闘は定められた方法でまた確立された規則にしたがって戦うものだとの見解が少なくとも原則的には主張されていた。そこには戦争を戦闘技術の競技と考え、交戦者が同等の公平な条件下に実施すべきものだとする中世の伝統の名残がのこっていたのである。これに対し、マキアヴェリの革命的見解の背景は「戦争においてはあらゆる力を使用する事が許される。国家はひとつの生命にある有機体でその全資源すなわちその力、その知力、勇気は戦争時となれば投入されて試練をうけねばならない。」というところにあった。

マキアヴェリはしばしば彼が火砲の発明の重要性を誤断したとか、戦争における貨幣の役割を過小評価したといって非難されている。しかし戦争に対するマキアヴェリの純理論的見地に照らしてみると、この点に関する彼の見解はまったく理論的で充分理解のできるものがある。『論文集』の「近代陸軍における砲兵の価値と、これに対する一般の意見の是非」という有名な章は、砲兵の発明が戦争の変化に与えた影響に関する冷静な論説ではなくて、むしろこれはこの問題の一面、すなわち新しい武器の発明には勇気と創意とが重要であることを強調したものである。マキアヴェリは人々が、「これから先は、戦争の勝負は砲兵によって決まる。」というのを耳にした。この問題に関するマキアヴェリの議論のすべては、その見方が誤りであることを実証する目的で行われている。彼は砲兵が攻撃力を増大したことを否定したのではない。しかし砲兵のみが決定的戦力であるとの意見に対しては断固として排撃した。火砲の発明の結果は戦争が科学者や技術者の専門になってしまったのではない。軍事的にも精神的にも一国のあらゆる力の結合がなお重要であり、指揮官の統率力や兵士の勇気は常に決定的要素であると説いたのである。

マキアヴェリは戦争における金銭の役割についての議論でも同じ筆法を使った。「人々は金は戦争を支持するものだと考えているが戦争の主体ではない。」という見出しで「戦勝は金では買えない。よい兵士によって得られるものだ。なぜならば金がよい兵士を生み出さないのと同様によい兵士が金を生むことはできないからだ。」と結んでいる。マキアヴェリと同時代の人々、たとえばグッチャルディーニのごときは、これらの論説からマキアヴェリは実際の仕事に関係のない理論家にすぎないときめつけている。しかしマキアヴェリの論文のなかには「政治的危機に際しそれを打開するには財政的要素が重要である。」といっているものがある。マキアヴェリは経済的資源が戦争遂行に必要でないとはいっていない。しかしフィレンツェやミラノのようなイタリアの大都市が、その富にもかかわらず、外国に征服されたのはなぜかといっているのである。すなわちマキアヴェリの論旨は、「政治力の根本は軍事力であって貨幣が政治力となるのは、ただそれが軍事力に転換された場合のみである。」

といおうとしたのである。

マキアヴェリの財政力と軍事力の関係についての論説には広い意味がある。彼は「戦争の要求する道徳は、商業活動の結果要求する態度とは両立しがたいものだ」という感情をもっていた。マキアヴェリは一五世紀のイタリア人の平和的傾向は、真の軍事精神の発展を阻害するものであると信じ、この平和的雰囲気の拡大と商業的利益の優先的追及の間には相互関係があると考えていた。マキアヴェリがその友人ヴェトリに送った手紙に「私は絹織物や毛織物産業や損得について論ずることができない運命におかれているので政治を論ずるようになった。私は沈黙を誓うか政治問題を論ずるかいずれかをとらねばならない。」と述べている。マキアヴェリは羊毛や絹の商人が支配しているフィレンツェの社会にまちがって生まれてきたことを不名誉であるとは全然考えていなかった。マキアヴェリの意見によれば、フィレンツェの人々の心に財政的考慮が支配的に働いているのは、その政治力の貧困からきたのであって、政治的に偉大になろうと熱望している国家にあっては政治的関心が他のすべてに優先するはずであると述べている。マキアヴェリは傭兵制度に対し、また優柔不断で効果の少ないイタリア式戦争方式に対して新しい英雄的行為を尊ぶ軍人精神をもって、痛烈に批判をしている。それは「軟弱で戦闘精神を欠如しているのは裕福な生活の結果であり、また経済的考慮と商業的利益を重視する社会の所産である。自分の運命をかえりみることなく国家の偉大さを最高の誇りとし、また政治的信念に対しては、すべてをよろこんで犠牲とし、そのためには生命をも捧げんとする国民のみが、不屈の軍隊に兵士を供給しうるのであるという。

軍事的革命に対するマキアヴェリの思想原理は、旧制度に対するこれらの批判から容易に類推することができる。マキアヴェリがとなえたのは、一般徴兵によって編成する歩兵部隊の陸軍であった。しかしこれを実現するためには政治的改革が必要となる。そしてそれは政治の価値を他のすべてのものの上におく、新しい精神がともなわなければ成功しないのである。

さらに自らを治める人々は自らのために戦わねばならぬという意志をもつべきであるし、また民主的精神によって徴兵の歩兵からなる軍隊を認めなければならない。しかし読者はマキアヴェリの『戦術論』において、マキアヴェリの意見がいかに一六世紀の状態に適合せられたか、またその時代の戦争の実際的記録にあらわれたかについての、彼の詳細な議論を見出すことができないのに失望するであろう。

マキアヴェリは復古主義の子である。マキアヴェリはその意見の正当さを証明する方法として、その根拠を昔の世界に求め、その手法が全巻を通じて用いられている。マキアヴェリがその理論の根拠としたのはローマの軍隊であったということである。したがってマキアヴェリの著作はその大部分をローマの軍事的制度の説明に費している。マキアヴェリが用いた多くの例はリヴィウスやポリビウスのような古典歴史家からとったものであった。マキアヴェリは広範にむしろ卑屈なくらいに軍事学の古典的権威者に追随している。彼の論説は古典軍事知識をいかに彼の時代に適用すべきかの論説とも見うけられる。マキアヴェリのうけたインスピレーションの主な源はヴェゲティウスの『軍隊について』であった。彼の著書にはそれと同じ題目をかかげている。それは兵の選抜、その装備と訓練、戦闘の特質、軍事行動のなかにおこる種々の事件、行軍および駐軍の守則および築城技術に関するものであった。これらの項目の構成においてもマキアヴェリはヴェゲティウスの著書の企画に執着している。この点が『戦術論』はヴェゲティウスの近代化かイタリア化にすぎない亜流と見られ、現在軽視されるゆえんである。ときどきマキアヴェリはこの古典的モデルから逸脱したことをのべている。彼は明らかに古代軍事学の復興を主な仕事と考えていたので、このことはとくに注目に値するものがある。ヴェゲティウスとの最も大きなちがいは戦争における戦闘の重要性について広汎な取り扱い方をしていることである。ヴェゲティウスはこの問題をむしろ簡単に取り扱っているがマキアヴェリの『戦術論』では戦闘が全巻の主要な項目になっている。この本の第三巻は全巻の中心になっており、戦闘の様相を記述してある。その第一、第二巻には兵の選抜と訓練を記述し、いかにして戦闘に適する軍隊を戦場に移動し、会戦に導くかということを述べている。クライマックスである戦闘の頂点の描写の後は、記述の濃密さがなくなり、これに続く各論には行軍、駐軍、築城法の原則が取り上げられている。これらはいずれも短い簡単な論文で、各論相互間の関連もなく、内容ははなはだ粗末になっている。

このように客観的にみてくると、この著述の主体は戦闘にあったといえるであろう。そのうえ戦闘の重要性については主観的な表現で全巻を通じて、いたるところに読者に印象づけるように書いてある。「もし将軍が戦いに勝ったなら、すべての過去や失敗は帳消しになる。」「戦闘は軍を育成する最終目標である。故に彼らの訓練には細心の注意と苦心が払われねばならない。」「良好な軍紀と訓練のため払うすべての注意と苦心は、軍隊が正しい方法で敵と戦うこととそれを準備することを目的としている。なぜならば完全な勝利は戦争を終結させるからである。そのうえ戦いの決断は運命的なものである。もし敵が戦いで事を決しようと決意したならば、彼は常にわれわれに戦闘を強要することができる。もし敵が決戦を強要しようとする場合には指揮官は戦闘を避けるわけにはいかない。さらに大砲が発明されてからは城も要塞も敵の前進を阻止するには役立たなくなった。戦闘はいかなる戦争においてもとどのつまりは中心的課題となってくる。」

最後に第三巻において戦闘様相を取り扱っているがその書き方から見て、これを本書のなかで最も重視していることを明らかにしているものと考えられる。マキアヴェリは注意深く劇的な場面を作りあげ、これを詳細に記述している。彼がここで詳しく述べていることは彼の一種の好古癖に満ちているが、軍はいかにして戦列に加入すべきかというところでは歩兵の主力を中心に配置し、騎兵と軽歩兵を両翼に配置して翼側を掩護する。砲兵の一斉射撃の後に騎兵と軽歩兵が進んで軽戦が起こり、ついで主力部隊の本格的決戦が行われるように戦闘は進展する。第一列に長槍をもった兵が突進し、やがて敵との距離がつまってくると槍兵は後列の剣をもった兵と交代し、ここに決戦が行われる。勝敗がわかれるのはこの時であり、この時の隊の運動の機敏さが決勝を決定するのである。「死傷者の数が何だ。敵は逃走をはじめた。見よ、彼らは右翼にも左翼にも逃走者を出しつつある。かくて戦闘は終わりを告げわれわれは光栄ある勝利を得たのだ。」

このような得意然たる言葉をもってマキアヴェリは戦闘の記述を終わっている。

これはありうる作戦行動の説明というよりは、ちょうどいい席にいた観戦者が見たところを記したものだといった方がいい。それは言葉で書いた戦争画である。つまり戦争を局外者として観戦し、はじめから勝敗をきめつけてしまっており、ただきめられた筋書きにしたがって巻物を次々とひろげてゆくようなものだからである。そこには危機、不安、決断等の要素は全然欠けており、戦闘行動に対する文学的描写の技術は初歩の程度をでない。

マキアヴェリは戦闘がよく油をさした機械のように動くものと考えていた。なぜならば実戦はしばしば機械的に展開され実施されていたからである。この時代の戦闘においては、一度衝突がはじまると、それ以後は創意を用いる余地はなんらなかった。歩兵の方形陣が互にぶつかるとこれらの密集部隊の機動はほとんど不可能だった。後方からの支援力によりよく圧力を発揮しうる側が勝った。そして戦闘前に兵士のうけた訓練が決定的な役割をした。兵士がよく隊列を保持し規律ある統制下に突撃を実施するかどうかが戦闘の勝敗を決めたのである。たとえばフルンスベルグは高い軍事的名声を博したが、それは彼が部下をよく訓練し厳格な軍紀を維持したからである。

マキアヴェリが戦闘の問題に重点をおいたのは、結局軍紀の問題に最大の関心があったからである。そこでマキアヴェリの『戦術論』において軍紀問題は、戦闘につぐ主要なテーマであるということができる。良好な軍紀の必要性を彼はあらゆる機会に強調している。「良好な軍紀は良好な軍隊の基礎である。」「良好な軍紀は兵をして勇敢ならしめ、混乱は彼らを卑怯者にする。」「軍紀は勇気よりもさらに有効で軍紀を欠く敵軍を圧倒することができる。」「生まれつき勇敢な者は少ないが良好な秩序と軍紀とは多くの者を勇敢ならしめ、軍隊においては、この秩序と軍紀とは勇気よりも信頼するに足るものである。」といっている。「マキアヴェリの軍紀に対する見解にはふたつの異なった面がある。第一は各兵士に武器の使用法を教え、ついで部隊行動に慣れさせなければならない。」「彼らは停止、前進、退却、行軍および交戦のいかなる場合においても、隊伍を整え、指揮者の号令、太鼓・ラッパの信号にしたがって良好な秩序を保持することを学ばねばならない。」と。第二は一層重要なことでその後二世紀にわたって軍事論争の主要な課題となったものであるが、軍隊をさらに小さい戦術単位に区分することである。戦闘間の軍紀を維持するために歩兵部隊をさらに小部隊に分け、柔軟性と運動性をもたせるよう編成することである。

マキアヴェリは戦列形式において前後に重畳する三梯隊を推奨している。第一回の突撃が成功しなかった時に、再び戦闘を継続するためにこのような配置をとる必要がある。彼はローマのレギオンに範をとって、最大単位はレギオンのように六〇〇〇から八〇〇〇人からなる部隊に編成し、またこれをさらに一〇単位にわけておのおのを将校が指揮をとるようにしなければならないと述べている。なおこのように構成しても大きな軍隊は扱いにくいからその最大を五万人としそれ以上の軍隊はかえって不調和と混乱を招き、ただ統率しにくいのみならず、他のよく訓練された部隊までも堕落させてしまうとしている。マキアヴェリの頭のなかには、各国の軍事組織はかくあるべきであるという一定の標準があったことは確かであり、これが彼のすべての軍事理論の基礎となる。

マキアヴェリはしばしば特殊な場合のことを考慮にいれる必要を述べてはいるが、彼が実際に最大の関心を払ったものは、一般原則をうち立て、これを普遍的に通用する法則にまで発展させることであった。この一般原則を金科玉条としたこと、これに反して細部の理論に欠けていたことは、マキアヴェリの軍事思想をして現実の軍事問題とは関係のない遊離したものではないかと疑わしめることになったのである。この著述の現実性に対する疑惑は、その思想の表現要領によってますます深められている。

マキアヴェリの『戦術論』は哲学の集会と議論で有名なルチェライ家の庭園で行われた彼とフィレンツェ貴族の三人および傭兵隊長ファブリツィオ・コロンナとの間にかわされた問答を記録したかたちになっている。その全巻を通じ精神的で実際と縁遠いこと、および古代やローマに対する熱情が強くあらわれていることが近世の読者を困惑させるのである。彼の話しているものが、ルネサンスの人か、古代の人か、彼の思想は現代のものか過去のものかについて迷っているようにみえる。これを要するに『戦術論』に述べられていることは古色蒼然たるもので、そのためにこの著述は輪郭を不明瞭にしている。これが軍事思想史上に占める地位については、より以上の解説と説明がつけられない限り、この著書が軍事思想の発展において重要な一段階を画し、かつ今なお発展の途上にある軍事思想の基礎となっていることを了解するのは困難であろう。

III

『戦術論』はすでに軍事古典となった。この本は一六世紀にちょうど七版を重ね、ヨーロッパ各国語に翻訳された。モンテニューはマキアヴェリをカエサル、ポリビウス、(フィリップ・ド・)コミーヌに次ぐ軍事の権威者としている。一七世紀には軍事状況の変化によって他の著者が舞台におどりでてきたが彼の著述はなおしばしば引用されている。一八世紀にはモーリス・ド・サックス元帥が『戦争技術の夢想(一七五七年)』を編纂した時にマキアヴェリに深く傾倒している。そしてフランチェスコ・アルガロッティはあまり根拠はないが、フリードリヒ大王がヨーロッパを驚倒した戦術はマキアヴェリが教師だったと見ている。

トマス・ジェファーソンも多くの人々が軍事問題に関心をもつのと同様にその書棚にマキアヴェリの『戦術論』を秘蔵していたし、また一八一二年の戦争でアメリカ人が軍事問題にその興味を増した時に『戦術論』はアメリカ版として特別に出版された。しかし一九世紀に入ってからはマキアヴェリの軍事専門家としての名声は色があせ、新たに政治思想家として脚光を浴びるようになった。しかし多くの人々にはなおマキアヴェリの名は近代戦争の予言者としてのこっている。彼がフランス革命における革新的な国民徴兵を予見していたからである。だが他の一面では、マキアヴェリは砲兵の重要性に対する認識を欠き、かつローマの軍事組織に熱中するのを見て、軍事に対する現実的知識を欠いていた証拠だと主張する人もある。

以上のいろいろの意見の相違については、端的にいずれが誤りであると言うことはできない。たとえばマキアヴェリの国民皆兵論は現代の光に照らしてみると驚嘆すべきことではあるが、彼が当時の実情に対する洞察力を欠いていたという意見は、首肯できるものがある。なぜならば当時の政治をよく分析・検討すると、金権の興隆と君主の専制政治が成長しつつある時であってまさに恒久性ある職業軍隊の出現が要求され、ローマ型の国民軍などは単にロマンチックな夢としか思われていなかったからである。またマキアヴェリの砲兵の効果に対する懐疑論は技術的革新が軍事に影響するところがあっても戦争の基本的要素は不変であるという健全な彼の観察からきているのである。彼のローマ方式の推奨は今日われわれが考えるほど空想的な実行不可能なものではなかったので簡単に軽視するわけにはゆかない。ローマのレギオンは実に一六世紀の軍事改革を刺激した規範であった。その最初はフランスのフランソワ一世の行った改革であり、さらに重要なのはナッサウ公マウリッツのそれである。後者はローマの軍事技術を綿密に研究したうえ、歩兵部隊の基本単位として連隊編制を創設した。そしてこの編制と訓練の方法はまもなく全ヨーロッパの各国の模倣するところとなった。すなわちローマの軍事制度は近代のそれに対し直接重要な影響を与えたのである。このようにしてマキアヴェリの軍事思想はその現実性についてかぎりなく論証できるだろう。

マキアヴェリの軍事理論をすぐに実用に供しようという立場からこれを評価するのは誤りである。その価値判断の規準は、それが戦争の諸問題点に対し新しい根本的な解決法が記述されているか、また戦争の実情と危急性に処し、これに適合する軍事組織の可能性を新しい見識をもって論じているかどうかである。軍事思想史上におけるマキアヴェリの地位を決定づける尺度は部分的な効用ではなく、彼の提案した一般原則および観念が効果的であったかどうかということである。彼は最初の近世軍事思想家といわれた。もちろんマキアヴェリは軍事に関係した最初の人ではない。彼以前にもまた彼のほかにもこの問題に関係した人は多かった。しかしマキアヴェリは軍事問題を新たな地位にたかめ、戦争に対する知的理解と理論的分析とを発展させて軍事の新しい原則を確立したのであって、彼の軍事思想は彼以前および同時代の軍事著述家とを比較することによってのみ、その特殊性と彼の業績の真価を理解することができる。軍事は、中世の偉大な神学者たちによって社会活動の一部として社会哲学のなかに包含せられ、古典文献を中世的に取り扱ってキリスト教の道徳的規範にこれを従属させ、また伝統によって軍事問題は政治理論の一部として残っていた。

そして当時の人文学者たちは政治活動における軍事問題をとくに重視していた。

それは彼らがローマ帝国およびその歴史に熱心であったからである。ローマにおいては軍事的事実——軍事史が歴史の主要部分であり、政治の偉大さを形づくるものであった。また自然科学と工芸の興隆は新たな文学上のテーマを提起し、軍事技術における機械的なものすなわちある武器の使用法の教示、軍事建設（築城）というようなことが多くの論文で論議された。これら三つの傾向がマキアヴェリの軍事思想の形式に影響を与えていることは疑う余地がない。

ヴェゲティウスの正当な権威が認められたのも中世のことであって、中世における軍事問題の二大論文といわれるエギディオ・コロンナおよびクリスティーヌ・ド・ピザンの書いたものも、主として封建時代に合うようにヴェゲティウスを書きなおしたものであった。マキアヴェリはこれらの人々にしたがってヴェゲティウスを彼の時代に合うように復元したのである。マキアヴェリの論文を読み返すと、彼が武器使用の詳しい説明に、また築城術の部分に興味をもっていたことと、彼がとくに軍事建設方面に習熟していたことが理解できる。

人文学者の影響は最も顕著である。一四六八年にプラチナは、「武器の使用に慣れていなかったということはイタリアの力を弱めた元凶である。」と書いている。フィレンツェの政治家マテオ・パルミエリ（一四〇六〜一四七五年）のごときはマキアヴェリより前に傭兵制度を批判し、市民の武装を主張している。フランチェスコ・パトリーチ（一四一二〜一四六四年）のような人文学者はすべての青年に対する義務的軍事訓練を提案した。彼らは彼らの時代の柔弱と軍事的英雄主義の欠如を嘆き、商業主義こそ政治的無関心の原因だと考えたのであった。一四世紀の終わりにコルッチョ・サルターティ（一三三一〜一四〇六年）は、「すでにフィレンツェの政治は貴族主義的抱負からではなく商業の利益によって決定された。そして戦争による混乱ほど商人や職人にとって困るものはないので、支配階級である彼らは平和を欲して戦争の浪費を嫌った。」と観察している。

このようにマキアヴェリの思想とそれ以前の軍事問題の論者との間には明らかに関係があるが、マキアヴェリの軍事理論の骨子となった点については彼らと無関係であり独特なものであるということが、マキアヴェリをいよいよ有名にしている。マキアヴェリの唱えた歩兵のことや、戦闘が決定的要素だと強調したことも、戦争に対する概念も、彼以前の軍事文献には発見されなかったものである。むしろマキアヴェリはこれらの点では伝統的な軍事思想に真っ向から反対している。それ以前には騎兵の支配的役割を誰も疑うものはなかった。

たとえば一五〇七年に公刊されたアントニオ・コルナザーノの『軍隊について』では「現代は騎兵を好む。彼らは戦いをするのに最も便利である。」と述べている。指揮官は戦闘の結果というものは常にわからないものであったので戦闘を避けるような忠告をうけていた。パトリーチは「知恵と勇気と情報とが、ある程度の助けにはなるが、勝敗を決定するものは運命の女神の掌中にある。」と述べている。その頃のすべての論文は〈正義の戦い〉の思想に支配されていた。すなわち戦争はより高い道徳目的を達成する手段で戦争の方法は倫理的基準に従属し、一定の法則によって制限されるものと見なされていた。

しかし一番大切なことはマキアヴェリがこれらの伝統的な思想にとらわれることなくより実際的な意見を述べたことではなくて、彼の発見した多くの意見が相互に関連して総合されここにひとつの新たな思想体系を確立していることである。

それらのすべてはマキアヴェリの戦争観に基礎がありそれから演繹されている。彼によれば政治活動は成長し発展しようとする組織間の生存競争である。

したがって戦争は自然発生的なものであり、かつ必要なものである。それはどの国が生存するかを決定し、滅亡と発展のいずれの道をたどるかを決めるものである。ゆえに戦争には決戦がなければならない。

そしてまた戦争は敗者を勝者の思うようにするものであるから速やかに結論を出す最良の手段である。戦争の中核ともいうべき戦闘の重要性にかんがみ、その結果を単に運命にまかせることなく、勝利を確実にするためにできるだけの準備をしなければならない。

このように戦闘に対する有効な準備が軍隊編成の唯一の規準であり、これがために伝統的な軍事組織を再検討する必要があった。そのうえ政治機構もその形而上下のことについて軍事的要求にしたがって決せられねばならないのである。人文学者は同時代の人々に対しその軍事的英雄主義の欠如を非難したが、その後なんらの反響もなく討議もされなかった。これはまったく思想を異にした無縁な団体への精神的呼びかけに終わったのである。

しかしマキアヴェリの軍事理論においては、彼の観念のすべては相関連してひとつの有機的体系を成している。それは戦争と政治が渾然として一体化し、マキアヴェリの哲学を成しているのである。かくてマキアヴェリの広汎な知覚力に発する思索力と創意力とは、複雑な軍事問題の全般にわたって、軍事技術の細部と戦争目的の間また軍事組織と政治組織の間には不可分の関係があることを看破した。この新しい見解を形成するのに、マキアヴェリの生まれた歴史的環境と彼の体験は大きな役割を演じたことは確かである。しかしマキアヴェリの洞察は、彼の時代の多くの政治的事件やルネサンスの偉業による新しい認識がなかったならば、あるいは不可能であったかもしれない。

政治機構とその価値の危機があらわれてきた中世末期は、従来の考え方に理論的再検討を加える好機であった。政治界全体が変動期に入り、新しい原則によって再編成することが可能になってきた。しかしこのような急進的議論が当時の思想家たちの一般的傾向であったということではない。この時代の危機がはじまった時にこの好機を利用するためにひとりのマキアヴェリの出現が必要であったのだが、しかしこの時代の危機はまたマキアヴェリをして政治問題を画期的に理解させ、その価値を大ならしめるために必要であったのである。

ルネサンスの思想家たちの哲学と科学に関する業績の基礎となったものは、社会生活と人間生活の諸現象の背景には理性によって発見することが可能な、またそれによってすべての出来事をコントロールできる法則があるという確信であった。軍事問題に対しても同様に支配力をもち、その成果を決定する法則があるという見解は、マキアヴェリの軍事問題に対する思想の基調をなすものであった。したがって軍事に対するマキアヴェリの興味は、この法則を発見することに集中された。かくてマキアヴェリも人の理性と楽観主義にたよるルネサンスの信仰に一役を買い、彼の理性という武器によって運命の世界を征服し破壊することができると信じたのであった。これは決して浅薄な楽観主義ではなかった。

ルネサンス時代の人々は運命の女神の力を決して軽視せず、人生は理性とこの気まぐれな運命の女神との危険な戦いであると考えていたのである。そして彼らは最後には人間の理性が勝つということを疑っていなかった。マキアヴェリが前述の法則にしたがって、前人たちがおそれた戦闘の結果はわからないものだということを少しも恐れることなく、戦闘を彼の軍事理論の中心におき、軍事組織を作りあげたことにより、偶然をへらし成功を確実にすることが可能になった。この理論が優越するという信念が、マキアヴェリをしてローマの軍事制度を感嘆せしめた真の原因であった。マキアヴェリがすべての時代を通じてただひとつの歴史的模範をえらんだのは好古癖でもなければ偏見でもなかった。ローマ軍が無敵であったことと、ローマ帝国の発展はローマが最良の組織をもっていた証拠であると見た。そしてその軍事制度は各国が模倣すべき永久的な規範と見なしていた。

戦争の最終目的が敵国民の完全な屈服にあるという原則を確立したことによって、軍事思想はそれ自身の論理と方法をもつ独立の分野を創設したのである。また軍事問題を科学的基礎のうえに論究することも可能になった。さらに詳しくいえば、すべての軍事行動をひとつの最高目的に向かい合理的な基準をもって評価することができるようになった。そのうえ戦争の成功は軍事上の合理的な法則にしたがってその手段を準備することにあると考えられた。これを要するにマキアヴェリは戦争に勝利をもたらすべき理論的方法の解決に心血を注いだのであった。当時はいまだ戦略（strategy）という語はなかったとはいえ、マキアヴェリの考え方は戦略的考察（strategical thinking）の始まりであるといわねばならない。その後の軍事思想はマキアヴェリの築いた基礎の上に発展していった。

もちろんこれはマキアヴェリの提案がすべて決定的に採用されたということではない。しかしその後の論議は彼の見解に反対するものではなく、むしろマキアヴェリの思想の発展拡大となってあらわれてくるのである。

たとえば戦闘が決定的なことを主張したマキアヴェリの思想がいかに重要であったかは、まもなくこの論旨を更に徹底的に分析しなくてはならぬという現実の要求がおこってきたことによっても明らかである。また軍事理論は単に正確な戦闘隊形を定めることにとどまらず、戦闘実施中の諸要件までも詳しく調べることが必要なのである。もしまた戦闘が戦争のクライマックスであるならば、すべての会戦は決戦至上主義の見地から計画され分析されねばならない。近代戦においては、軍事行動の合理的な準備と計画が果たす役割は、マキアヴェリが考えたところのものよりもはるかに大きな働きをすることを示している。彼は将軍の役割の重要性をとなえてはいたが、実際は「将軍は歴史と地理に通暁していなければならない。」と単に主張したにすぎなかった。後世にいたって軍隊統率および将軍の知的訓練問題は軍事思想の中心的課題となった。これら軍事思想の問題はマキアヴェリをはるかに超えて発展し、多くのより新しい結論を得るにいたったが、それらはすべてマキアヴェリが最初に手をつけたテーマの論理的継承にすぎなかった。

しかし近代軍事思想においてはマキアヴェリの考え方と無関係どころか、むしろ鋭い対立を示す一面がある。マキアヴェリは主としてすべての国家、すべての場合に適応すべき軍事組織の一般的規範を設定しようと考えたが、近代の軍事思想は、「異なった歴史環境のもとにおける行為はまたちがったものでなければならぬ。また軍事制度も特定の国家の特権な憲法と事情とに適合したものが望ましい。」と強調されるにいたっている。であるけれどもマキアヴェリが合理的で一般に有効な法則による軍制の確立と軍事行動を強調したことは、軍事理論に大きな比重を与えている。

マキアヴェリは一五世紀の将棋のような型にはまった戦争のやり方にはげしい批判を加えたが、一八世紀の将軍たちはある程度持久戦にたちかえってしまった。しかしこの発展はマキアヴェリが考えた軍事科学の思想方向とまったく相反するものではなかった。戦争が合理的法則によって決するということは、すべてを運命まかせにしないこと、相手が勝負がついたと判断した時、はじめて手をあげるという範囲で論理的といえる。戦争を純科学的に考え、あるいは合理的要素を過大に追及することは、ややもすれば戦争は戦場においても紙上の研究と同様に決することができるという考え方に落ちいりやすい。戦争は科学であると同時に芸術であると考えられている。

一八世紀末、すなわち合理主義時代の末期になって急激に合理的要素以外のものの重要性が認識されだした。戦争においては一般的な要素のみならず、個々の特異な事象が極めて重視されるべきであると考えられるにいたり、はかり知ることのできないものが合理性の要素と同じく必要であると考えられるようになったのである。この新しい理論的傾向、すなわち個々の戦争がもつ特色や特質の把握の重要性、科学以外の創造的直感的要素の必要性がクラウゼヴィッツの名とともに軍事理論のなかにとりいれられてきたのである。他の軍事理論家に対しては極端に批判的で、軽蔑的なクラウゼヴィッツもマキアヴェリの意見に対しては慎重に検討したばかりでなく、「軍事に対して極めて健全な判断をしている。」といっている。

クラウゼヴィッツが軍事理論に披瀝した新断面は、マキアヴェリの思想の枠外にあるものであるが、しかしその発想の原点については彼に同意している。クラウゼヴィッツのすべての教義は戦争の本質の分析に発しているのである。かくて一九世紀の偉大なる革命的軍事思想家クラウゼヴィッツですら、マキアヴェリの基礎的な問題を無視せずに、それを彼自身の理論のなかに組みいれたのであった。

（山田積昭訳）

第2章

戦争に及ぼした科学の影響

ヴォーバン

ヘンリー・ゲーラック　ウイスコンシン大学科学史学部部長。現、政府職員。ハーバード大学哲学博士。

I

一七一三年のユトレヒトの平和条約はイギリスを利するもの、すなわち、イギリスの制海権を認めるものであった。しかし大陸における列強が熱望したフランスの国勢を弱らせる性格のものではなかった。それは事実上フランスを無傷の征服者として残すものであり、フランス安全の特許状ともいうべきウェストファリア条約を変更することすらできなかったのである。そして何より大事なことはヨーロッパ最大の国民軍（national army）たるフランス陸軍は多少弱められはしたが、なお大きな力を有し大陸における最強陸軍国という実質は少しも後退しなかったのである。のみならず、二〇〇年間その陸軍は顕著な軍事的進歩をつづけた。

われわれはフランス革命の時に大規模な軍隊がはじめて出現したような印象をうけて、一六・一七世紀の間にヨーロッパの軍隊の規模が着実に増大したことを忘れがちである。この兵力の増大は主として歩兵の重要性が増したためで、シャルル八世がイタリアに侵入した時は歩兵は騎兵の二倍であったが、一七世紀の終わりにはその五倍に達していた。一般的にはこの歩兵の重要性の増加は火器の進歩によるものであったと論ぜられている。確かにマスケット銃からフリントロック銃に進歩し、また銃剣の発明によって歩兵の戦闘力を著しく増大したため、歩兵の増加をもたらしたことは事実であるが、しかしこれは原因の一部にしかすぎない［訳者注・小銃はマスケット銃からフリントロック銃をへて今日のようなライフル銃となる］。

その頃攻囲戦における歩兵の必要性が次第に増してきたこともその原因のひとつであった。永久築城に対する攻撃力としても、またその防御力としても歩兵は騎兵ではできない機能を発揮したのであった。

有産階級は歩兵や騎兵としての勤務こそしなかったが、フランスの軍事力に対しては重要な寄与をしたのである。彼らはふたつの面、すなわち第一には砲兵および工兵の部門で、また科学技術の応用といったような分野において、第二には文民管理者として優秀性を示したことであった。一七世紀において軍の組織と管理方式は非常な発達を遂げまたその他の多くの進歩改良も彼らの力によるものであった。これらの技術的組織的改良が前にのべた進歩の最重要点であり、そのいずれの点においてもフランス陸軍は当時のヨーロッパ各国陸軍の先端を進んでいたのである。

II

ルイ一四世が継承者にのこした軍隊はヴァロア朝の王たちのそれとはまったく異なっていた。組織、訓練装備の進歩は主として相次いで現われた偉大な計画者であるリシュリュー、ル・テリエ、ルーヴォア、ヴォーバンらの手になった文民管理の進歩によるものであった。彼らの活動は一七世紀の全部にまたがっていた。

一七世紀までは軍関係の仕事は独占的に軍人自身の手によって管理され、中央からの統制は稀薄なものであった。

リシュリューは陸軍の管理に文民をあてるという基礎を築いた人である。リシュリューは王権を強化する最良の方法として中産階級の人々を起用するという有名な政策を起用した。リシュリューは陸軍監察官制度を創設した。これは戦争時の特別な仕事にえらばれた各州の地方長官で各野戦軍に各一名が配置された。そのもとには監察官に対して責任を有する一群の委員がいた。彼らは軍隊の支払い、装備品の貯蔵その他の軍政事項を監視する職務をもっていた。そしてこれらのことを統括する陸軍大臣という重要な地位が創始され、この職はリシュリューの指導下におかれた。二人の偉大な大臣、ミッシェル・ル・テリエ（一六四三〜一六六八年）とその息子ルーヴォア（一六六八〜一六九一年）のもとで陸軍省の権威は確立し、文民の受けもつ複雑な軍事行政事務がますます増大した。そして専門行政機関と記録保存所がつくられた。一六八〇年までに五つの局が創設され、各局は局長を長としこれに多くの補佐官がつけられた。この局に対しては各監察官や委員ならびに司令官さえその報告と要求を提出しなければならなかった。これらの役所から大臣に直属する重要人物に対して命令が出されるようになったので、陸軍大臣はすべての重要な軍事の決定に参画し、国王の信頼すべき助言者になったのである。

近代の標準あるいはナポレオン時代の標準からみれば、ルイ一四世時代のフランス陸軍は決して均衡のとれた組織ではなかった。そこには多くの欠点があった。組織および管理上の矛盾、徴兵の方法や、将校任命制度の不備などであった。しかしこれらの部隊はもはや兵士が自分の属する指揮官以外の真の統率者を知らないような各単位ごとに分離した無統制な集団ではなかった。明確な権限を有する階級制度の確立、王権をもって下級者の忌避、司令官の反抗を処罰することができるようになったことは、一七世紀の苦難の多かった文民管理の業務によるものである。

この合理性と秩序の尊重は、単に権力者の便宜主義でもなければまた時の流行であった古典主義のおしつけた審美学の理想でもなかった。当時いたるところでぶつかる愚かな無秩序に対して抱えていた耐えがたい感情のひとつの表現であり、またデカルトが主張した数学的新合理主義およびパスカルが指摘し標榜した「幾何学的精神」のあらわれでもあった。そしてそれは数学的哲学を随伴した科学的革命が初めてフランスにあらわれた時の姿でもあった。それは機械の採用となって実を結んだ。そこでは各部分がそれぞれあらかじめ定められた機能を果たし、無用な動きもなければ不用の歯車もなかった。

世のなかではしばしば一八世紀あるいは一九世紀に機械を尊重することがはじまったようにいわれているが、これは一半の真実性しかない。機械が発明されたのは一七世紀だった。一九世紀は機械よりも動力を重視した。

このようにリシュリューおよびルイ一四世時代の改革者たちは時代の精神である科学的合理主義の影響をうけ、その原理にしたがって陸軍および独裁政治を改革しようと努力し、国家と陸軍とに対し巧妙な機械のような性質を与えようと努力した。

III

科学と戦争とは常に密接な関連をもっている。古代ギリシャ時代とローマ時代にはとくにこれが顕著であった。アルキメデスがシラクサの防御に貢献したことが古典的実例として思い出される。

一二世紀以後西ヨーロッパに起こった文化的、経済的再興は、また科学技術と軍事との提携発展を必然的にもたらした。なぜならば古代においても戦争技術は、古代の科学技術知識と密接に関係していたからである。初期の科学者たちは大部分が軍人ではなかったが後になって軍の技術顧問となったり、技術補助者として軍務に服するものがでてきた。多数の軍医は医学または解剖学の科学者として記録に名を連ねている。さらに多数の科学者が技師として築城、砲術、各種の機械の使用に関して活躍し、戦争技術の進歩と理論科学に同様に貢献をしている。

レオナルド・ダ・ヴィンチは最初の偉大な発明家として近世科学史上に活躍し、そしてまた、軍事科学者として最も偉大な人であったのであろうが、軍事科学者として唯一の人ではなかった。一六世紀の全期間と一七世紀の大半を通じ、まだ陸軍に技術部隊が編成されない間においても多くのイタリア、フランス、イギリスの大科学者たちは、戦争の科学的方面を注目していた。一六〇〇年以前までは将校の技術教育のある部門においては、部外の技術者の助力を得なければならないと考えられていた。アンリ四世やリシュリューの初期の組織的な軍事教育の計画は実りのないものであったが、ある程度の科学教育の基礎を開いた。偉大なガリレオの小論文のひとつに「将来将校に対して数学および物理学の教育を実施すべし。」という驚嘆すべき計画の概要が記されている。

組織的な軍事教育は一八世紀まで待たねばならなかったが、ヴォーバンの時代になると、いかなる階級の将校でも技術的知識の生かじり程度のものを身につけないものはないようになった。もしこの知識がないと彼ら自身が非常に後悔しなければならなかったのである。科学の進歩がこのように軍事に大きな変化を与えたことは築城術と砲術の変遷を簡単に検討するだけでもよく理解することができる。

築城術はマキアヴェリの時代のイタリア戦争に引きつづくこの世紀にはいり激しい革命をもたらした。はじめて有効な攻城砲を使用したフランス軍砲兵は、イタリア都市の高い城壁をもった中世式城砦をいともたやすく破壊してしまった。これに対しイタリア人は軍事的防御物件の主要部を囲む新しい都市要塞（enceinte）を発明した。この形式は後に多くの改良が施されて、一九世紀の初めにいたるまでヨーロッパで賞用されたものである。この新築城術はまずその経始《けいし》において特徴をもっている［訳者注・経始とは建築のなわばりのようなもの、設計上の恰好の意、築城の経始、戦車鉄帽の避弾経始等名詞と動詞に使われる］。それは普通正多角形であり、その各凸角から攻者に有効な十字火をあびせるための稜堡《りょうほ》（頂点に設けた堡塁《ほるい》）を突出させている。この型式は後にイタリア人技術者によって完成されたものであり、都市要塞は三つの主要部分から成りたっていた。胸墻《きょうしょう》（防御用に銃眼を備えた低い壁）をもった厚く低い塁壁、広い壕、外部の塁壁である。そして外部塁壁の敵方斜面はゆるやかな傾斜で周辺村落の道路面までおりていて斜堤をなしていた。これらの要塞を設計することは相当の数字ならびに建築学の知識を要しひとつの学術的な技術となってきた。

多くの第一級の科学者はこの新しい応用科学に興味をもち、そのエキスパートとなった。イタリアの数学者ニコロ・フォンタナ・タルタリアとオランダの大科学者シモン・ステフィンは、当時は築城技術家として、また今日においては数学および機械工学に対する貢献者として有名である。ガリレオさえもパドアにおいて築城学を教えているのである。フランスのフランソワ一世はイタリア人技術者の能力を信頼し、その多数を軍に招いて、カール五世の脅威に対するため北東方面の国教要塞の構築に利用した。この築城工事はアンリ二世統治の時までも継続し、内乱が始まってようやく中止された。この工事がアンリ四世とシュリー公マクシミリアン・ド・ベテュヌの手によって再び始められた時、オランダはこの分野でイタリア人と首位争いをしはじめた。フランスの技術者たちにも、頭角を現わすものがでて、エルラール・ド・バル＝ル＝デュックのように外国人技術者に代わりうるものがでてきた。

エルラールは『築城論』（一五九四）を著して以来、フランス式築城の正統な創設者であると称せられるようになった。一七世紀には多くの有能な技術者があらわれた。彼らのなかには軍人もいたし、また著名な民間科学者もあった。後者のなかには大数学者のジェラール・デザルグがいるし、第二流ではあるが多芸な科学者ピエール・プチ、天文学者で物理学者のジャン・リシェ等をあげることができる。築城学の発展において、ヴォーバンの先駆者は彼の主人ともいうべきパガン伯であった。

ブレーズ・ド・パガン（一六〇四〜一六六五年）は築城理論家で実際的な技術者ではなかった。今まで知られている限りでは、彼はいずれの重要な築城にも実際にこれを指導したことはない。工学においても、科学においてもパガンは素人の技術家であったがそれ以上に空想家で、パガンの貢献はいつも安楽椅子のうえから行われたものである。それでもパガンは一七世紀の後半にフランスで作られた要塞の型式に関し、二、三の重要な改良を施すことに好結果を及ぼした。ヴォーバンの有名な「第一方式」は、わずかに改良を加えた点と、地形に適合させる柔軟性を持たせた点を除いては実質的にはパガンの型式にほかならなかった。パガンの主要な見解は彼の論文『パガンの築城論』（一六四五）に網羅されている。それらはすべて攻防両面において砲火の効力を増大するという簡明な基本概念から出発している。パガンによれば稜堡は経始のなかで最も重要なものとしている。そしてその位置と形状は簡単な幾何学的法則に従い、要塞の内部よりもむしろ外部の火制を重視して設計されていた。

砲兵の進歩についても一六世紀と一七世紀の間に科学技術と軍事的要求の間に同様の相互作用があった。ビリングチオの『火工学』（一五四〇）は、今日化学史上の古典となっているが軍事火工術、すなわち砲火薬と大砲の金属材料に関する点では権威ある教程（教科書）として長い間用いられた。砲外弾道学の理論は二人の近世物理学の創立者タルタリアとガリレオによってはじめられた。近世物理学の基礎は弾道学の諸問題研究の副産物といっても過言ではあるまい。タルタリアは実験によって、アリストテレスの力学を批判したが、おそらくこれは最初の力学実験だったであろう。タルタリアの実験は発射角度と射程の関係に関するもので、その結果最大射程の角度は四五度であるということが発見され、これによって砲兵用の角度器や象限儀が広く使用されるようになった。ガリレオは空気抵抗を無視しうる理想的な場合には弾道は放物線を画くという基礎理論を発見したが、これはガリレオの三つの主な力学的発見すなわち慣性の法則、自由落下体の法則および速度の原理によって進められたものである。これらの発見によってガリレオの弾道研究の歩みは進められ、その後継者が高等物理学体系を築きあげた。

　一七世紀の終わりまでには新しい学問の進歩は顕著で、イギリスとフランスにおいては技術的軍事教育の実験を行うまでに進められ、かつ政府が科学研究の援助を与えるようになった。イギリスでは一六六二年にロンドンの王立協会にチャールズ二世の特許状が与えられ、フランスではそれから四年後にコルベールの後援によって王立科学アカデミーが創立された。これらの機関は「有益な知識」の源泉であるという看板を与えられて、陸海軍にとって直接、間接に有効な研究が企てられた。弾道学の研究、弾丸の衝撃現象と砲身の反動等に関する研究、進歩した火薬の探求、硝石の性質に対する研究、海上における経度決定方法の探求等々多くの課題で両アカデミーの会員は夢中になっていた。そしてそれらの会員のなかに有能な陸海軍人も入っていたのである。フランスにおいてはとくに科学者たちに対して、軍事に関する技術事項について助言を与えるように求められた。科学アカデミーの科学者はコルベールの監督のもとに海軍大拡張計画の一部として沿岸の調査および測量を行った。さらに重要なことは、彼らが近代の科学的な海図作製技術を創始し、後の世紀に有名なフランスのカッシニー地図を完成し、陸軍ははじめて国土防衛のための精密な地形図を配布された。

Ⅳ

古代文献は当時なお軍事理論の広汎な面において、また軍事上天才的な人物の神秘に関して教えるところがあった。ヴェゲティウスおよびフロンチウスはなお必読の書と見なされていた。当時最も人気のあったアンリ・ド・ローアンの著書『完全な指揮官』はカエサルのガリア戦争を取り扱ったものであった。

戦争の技術に関する最も重要な著書は次のふたつに分類することができる。そのひとつは国際法に関するものであり他は軍事技術に関するものであった。

マキアヴェリは無規制戦争(unregulated warfare)時代の理論家だったが、その影響は一七世紀の変化によってその光彩を失った。フランシス・ベーコンはおそらくマキアヴェリの最後の有名な弟子であろう。なぜならば今日にいたるまで、その論文にみられるような憶面なき無限定戦争(unrestricted war)の唱導者は見つけがたいからである。かえってこれに対する反動がたかまってきたのである。

フーゴー・グロチウスのごときは国際的無政府主義と無制限破壊に対する攻撃を指導していた。これら国際法の創始者たちは自然法のなかに国家法の精神と彼らの中核となる原則があると主張した。タレイランのごときは、はげしい口調でナポレオンに注意を促し、「各国は平和時においては相互に親善に努め、戦争時には悪を最小に制御する義務がある。」と述べている。実際問題として、国際法の原則が一七世紀の終わりまでに、戦争の方法に影響をおよぼしたことは否定できない。彼らは政治的不道徳に終止符を打つことができなかったとしても、少なくとも戦争行為を多くの細かい規則や禁止事項でこれをわくのなかにとじこめ、一八世紀の戦争を比較的人道的でよく制限されたものにすることができたのである。これらの規則は戦闘に従事する指揮官たちによく理解され、かつよく守られた。

たとえば捕虜の取り扱いおよび交換に関する規定、毒物使用のようなある種の破壊行為の禁止、また非戦闘員の取り扱いや休戦交渉、戦争時の安全通行権に関する規則、占領地の略奪、強制募兵の規則、攻囲の終止に関する規則等がそれである。全体の傾向は戦争時における個人の生命および権利を保護し、罪悪を減じようとしていたのである。

第二の部類の軍事技術に関する著書として、ヴォーバンの著書ほど大きな影響を与え、名声を博した本はない。ヴォーバンはルイ一四世の治世における大軍事技術者であった。一八世紀におけるヴォーバンの権威は絶大であったのみならず、ナポレオンの時代がすぎても、なおその名声は光を失わなかったのである。しかしヴォーバンが一八世紀にのこした文献の遺産ははなはだ少なく、かつ極めて専門的なもので、その論文は攻城法に関するもの、要塞防御法および地雷に関する短文にすぎない。ヴォーバンは築城については何も書いていないし、また戦略や戦争技術一般について組織的な論文もない。しかしヴォーバンの実績からみて、軍事全般に対する影響は否定すべからざる大きなものがある。ただしそれはヴォーバンの経歴と業績を通じて間接的にわずかに認めうるものであったし、あるいは彼の弟子の労作によって認識しうるものであった。以上のような経緯のため、ヴォーバンの業績と思想の多くは誤解されたり、曲解されたりした。そしてヴォーバンの業績はながい間忘れられていたのである。しかし感謝すべきことには一九世紀および二〇世紀の学者たちがヴォーバンの手紙や原稿の一部を公刊し、他の部分を精査し分析してヴォーバンの経歴や思想を一八世紀の礼讃者よりも、一層明白に理解することができるようにしてくれたことである。このことによってヴォーバンの姿は大きく浮かびでてきた。

V

ヴォーバンの伝記については多少の説明が必要である。一介のこの技術者が練達で仕事に献身的であったといっても、こんなに早く国民的偶像にまつり上げられるようになったのはなぜであろうか。なぜ攻城砲や要塞防御の専門的著述が、ヴォーバンを最も大きな影響力をもつ軍事問題の著述家のひとりに列せしめたのか。

ヴォーバンの著述は戦争に関してこの上もなく重要だとまではいえなくても、それについて一八世紀が最も必要としたことを取り扱った権威ある教科書であったためである。一七世紀の後半および一八世紀を通じて戦争は際限のない攻囲戦の連続であった。そしてしばしば攻囲戦は作戦の焦点となった。もちろん戦争の目的は要塞を攻略することではなかったが、敵国に侵入するためには攻囲戦はさけることのできない序曲であった。攻囲戦は野戦よりもはるかに数多く行われ、そして一方が野戦をさける戦術に出た場合には、すぐに攻囲戦が始まった。野戦はとくにこれを企図するかまたは要塞の増援、救援を阻止する場合にのみおこりうるものであった。少数の例外を除いては、すべての指揮官の戦略的構想は攻囲戦の原則にしたがって要塞内に籠城するのを常とした。このように籠城主義の原則が無条件に認められていた時代に、ヴォーバンの論文は必須のものとなり、彼の名は呪文のように唱えられることとなった。

しかしこれらの技術論文から生じたヴォーバンの名声と称讃とは、彼の個人的な性格に対する称讃にくらべるとごくわずかなものである。

ヴォーバンの国家の公僕としての長い生涯、専門技術以外に軍事の進歩のためにつくした多くの貢献、社会福祉に対して示した彼の博愛、そして人道主義的な関心等は彼の人物を如実に物語るものである。ヴォーバンの公僕としての生涯は最初から最大の称讃を博した。ヴォーバンの地味な性格、勤勉と誠実、道徳的勇気と国家に対する忠誠によって、彼はローマ時代の侍僕の再来かといわれた程である。実際にフォントネルはその有名な賛辞のなかで、ヴォーバンを「最盛期のローマ共和国からルイ一四世の時代に忍びこんできたかと思われるローマ人」と述べている。ヴォルテールもヴォーバンに対して「最良の市民」といい、サン・シモンは彼にローマ人というあだ名をつけただけでは満足しないで、近代的意味における愛国者だと呼んでいる。ヴォーバンは公僕、組織の天才、また進歩的な改革者としてのすべての特色を具備しており、かつ多数の部下の助力を得て新しい国家を建設したというべきである。そのうえなお好ましいことは、ヴォーバンの技術的知識、数学応用の才能、精確と秩序に対する愛情によって、科学アカデミーの会員としての資格が与えられたことは、国家の安寧に対して新たに科学知識が必要になってきたことを意味している。デカルト派の合理主義、平戦両時における応用科学の役割、この時代の幾何学的精神、これらのすべてをこの人は備えており、ヴォーバンの設計した要塞のしっかりした経始のなかにこれらの特色が具現されていた。

VI

ヴォーバンの生涯はあまりに長く、あまりに活動的であったので、このような小論文では到底まとめうるものではない。ルイ一四世の大臣や将軍のなかでヴォーバンほどながく勤務し、かつ活動的であったものはほとんどいない。

ヴォーバンは二〇歳になると間もなくマザランのもとで王室の軍隊に入り、七三歳で没するわずか数ヵ月前まで盛んに第一線で活躍していた。この半世紀にわたる絶えざる努力によって、ヴォーバンは五〇回に近い攻囲戦に参加し、一〇〇に余る要塞と港湾施設の設計図を作った。ヴォーバンは有産階級と下級貴族の中間の出身で、先祖はモルヴァンのバゾッシュに住む富裕な公証人で一六世紀の中頃には隣国に小さな封土を得ていた。ヴォーバンは一六三三年サン・レジェに生まれ、近くのスミュール・アン・ノーソアで完全とはいえない教育をうけ歴史、数学および製図を生かじりした。そして一六五一年に一七歳でちょうどその時国王に反抗していたコンデ（大コンデ）の軍隊に候補生として入隊し、コンデが反乱の罪から許されるとともにヴォーバンは一六五三年に王室の陸軍に入りシュバリエ・ド・クレルヴィルのもとで働いて頭角を現わした。このクレルヴィルは技量的に平凡な男だったがフランスの指導的な軍事技術者と認められていた。二年後にヴォーバンは王室普通技術官に進級し、間もなくアンリ・ド・ラ・フェルテ元帥の連隊で歩兵中隊長の任についた。一六五九年スペイン戦争が終わり、一六六七年にルイ一四世の最初の征服戦争が始まるまでの間に、ヴォーバンはクレルヴィルのもとで要塞の修理や改良に従事した。一六六七年にルイ一四世はオランダを攻撃した。第一次侵略戦争において、ヴォーバンは攻城技術主任としてまた他の部門の専門技術家として抜群の働きをして名声をあげ、ルーヴォアがクレルヴィルにヴォーバンが目立って優秀なことを注意したほどであり、その後ヴォーバンはその役所のすべての技術業務を統括する総監として登用された。この戦争の勝利により、ヴォーバンはいろいろと築城に関する計画をすることとなった。エイノーおよびフランドルの重要都市がフランスの手に入り大拡張された前進基地、すなわちベルグ、ファーネス、トゥルネー、リール、他の多くの要地がヴォーバンのいわゆる「第一型式」（first system）によって要塞化された。これによりルイ一四世に仕えたヴォーバンの波乱万丈の生涯が始まるのである。

平和時には不断の監督、修理工事、新しい築城に、戦争時には新方式の攻囲戦、占領、そして再び平和克復の時にはそれ以上に多忙な建設等が、ヴォーバンの生涯におけるリズムとなった。これらの仕事をやり遂げるために、ヴォーバンはフランスの端から端まで馬に乗って旅行し、晩年には馬に乗せるセダン籠に乗り、死にいたるまで絶えず活動をつづけた。ヴォーバンは休暇をとることがほとんどなく、その妻のためや一六七五年にえた田舎の荘園のために時を費すことはごくわずかしかなかった。ヴォーバンは営々として日夜働き、宮廷との関係はなるべく避けて、パリおよびヴェルサイユに滞在する時間をできる限り切りつめた。ヴォーバンの生涯の大部分の日時は文明と興奮との中心から遠ざかった国境の村の宿で過ごし、そこで数え切れない仕事に従事した。このような多忙な仕事の合間に持ちえた自由時間には公式報告や他の執筆に没頭した。

ヴォーバンは彼の専門には間接的にしか関係のない広汎な民間および軍事問題の多くの事を論じているが、それだけではまだ充分満足ができなかったようである。その他の多くの問題についてその一部はヴォーバンの文通にあらわれているが、他はヴォーバンの備忘録『有閑(oisivetés)』にのっており、これは、一二冊の多きにおよんでいる。この備忘録には最も広汎な問題が取り扱ってあり、そのある部分は技術関係を、ある部分はその他の事を扱っている。これには陸海軍の問題を論じているほかに、内陸水路や、外海に通ずるラングドックの運河に関する報告、植林計画の必要や、アメリカにおけるフランス植民地の開発方法、ナント勅令廃止の悪結果、ナポレオンの軍団創設の予言、また出生と特権による愚かな貴族制度を廃止し、すべての階級から解放された有能な人々からなる貴族政治の利益などを論じている。『有閑』という名前はこの論文がどうして生まれたかを表現しているがその内容はあらわしていない。これらは余暇に異なった場所で異なった日付で書かれている。これらにはヴォーバンがフランス国中を旅行している間に集められたノートや観察にすぎないものもあれば、また論文にまでなっているものもある。これらの書きものを貫いている特長は、いたるところにあらわれているヴォーバンの人道主義と科学精神である。ヴォーバンの著述と経歴とは、一七世紀の科学的合理主義が改革の源泉であるということを証明している。ヴォーバンの提案は経験と観察とに基づいた直接的な資料から出ている。ヴォーバンの公務上の絶えざる旅行は、彼の祖国とその要求とを知る絶好の機会を与えたのである。ヴォーバンの広汎な好奇心と、鋭敏な観察力と不屈の精神は、ヴォーバンに歩いた地域の経済および社会的状態に関する多くの実態を知悉させた。そしてヴォーバンの科学的な頭脳は、この多くの事象の上にできる限りの観察の眼を向けたのである。

これらの考察は、ヴォーバンがれっきとした科学者であったか、あるいは数字と機械工学を生かじりした築城担当の単なる軍人であったか、という質問に対する答えとなるものである。ヴォーバンの偉業は応用科学と応用数学の分野であった。ヴォーバンはその後生まれた軍事技術者ラザール・カルノーのような著名な数学者でも科学者でもなかった。ヴォーバンは機械学に対しても、カルノーと同時代のシャルル・ド・クローンのような理論的寄与はしていないし、ニコラス・ジョゼフ・キュニョーのように蒸気機関車の発明もしていない。ヴォーバンには要塞の設計以外にはほとんど純科学上の業績はないといってさしつかえない。ヴォーバンの唯一の貢献は擁壁《ようへき》（土砂の崩壊などを防ぐ）に関する実験的な研究があるのみである。

科学的創意の点からいえば、ヴォーバンの主たる功績は、同時代のイギリス人を除いては誰も本気でやってみようとしなかった戦場への適用範囲を拡大したことである。またヴォーバンは気象学の事実上の創始者のひとりとしてロバート・フックとその名誉を分かつべき人であり、加えて統計学の開拓者としてジョン・グラウントおよびウィリアム・ペティ卿と名を連ねるべき人でもあったのである。

ヴォーバンが統計を利用する習慣は、ヴォーバンの軍事および技術上の報告によくあらわれている。それらには一見軍事には無関係なフランス各地方の富、人口、資源に関する細かい数字が多くみられる。ヴォーバンは部下に対して同じような骨の折れる仕事を命じて困惑させたこともあった。

一時ダンケルクからイープルにいたる北西国境の築城指揮官であったヒュー・ド・コリニーに送った手紙のなかに、彼はその地方の事情に関する報告の不完全なことに対し不満を述べている。ヴォーバンはコリニーに対し、地図を補い、水路の詳細を述べ、木材の補給についてその伐採の日付とともに報告し、また人口に関する詳細な統計を年齢、性、職業および階級別に報告するように命じている。なおこれを付言してその地方における経済生活に関し集めうる限りの資料を送ることを要求している。これらの報告を検討することにより、ヴォーバンはひとりの陸軍技師としての仕事のほかに、多くの副産物を得ることができた。それによってヴォーバンは全力を軍事問題に傾注したと同様に、その批判的評価・論理・秩序・能率を愛する精神を非軍事面にもおよぼそうとしたのであった。

Ⅶ

ヴォーバンはその時代の軍事改革論者としては、最も根気のある人のひとりであった。ヴォーバンの手紙と備忘録『有閑』には、ヴォーバンの提案が一杯ある。ただしそれに軍隊の活動、当時白熱化しつつあった軍事組織とその運用技術的問題が少ししか書かれていないのは、ヴォーバンが軍事の全般にわたる再組織の計画やこれに関する建議に参画していなかったからである。ヴォーバンの提案であった技術者を軍の正式兵科制度のなかに入れること、その兵科の士官のもとに部隊をもつこと、そしてはっきりした制服を着せるというヴォーバンの全生涯をかけて努力してきた提案はついに実現しなかった。しかしヴォーバンの提案は技術部隊に対する科学技術教育問題とともに次の世紀になって実を結んだ。

ヴォーバンはまた熱心に最初の砲兵学校の設立を進言したが、それはルイ一四世の治世の末期に作られた。そして同様な技術者学校の創設には成功しなかったが、ヴォーバンは陸軍士官候補生の採用に対する正式の試験制度を作って専門の教官により彼らが適当な教育をうけているかどうかをテストする方法を確立したのである。

攻城砲の専門家としてヴォーバンは火砲の改良に関しては深い関心をもっていた。この分野におけるヴォーバンの研究と新機軸は無数にある。ヴォーバンは重砲の運搬のために橇《そり》を試験した。またその頃用いられていた青銅砲の欠点を発見して、海軍にならって鉄製のものを使うように進言した。ヴォーバンは新しい石弾臼砲（stone-throwing mortar）について多くの実験をしたが、これは失敗に終わった。そしてついに跳飛射撃（ricochet）を発明して、これをフィリップスブルグの攻囲戦にはじめて使用した。これは装薬を非常に減じて目標に命中した弾丸が射線方向に跳ね反ってその近くの人や物に危害をおよぼすものであった。

ヴォーバンは手紙と『有閑』のなかに歩兵および陸軍全般に関する無数の根本改革を示唆している。ヴォーバンは歩兵のフリントロック銃装備に関する最も熱心な主張者のひとりであったし、またはじめて満足すべき銃剣を作った発明者だった。一六六九年頃ヴォーバンはルーヴォアに手紙を送ってフリントロック銃の全面採用と槍の廃止を強硬に主張している。その後間もなく銃剣をつけたまま発射できるように、銃身の側面にとりつけるための溝とソケットをもった銃剣を槍ととりかえるようにとくに進言した。ヴォーバンは兵士の生活状態の改善、福祉施設およびその装備について熱心に改良意見を提出した。またその徴兵方式および給与の改善について研究した。

ヴォーバンにより市民の家に兵士を宿営させる習慣は制限されるようになり、アーヘン（エクス・

ラ・シャペル）の和約の後に、各地区ごとの兵営制度が創設されるにいたった。これにしたがって多くの特設兵営が前線地区および新占領地区に設けられたが、その多くはヴォーバンの設計、建設によるものであった。

ヴォーバンは海軍の造船に関しては体系的な研究をしたわけではなかったが、ヴォーバンはこの方面の仕事に詳しいクレルヴィルから多くのものを学んだようであった。彼は最初トゥーロンにおいて港湾施設の改良工事に従事したくらいであったが、ダンケルク港という傑作を作った。またヴォーバンは海軍におけるガレー船の役割に興味を持ち、これについての研究の結果、その使用を地中海から大西洋へと延長し、その任務を警備船として使用するほか、沿岸付近においては主力船の移動掩護幕として哨戒に使用し、さらにその速力を利用してオークニー諸島沿岸もしくはイギリス沿岸へさえも上陸軍を送る輸送船として利用すべきであると唱えた。またこれに関連してヴォーバンは通商破壊を主張したが、ヴォーバンはコルベールが苦労して作り上げたフランス海軍力が崩壊したあとに採用しうる唯一の戦略だと考えていたのである。

Ⅷ

ヴォーバンの戦争技術に対する最も顕著な貢献は、ヴォーバン自身の専門すなわち攻城術と築城術にあったことは当然である。ヴォーバンが無用の出血を嫌ったことは、戦闘行為を緩和しようという風潮が当時盛りあがりつつあったこととあいまって、ヴォーバンの攻城術における新機軸として要塞の攻略を順序正しくできるようにして攻撃軍の損害を最小限にすることを考え出した。ヴォーバンが新しい攻撃法、すなわち平行法（system of parallels）〔訳者注・要塞攻撃の用語で塹壕を敵線に平行に進め近接する方式〕を完成するまでは、防備良好な永久要塞の攻略には攻撃軍に非常に多くの損害が出るのが例であった。塹壕や堡藍《ほうらん》（蛇籠《じゃかご》・土のうのようなもの）が無組織に用いられ、敵によって準備された死地に投入された歩兵はしばしば全滅的砲火にさらされたのであった。

ヴォーバンの攻撃方式は多少の変化はあったが、一八世紀中用いられた方法で、高度に組織化された時間のかかる方法であった。その攻撃法は、まず防御砲火の射程外に兵員と資材を集結し、自然または人工の掩蔽《えんぺい》物にかくれる。この地点から工兵が交通壕を掘りながら徐々に要塞に向かって前進するのである。そしてある距離まで進むと将来の攻撃地点に平行する深い壕を交通壕と直角に掘る。これがいわゆる「第一平行線」（first parallel）と呼ばれるもので、ここに兵が配置され資材が推進される。ここから再び交通壕は前方に向かい堀開され、要塞に接近するにしたがってジグザグに掘ってゆく。これが所望の距離だけ進むと「第二平行線」（second parallel）が掘られ、さらに進んで「第三平行線」（third parallel）、すなわち最終平行線が斜堤の基部に近く掘られる。工兵は「第三平行線」に攻撃兵が入った時斜堤の基部に達するようにさらに掘進を続ける。遮蔽物から縦射する敵砲火に暴露して斜堤を登る危険な仕事がはじまるが、この危険を除去するために「騎兵の塹壕」（cavaliers de tranchées）と称する一時的構築物の助けをかりて前進する。それは胸墻をもつ高い土堤で攻撃兵はそのうえから掩蔽部のなかにある敵を射撃することができるものである。このようにして突撃準備ができあがると敵要塞の外部の塁壁は巧妙な方法によって占領することができる。すなわち、跳飛射撃によって防御軍を制圧したり、「騎兵の塹壕」からする掩護射撃のもとに擲弾兵に敵陣地を強襲させ、そして敵の第一線を占領すれば、攻城砲が前進して敵の内部主防御地域を破壊するのである。攻城戦におけるヴォーバン方式の主な特徴は、臨時構築物、塹壕および土堤を利用して攻撃部隊を掩護することにある。この平行線は一六七三年のマーストリヒトの攻囲戦に初めて用いられ、「騎兵の塹壕」は一六八四年のルクセンブルク攻城戦に使用された。この完成されたヴォーバンの攻城法は、一七〇五年にヴォーバンがブルゴーニュ侯のために書いた『攻城論』に記述されている。ヴォーバンの築城の仕事については非常な論議をまきおこしている。第一にヴォーバンの築城方式はヴォーバンの独創というべきか否かということ、第二にははたしてヴォーバンはフランス防衛という根本計画をたてたうえで要塞を配置したのかという問題である。

ごく最近までヴォーバンの最も熱心な賛美者でさえヴォーバンが築城技術者として示した独創は認められないし、またヴォーバンがパガンからうけついだ要塞の設計にはほとんどなにものも付加されていないという説に同意していた。ラザール・カルノーは一八世紀のほかの技術者の特性にてらし、ヴォーバンの態度を称讃しているものの、ヴォーバンの独創はわずかしか見出すことができないとして、「ヴォーバンの築城術はその時代以前から知られていた仕事の継続としか目にうつらないが、よき観察者の頭にはすばらしい成果、輝かしい調和、工芸上の傑作だと映る。」といっている。アレンはカルノーに呼応して、「よりよき断面、簡単な経始、より大きく、よりよく配置された外郭。しかしこれらは当時の方式を組織化し、実用化するようにしたにすぎない。」と述べている。この批判に対する賛否は最近まで不明瞭のまま残されていた。しかし最近ラザール中佐の真面目な研究の結果、このヴォーバンの不評も変わってきた。ラザール中佐はヴォーバンの築城論に関する従来の見解に重要な変更を与えた。

初期の批評家はヴォーバンの三型式を引きあいに出すのが常であった。

ラザールは「厳格な意味においてヴォーバンは明確に規定された体系をもっていなかった。むしろ彼は時機により明白に異なった設計を行っているがそれはすべてすでに論議された稜堡の経始を変形したものであった。」といっている。このことを心にとめておけば古い分類をそのまま残しておくのが便利である。

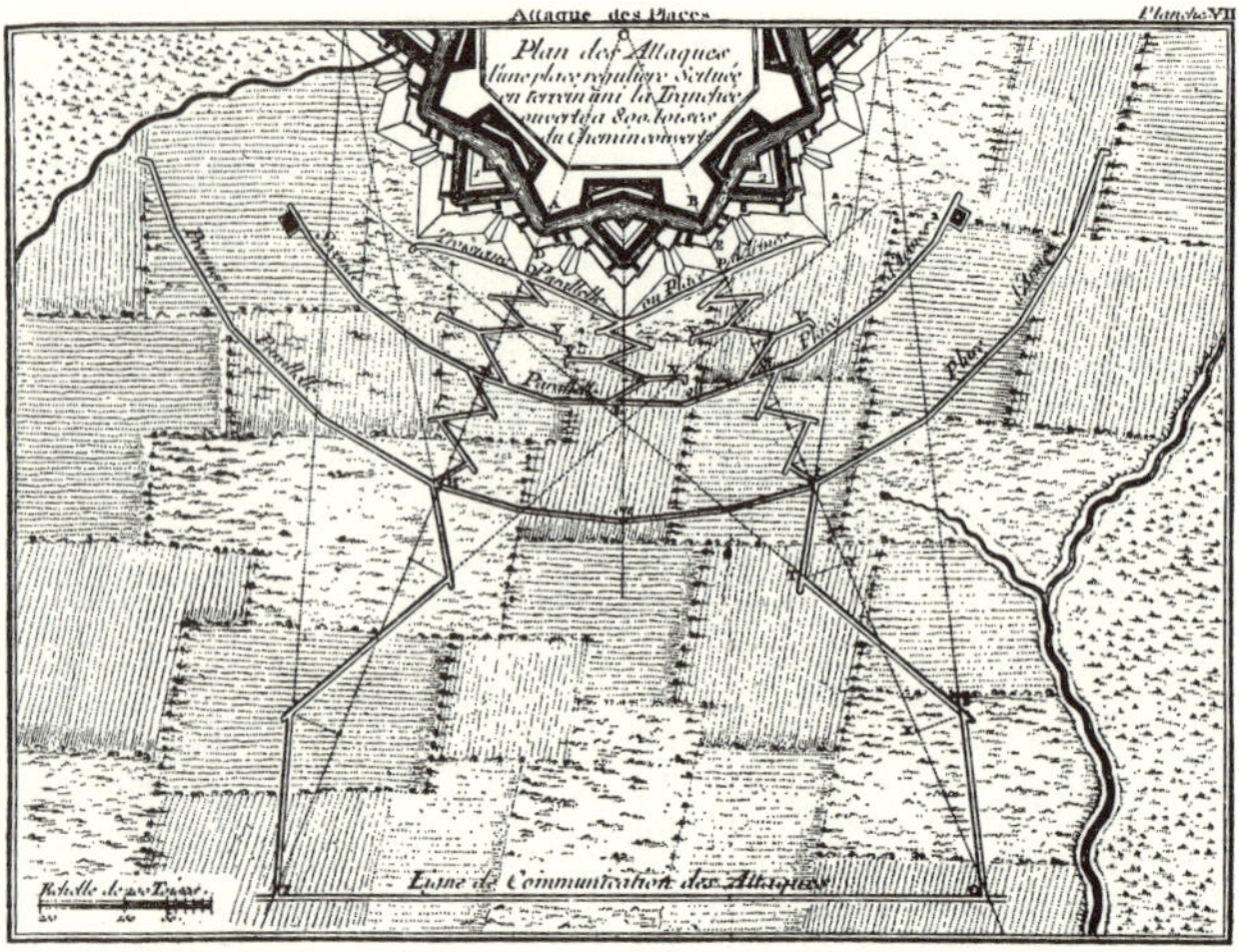

ヴォーバンの平行攻撃

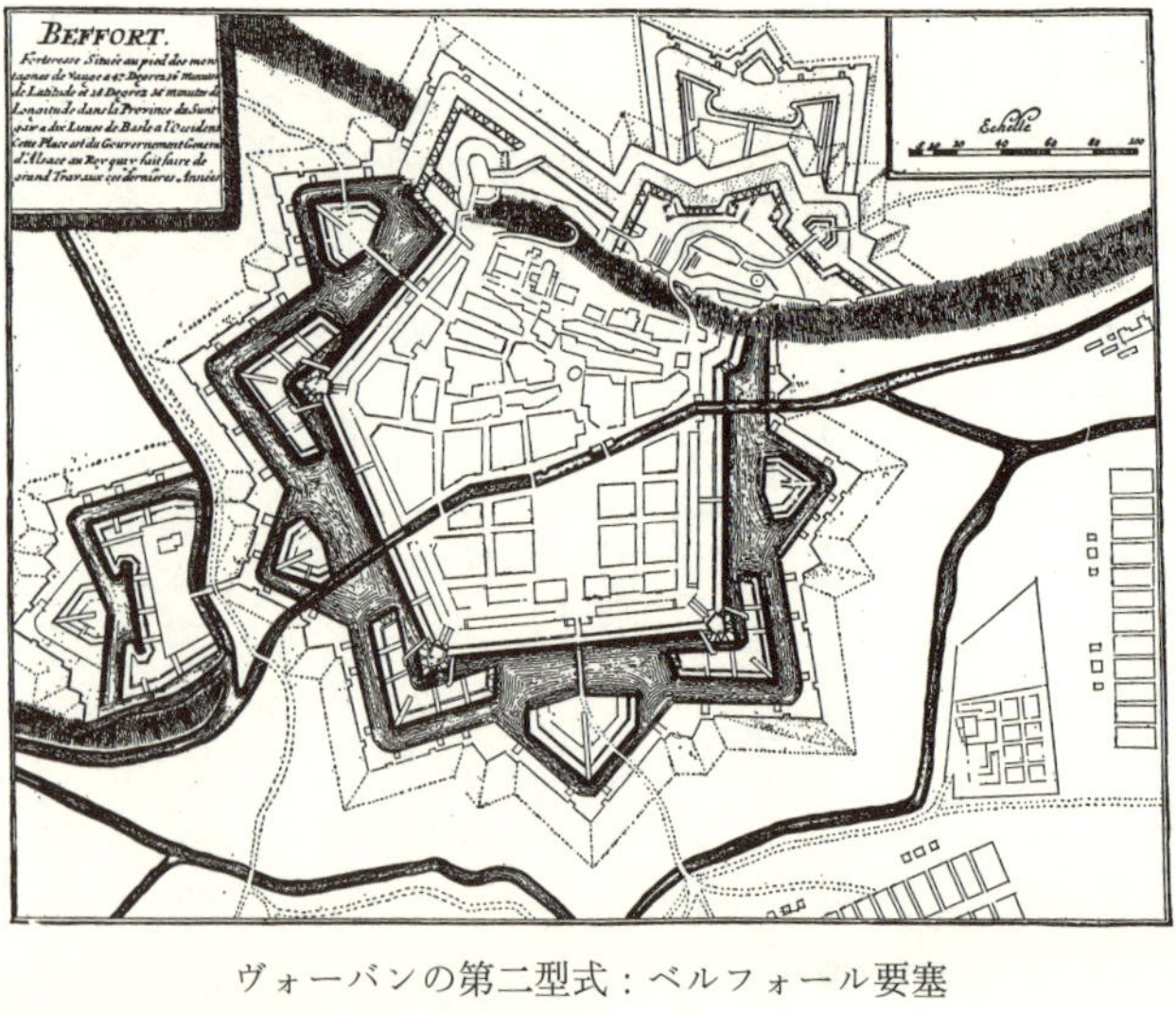

ヴォーバンの第二型式：ベルフォール要塞

ヴォーバンの第一型式なるものは、彼が作った要塞の最も多くに用いられているが、その設計はパガンの経始をほとんど改良せずに使っている。この型式に属する要塞の経始はできるだけ正多角形をしたもので四角形、八角形、時にはラ・ケノークのようにほぼ三角形のものさえあった。稜堡はその形が以前のものより小さくなる傾向はあったが、依然として防御組織の鍵であった。また細部の改良と付属外廓防御施設のほかはパガン時代とほとんど変わっていない。ヴォーバンの作った最も多くの要塞が、この旧来の設計によったものであり、これがヴォーバンの仕事の特徴でもあったから彼の独創性はほとんど発見しえないと批評されても驚くに値しない。ラザールによればヴォーバンの創意はむしろ他の二型式に明らかに認められるといっているが、それはヴォーバンの仕事のなかのわずかな例であったし、またヴォーバンの後継者にあまり影響がなかったものである。第二型式はベルフォールとブザンソンの要塞にはじめて使われたものであるが、これは前者の経始を改良したものである。この型式においては多角形の型式は踏襲されたが、中堤(稜堡間の築堤)が延長され、従来の稜堡に代わるものとして広い壕のなかに作られた凸角部の小塔またはちょっとした術工物、いわゆる分離稜堡がそれらを掩護している。

第三型式は第二型式の変形であるが、これはただひとつしか作られなかった。ヌフブリザックの要塞がそれであるがこれはヴォーバンの大傑作であった。この設計においては防御用火砲を増加しうるよう、中堤の形を変更し、小塔、分離稜堡がすべて大型になっている。

われわれの注意をひくのは第二型式である。当時の者も発見しえなかったが、ヴォーバンは重要なむしろ革命的改良をこの型式で行っている。ヴォーバンは古い以前の塁壁にたよる要塞防御思想から脱皮して縦深防御の第一歩をふみ出した。第二型式はルイ・ド・コルモンテーニュ、および後にはメジエール工兵学校幹部の反対するところとなった。この反対思想は一八世紀を支配したが、その築城術はまったくヴォーバンの第一型式を基礎にしたものであった。彼らはこの第二型式は中世の手法の粗末な複製にしかすぎないと考えていたが、われわれは一八世紀の終わりになってヴォーバンの第二型式の復活を発見するのである。モンタランベールの改革、それはずっと以前にドイツ人がフランス人から採用した考えで、在来の突出した稜堡のかわりに小さい分離堡をつけたものであり、実際には主塁壁の一部になっていた。このモンタランベールの大きな改革は、モンタランベールがヴォーバンの感化を受けたかどうかは疑わしいとしても、その主張する縦深防御の思想はヴォーバンの第二型式への盲従であるといえよう。

ヴォーバンの築城思想に対する批判の混乱は、ヴォーバンが永久築城の技術に関してひとつの論文も書いていないし、またヴォーバンが攻防の技術について書いたような体系的な理論の説明を築城術については行っていないからである。ヴォーバンの直接的な影響をうけたものと思われる築城原則に関するふたつの論文が原稿のまま残っている。そのひとつはヴォーバンが技術候補生の教官およびその試験官として選んだ数学者のソーヴールが書いたものである。他のひとつはヴォーバンの秘書トマッサンが書いている。これらは要塞そのものを除いて、ヴォーバンの築城術に関する理論を学ぶには最良の資料である。その理論は独断的な教義ではなく、一般に適用される原則ということができる。そしてこの原則は彼の三つの型式によく適用され、実証されている。まず第一に要塞の各部分の強度は等しくなければならない。それは稜堡の構造が頑丈であることと中堤から都合よく掩護されていることである。一般にこれらの条件を具備するためには

(1)　要塞のいかなる部分も強力な側防を得られること。
(2)　これらの側防火点はできるだけ大きくすること。
(3)　これらの火点はフリントロック銃の射程内におくこと。そしてその設計はその側面が防御しな

ければならない部分に直接正対するようにする。逆にいえばその側面は防御される部分からだけ常に見えていることが必要である。

ちょっと考えても、これらの基本的な原則はヴォーバンのすべての計画に適用されていることがわかる。永久築城をする時の実際の問題は、この基本的な原則を破らずに、稜堡の経始をいかにその地区の地形に適合させるかということにある。これは明らかに技術者に広い採択の自由と好ましい柔軟性を残すもので、この方法によって第二型式は進歩したのであった。それはヴォーバン自身が語るように、理論的考究の結果として到達したのではなく、ベルフォールにおける地形の条件がヴォーバンをしてそうさせたものであった。

IX

ルイ一四世の軍事施設の計画がどの程度まで統一された戦略思想に導かれていたのか。またそのような事実があったとすればヴォーバンの才能によるものだというはっきりした証拠があるだろうか。このふたつの質問は非常に重要なものであるが、これに回答をだすのは容易なことではない。

ヴォーバンの初期の伝記著者たちは英雄をもちあげようという性急さから、「ヴォーバン以前にはフランスには記すべき価値ある築城型式はなく、そして彼の生涯の末期に王国を縁取った要塞の環は、まったくこの偉大な技術家の頭からほとばしり出た巧妙な計画の一部が実現したものである。」という強い印象をうえつけようとした。これらの著者にとっては、ヴォーバン以外の人もこのような防御組織をつくる力をもっていたかもしれないということ、そしてその組織自体は徐々の歴史的成長の結果かもしれないということもともに信じられないのであった。

最近われわれはこの意見が実際とかけはなれていたことに気がついた。前述のようにヴォーバンの軍事建築家としての名声は、近頃の研究によってますます高くなったけれども、同時にある論者はまったく戦略的創意をもたない一大技術家の水準に引き下げようとするものもあった。そしてヴォーバンは単に歴史の流れの必要からか、または戦略的考察をもった上司の命令にしたがって盲目的に忠実にその仕事を実行した輝かしいひとりの技術家として書かれている。

ヴォーバンの専門的分野で彼の権威に挑戦できる者がいただろうか。その回答は国王その人がいたということである。ルイ一四世はかなりの程度に築城術に熟練していたことが明らかになっている。ルイ一四世は青年時代にこれを学び、統治の前半においてテュレンヌ、ヴィルロアおよびコンデらの助言と指導をうけることができた。ルイ一四世はその生涯を通じて築城術に関しては非常に細部まで干渉し、ヴォーバンの進言に対し断固としてこれに反対したことも多かった。ふたつの重要な要塞、フォートルイとモンロワイヤルはルイ一四世の発意によって作られ、少なくともそのひとつはヴォーバンの進言に反して作られている。ある著者によるとルイの勤勉は何事にもおよんで、これらの技術的事項においてさえ疑う余地のない指導者であった。ルーヴォアは「ただすぐれた書記ではないが、すぐれた官吏であった。」といわれているが、ヴォーバンは「優秀な人物であったが王の命令実行者以外のなにものでもなかった。」といわれた。他の著者でヴォーバンを「思想においては充分に活用されていなかったが、偉大な事業の労働者の首領」と書いているものもある。これらの見解は逃れえざる事実であった。ヴォーバンはすでに決定された要塞のあらゆる計画を作図し、または訂正を行い、また技術的な覚書や進言を提出した。ヴォーバンは質問を受けた場合や時によっては受けなくても決定的事項に関し意見を述べた。しかしその決定事項が討議されている間はヴォーバンの出席は必要とされなかった。ヴォーバンは政策策定者ではなく、単に陰の相談役であったのである。もしヴォーバンがフランス防衛の基本計画をもっていたとしても、それを完全に実行することはできなかったであろう。ヴォーバンの心に湧き出た多くの進言は却下され、ヴォーバンの計画の多くは戦争や外交の現実性のために実行不可能になった。

ルイ一四世時代のフランスの実際の国境は、長い間つづけられた国策の結果である。同様に都市要塞の配置は、フランスの防御組織を国境線の変化に適合させようという長い間の努力のあとを示すものである。これらの要塞はいかなる観点からみても、ヴォーバンが発展させたような組織にはなっていなかった。それらの要塞はひとつひとつの単位としてよくできていたが、それら相互には何の関連もなく、またそれぞれがあまりに遠くはなれすぎていた。そのうえそれらの位置はその地方的特性によって選定されたもので、橋梁、十字路および河の合流点の防御というような局地的重要性から設けられていた。

ヴォーバンは当時のはげしい議論を排して、ある要塞を保留強化し、その他のものを破棄することを主張し整頓しようとした。しかしヴォーバンの戦略上の見解はまったく自由には実現をみることはできなかった。それは主としてフランスの国民経済からの理由で、既存のものの範囲内で仕事をしなければならぬという制限を受けたのである。

ラザールは、「要塞の戦略的役割について総体的な概念をもたせたのはヴォーバンをもって歴史上最初とする。ヴォーバンは単なる技術者ではなくて戦略家であった。彼はその時代よりはるかに進んだ着想をもっていた人である。」という見解を発表している。

ルイ一四世はスペイン継承戦争の結果、北方国境にそって深くスペイン領フランドルにその領土を拡大した。この新領土は沿岸近くのファーネスから東方へベルグおよびコルトレイクを経てシャルルロアにわたっており、この間に点在する旧スペイン要塞の多くをフランスが獲得することになった。ヴォーバンに与えられた最初の大仕事は、これらの新領土を強化し、要塞で再びかためることであった。一六六八年から一六七二年にいたる平和時代、ヴォーバンはこの仕事に打ち込んだ。

しかしルイ一四世は一六七二年の春にオランダに対する戦争を開始した。ヴォーバンはこの好機に乗じて、はじめて国境の全般的防御組織を提案した。

ヴォーバンは、フランシュコンテおよびその他のフランス占領地をかためるのに忙しかった一六七五年に、一層専門的な提案をしている。この年の九月にはヴォーバンはコンデ、ブーシャン、ヴァランシエンヌおよびカンブレーの攻囲を進言した。

一六七八年一一月、すなわちナイメーヘンの講和条約三ヵ月後に、ヴォーバンははじめて海峡からミューズにいたる北部国境の防御組織について、一連の重要な全般的意見を書いた。ヴォーバンはまず国境築城の目的を論じている。それは敵軍が王国に侵入しようとするすべての道路を閉鎖し、同時に敵国へ進撃を容易にするものであらねばならないというものである。彼は要塞を単に防御のためにのみ必要であるとは考えていなかった。そしてとくにそれが敵に対する攻勢作戦の基地として重要であることを注意深く強調している。「要塞地帯は、自国領土の交通手段を確保し、重要な道路や橋頭堡を制して敵地への進入路を確保しうるような地点に設けなければならない。それらは単に防御に必要な補給を保つだけでなく、攻勢の基地として軍の補給維持に必要な貯蔵品を保ちうるほど大きくなければならない。」

ヴォーバンは一六七八年の覚書で、もし国境の拠点が二線に配列するよう制限されるならば、各線に約一三ヵ所の地点が選定され、北方国境にそってあたかも歩兵の戦闘部署のようなかたちでうまく築城することができると結論している。この第一線は海からシェルトまで延びている水路を利用することによりさらに強化することができる。運河や運河化された小流と大河は要塞相互間を連結させ、運河それ自身も適当な間隔をおいて配置された要塞によって防御される。この計画はヴォーバンの独創ではない。ヴォーバンがこの事を書いている時にすでに国境線の一部にはこれが実在していたのである。ヴォーバンはこれら水路の防御力について過大視はしていなかった。なぜならばその主目的は敵小部隊の襲撃からその地方を防護するためのものであって、もし敵が水路を大部隊で攻撃しようとした時は、われもまた大部隊で防御しなければならないからである。これらの計画に対してはもちろん新しい工事が必要であるが、ヴォーバンは同時に多数の古い要塞を廃棄することを主張、すなわち前線からはなれていてふたつの線に含まれないすべての要塞をこわすことを強調した。これは単に国庫の節約になるのみならず人員の節約にもなるもので、要塞を一〇減らせば約三万の兵士を他の勤務につかせることができたのである。

一六七八年の有名な覚書には、将来ありうべき征服に関する考察と、北方および東方国境に関する限り、単にその局地的な要塞線の修正よりももっと野心的なことを考えている。将来戦では敵のある要塞はただちに攻略しなければならないと主張した。すなわちオランダへの侵入のためには、ディクスムイデ、コルトレイク、シャルレモンそして東方ではストラスブールとルクセンブルクは、どうしても奪取しなければならないとくに重要な都市である。これらの都市はヨーロッパ第一の大きな富と位置の重要さをもっているだけでなく、それらはフランスが自然な国境線を拡大するための鍵である。フランスの東方および北方における自然国境線はラインでなければならないという信念を、もしヴォーバンがもっていなかったとすれば彼はフランス人でも、また愛国者ではなかったであろう。しかしわれわれはヴォーバンがこの信念をもっていたことを確認しうるし、またそれはすでに若い時から明らかにヴォーバンの胸中に描かれていたことのようである。

ヴォーバンの晩年の覚書には要塞の役割についての戦略的概念が多少変わっているように見受けられる。ただパリ要塞に関する覚書には、一国の首都としての戦略的重要性を説いているが、これを除いては彼の研究の大部分は戦略的感覚を欠き、ただ要塞を廃止するか、増加するかまたは再建するかについて詳細な意見を述べているにすぎない。

これらのヴォーバンの覚書に記してあるヴォーバンの意見の変化を探ることは困難ではない。これはヴォーバンの思想の進化によるものであるが、しかし主な原因としては事情の変化であってヴォーバンはその晩年を変化した状況のもとで働かねばならなかったのである。次第にひどくなってきた財政の逼迫と人力の不足はヴォーバンをして要塞の新設より、むしろ廃止の方に力をいれなければならないようにしむけた。これがために一六七八年覚書に第二線として書きあげた多くの要塞を破壊すべく主張したのであった。同時にルイ一四世の軍隊はますます守勢的な考え方に傾きつつあり、ヴォーバンもまたこの世紀の末期にはっきりしてきた傾向、すなわち北方国境線にそう水路に大きな期待をかける考え方に順応していった。

しかしヴォーバンはこの防御的思想の傾向には顕著な弱点があることを認めていた。そこでヴォーバンはこれを補うために一六九六年に覚書を作り、そのなかで築城された兵営を要塞の補助として新設し水路の防御を強化することを強調している。これらの兵営の目的は要塞間の水路の防衛を果たすとともに、要塞の外廓防御の役目をはたし、要塞自体を強固にすることであった。普通の野戦軍より少ない兵力を要塞の外廓にあるこれら巧妙な築城で強化された兵営に配置すれば、要塞に直接ぶつかろうとする攻撃軍を阻止するのみならず、敵兵力をより広正面に分散させることが可能である。

ヴォーバンのふたつの主張、すなわち第一の要塞化された兵営で補強した連続防御線の強調と、第二の一六七八年にヴォーバンが提唱した第二線を進んで廃棄しようとしたことは、ラザールの説く、「ヴォーバンは近代戦略が採用した要塞地帯の創設者である。」という点といささか矛盾しているように見える。しかしヴォーバンの考え方は変わって、ますます縦深の薄い防御線を好む方向に進展していったようである。ヴォーバンは前任者から受け継いだ要塞地帯の無茶苦茶な非組織的状態を簡単化した。最初にヴォーバンはそれを二線の要塞に整理したが、それは明らかにありきたりの歩兵の展開線を真似したものであった。次にさらにこれを簡単化することを進め、連続した水路と部隊の配置でつなぎ合わせた要塞を核心とする一重の防御線とした。このことは「この大技術者が晩年になって次第に要塞よりも軍隊そのものを重視するようになった。」と見るのはいいすぎであろうか。

ここにおいてヴォーバンの思想は、ギベールの考え方すなわち「一国の真の防衛は要塞でなくて軍隊である。換言すれば要塞は、活動性と柔軟性をもって陸軍というより偉大な守りの単なる稜堡にすぎない。」という思想に極めて接近していったように見える。

（山田積昭訳）

第3章

王朝戦争から国民戦争へ
フリードリヒ大王
ギベール
ビューロー

ロバート・R・パーマー　プリンストン大学歴史学助教授。アメリカ陸軍歴史班勤務。コーネル大学哲学博士。

I

フリードリヒ大王のプロイセン王即位から、フランス皇帝ナポレオンの廃位まで、一七四〇年から一八一五年にいたる間に、古い型式の戦争は爛熟し、現在にいたるもなお多くの面影を残す新しい形式の戦争が誕生した。本章においてはこの両形式の比較を主題として論じたいと思う。

もちろん旧形式の多くのものが新形式のなかに引きつがれており、前のふたつの章に論ぜられた基礎概念も時代おくれとはならないで、今日もなお重要な戦争理論として残っている。

マキアヴェリは戦争を社会科学として研究した。彼はこれを道徳的目的から分離し、憲法学的、経済学的および政治的観察と密接に結びつけた。彼は戦争における人間の創意による仕事の分野を拡げ、運命にまかされる分野を少なくしようと努力した。

ヴォーバンは軍人に自然科学と機械学とを導入した。ルイ一四世の政府は空前の陸軍拡張を行いながら秩序立った行政と統帥《とうすい》の原則を発達させた。これにより新たに訓練・規律を強化し、戦略単位・戦術単位部隊の体系を創始し、指揮系統を明白にし、指揮官を国家の官吏にするとともに軍隊を政府に従属させることができた。これらの進歩はこの変革期に加速され、さらに精巧なものとなっていった。これが本章において論じようとする主題である。

顕著な改革が軍の組織および運用のうえに、すなわち人的戦略と戦略のうえにもたらされた。また市民軍が職業軍に代わり、積極的、機動的、挑戦的な戦略が、遅鈍な攻囲戦略にとって代わった。このふたつともすでにマキアヴェリがすでに予見したところのものであったが、いずれも一五〇〇年ごろにはその大規模な実現をみようなどとは信じられなかったことである。一七九二年以後旧時代の制限戦争（limited war）は無制限戦争にかわり、戦争は革新された。この変化はフランス革命の影響によって国家の形式が王朝から国民的なものに変わったためである。

フランス革命以前の戦争は主として支配者間の衝突であったが、次第に国民対国民の闘争に発展し、ここに国家の総力的性格を帯びるにいたった。

王朝形式の国家では軍隊の構成にはおのずから限度があった。国王は形式的には絶対的であると見なされたが、実際は不自由な立場にあった。あらゆる王朝国家には政府と貴族との間に不安定な均衡状態があって、貴族の特権は政府の行動の自由を制限した。この特権には納税の義務からまぬがれ、また陸軍における高級将校をほとんど独占する権利を含んでいた。将校は人口のわずか二パーセントしかいない貴族階級から採らねばならなかった。国王と国民とのつながりは官僚的、行政的および財政的なもので、支配者と被支配者の関係はただ外面的、機械的なものにすぎなかった。これに引きかえ、フランス革命によってもたらされた主義すなわち責任ある市民権の原理、市民が統治権を有する政府と市民との関係はほとんど宗教的融合の状態となり、王朝時代とのはっきりした対照を示した。

王朝時代の軍隊においては王朝国家の以上の状態を反映していた。内部的には共通の精神を欠いたふたつの階層に分けられていた。一方の階層は将校で彼らの動機は名誉、階級意識または野心に発し、もう一方の階層の兵卒は生活のために長期勤務に服し、職業として戦争に従事し、高尚な感情などは持ちあわせがなく、最も強い執着はその所属連隊に対する素朴な誇りであった。

ロシア、オーストリア、プロイセンの軍隊は主として農奴からなっており、プロイセンとイギリスにおいては非常に多くの外国人が兵卒として使われていた。オーストリアの軍隊は言語の異なる人間が集まっており、兵卒相互に意志の疎通をはかることがむずかしかった。そして各国ともに経済的に最も下層なものを徴兵する傾向があり、市民はどこでも兵卒をある距離をおいて見ていた。

ヨーロッパの最大陸軍国で最も国民的な軍隊をもっていたフランスでさえも、喫茶店やその他の公共場所に、「犬、下僕、娼婦および兵卒入るべからず。」との掲示がみられたのである。そこで兵士の大部分が社会の無宿者であり、将校は無経験な貴族出の青年から成っているような雑多な集団である軍隊には共通の目的をつくる必要があった。無統制な軍隊のひどさは、とくに三十年戦争後のドイツにおいて顕著である。市民の秩序を向上し、今まで道徳観念が一般の水準以下であった軍隊のなかにそれを植えつけるために、政府は次第に兵卒の衛生に注意し、よい兵舎に宿泊させ、医者と病院を与え、増給し、補給のために多くの永久的倉庫を建設した。

兵卒を小部隊のままで勝手に生活するようにしておけば脱走してしまうだろうし、それ相当の生活の保障をしてやらなければ、職業軍人の目的が生活のためである以上戦いをしなくなってしまうことを恐れたのであった。そして実際一八世紀には将校も兵卒も平和時・戦争時を問わず、ある軍隊から次の部隊へとフランス革命後には考えられない手軽さで渡り歩いていたのである。

このように良好な管理が行きとどくとともに、規律と訓練に対する厳重な注意が上から注がれるようになった。自分自身が結合力をもっていない兵卒を統一して部隊を錬成することができるのは、ただ鉄の規律があるのみであった。支配者や貴族たちは軍隊を構成している下層階級の兵卒に対して何らの道徳的資質を認めようとはしなかったばかりでなく、勇気忠誠、団結心、犠牲、誇りをも期待していなかったのである。事実当時の軍隊においては、これらの徳操を向上させることができなかった。彼らは王朝時代の一般市民と同様戦争の発生に対する連帯責任感はほとんど持ちあわせていなかったのである。

交通通信の貧弱さと偵察の低劣さ（各兵卒の無知と不信のため）は戦場で軍隊を分割することを非常に困難にした。小銃の命中精度が悪く、射程の短いことは、各個射撃にあまり期待をよせられなかった。その結果として軍事訓練の理想としては精神のない兵士をもって機械のような大隊（battalion）を作ろうということになった。敵と戦う時には各大隊は人と人の肘がぶつかる位の普通三列の密集隊形で停止し、指揮官の号令で斉射をする一種の射撃機械のようなものであった。戦場において戦術的な機敏な動作ができるようになるのには長期間の猛烈な訓練を必要とした。無宿者を立派な軍人に仕立てるには少なくとも二年の年月がかかると考えられていた。

フランス革命以前の統治者は充分な資源がなかったので職業軍隊をおくことは非常な経済的負担であったし、各兵士の養成は時間的にも財政的にも過重な投資であった。もし戦闘によって一度でも損害をうけると、精鋭部隊がその戦力を回復するのは容易でなかった。交通施設が充分でない国家においては弾薬および衣糧品の倉庫は予想戦場に近く設ける必要があり、またこれを警備する必要も生じた。そのうえ一七世紀後半には科学の進歩が築城術を進歩せしめた。そしてフランスとドイツとの間の感情の悪化がいわゆる宗教戦争の大戦乱となり、始終移動する戦闘のために市民の生活と生産活動は非常に混乱した。

この結果、軍は要塞地帯に集中することとなり、軍の主力またはその一部はそれらの基地周辺に固定されることとなり、要塞から五日行程以上も離れることは到底考えられなかった。たとえ、倉庫を軍の後方近くにもっていっても彼らはながい行軍長径をもつ段列［訳者注・補給整備部隊］をつれていかなければならないので、一日の行程は非常に短いものになった。そればかりでなく段列は容易に簡素化されず、大部分の軍隊では貴族出の将校は立派な格好で旅行し、段列に負担をかけ、またその部隊はなんらの政治的信念も持たずに戦ったので、もしその食糧補給が不確実になったり、作戦が不利になるとすぐ士気を失った。

このような状態の下では軍隊間の大規模な決戦はほとんど起こらなかった。指揮官は決戦を回避する敵を追ってこれと接触を保つことは容易なことではなかった。たまたま両軍が相対する機会を得た時でさえも、戦闘隊形を採るには相当の時間を要した。もし一方の軍が戦闘隊形をとる間に、他方の軍が決戦を回避すれば決戦は起こらなかった。実際、戦闘は一種の恐ろしい冒険であったのである。戦場でえた有利な戦勢も、これを拡張して完全な勝利に導くことはなかなか行われなかった。なぜならば徹底的な追撃を行う方法がまだ用いられていなかったからである。

軍事思想家たちは、戦争をやれば勝者といえども敗者と同様に苦しむようになるという意見をもっていた。したがって迅速かつ決定的な政治的成果はいかなる場合にも戦闘の結果から期待することはできなかった。この点が一八世紀の戦いとナポレオン戦争との明瞭な対照点となる。すなわち、ブレンハイム、マルプラケ、フォントノワ、ロスバッハの戦いの後、なお戦いは数年にわたって尾を引いたが、マレンゴ、アルステルリッツ、イエナ、ワグラム、ライプチヒの戦い後は数ヵ月で平和提議が始まった。これを要するにフランス革命以前には多くの要素が組み合わされて、制限戦争を出現し、戦争は制限された目的のために制限された方法をもって戦われたのである。これがために全般的にみると戦闘は激烈ではなかったが、戦闘は長引き損害は多かった。作戦は要塞、倉庫、補給線および重要地点への攻撃が主となり、部隊の巧妙な機動が激烈な戦闘における無茶な格闘よりも称賛されるようになった。位置の戦争が決勝作戦よりも普及していったのである。また連続的に小さな利益を得る戦略の方が、殲滅戦略よりも重んぜられるようになった。これらのことはすべて、一七八九年以後ヨーロッパをゆさぶった激動のなかで変わっていった。

一七九二年から一八一五年にいたる世界戦争（world war）はその初期とイギリスとフランスの間の戦いを除いては短期戦の連続で、その各々の勝敗は戦場において迅速に決せられ和議をもって終結したのであった。権威者の意見は、「これらの戦争は主要な転機を画するもので、一五〇〇年頃以来の時代は終わって、今なおわれわれがぬけ出すことのできない新時代に入った。」という点で一致している。

多くの論者はその原因を、「大衆の意見が国家的になり、政府と国民との関係が密接になったフランス革命によるものである。」としている。この見解は半世紀前にマクス・イェーンスとハンス・デルブリュックによって述べられたものである。デルブリュックが述べているようにフランス革命がもたらした新しい政治情勢が新しい軍隊組織を生み、それがまず新戦術の出現となり、ついで新戦略の成長となったのである。

その変遷は次の三人の著書に明らかにされる。この三人は各々軍事思想史において顕著な段階を代表している。フリードリヒ大王はフランス革命以前のヨーロッパ情勢のなかにおける軍事行動の最高傑作者である。ギベールはフリードリヒの弟子であるが、ギベールはフリードリヒよりも一層明瞭にまさに来らんとする変化を予見していた。ビューローは革命戦争およびナポレオン戦争時代に生まれたが、次第にこれらの戦争がもたらした多くの教訓を会得した。

三人のなかでフリードリヒのみが実戦の指揮官経験をもっていた。ギベールとビューローは将校としての訓練は受けているが、部隊を指揮した経験はなく、批評家、予言者、または改革論者として有名であった。

II

フリードリヒ大王が一七四〇年無警告でシュレージエンに侵入したことは、ヨーロッパに対し後世のいわゆる電撃戦（blitzkrieg）と呼ばれるものを味わわせた。三回にわたるシュレージエン戦争においで彼はかねてから望んでいた三つの州を手に入れ、彼の小さい王国はほとんど二倍の大きさとなった。フリードリヒはこの戦争において時には生死を賭して大敵と戦い、敵のいかなる将軍も比較にならぬほどの優秀さを示した。そのうえプロイセンは極めて明瞭な王朝国家の主要な特徴を持ち、ヨーロッパの主要な国々のなかで最も機械的に組み立てられていた。上からの支配力は最も強く、その国民の精神は生気を欠き、物的資源、人的戦力には最も恵まれていなかった。フリードリヒはまた多彩な才能のある著述家でもあった。

フリードリヒの最初の重要な軍事著書は一七四六年に書かれた『戦争の一般原則』である。これには二回にわたるシュレージエン戦争の経験を記している。この本は秘密裡に将軍たちの間に回覧されたものであるが、一七六〇年にその将軍のひとりがフランス軍の捕虜となったことが、この著述の公刊される機会となった。フリードリヒの思想はその後さらに発展したが、それは一七五二年にその王位継承者にひそかに遺すつもりで書いた、『国政の遺言』にまとめ上げられ『戦争の一般原則』は付録としてこれにつけられた。戦争が終わり、フリードリヒの思想がまた多少変化した一七六八年に『軍事遺言』をその後継者のために起草した。そして将軍たちのためには、一七七一年に『布陣法および戦術の大意』を著した。またフリードリヒの治世を通じて絶えず陸軍の各兵科のために特別の教書を書いたが、それらはまとめて他の書物とともに一八四六年に出版された。フリードリヒが公刊した著書のなかには、教訓・詩文的文章でかかれた『戦法』および軍事問題に関係した多くの政治論や、彼の統治の種々の歴史や回想録が序言とともに収められている。これらの著書によって当時の人々はフリードリヒの統帥の秘密を発見しようと努力した。フリードリヒの著書はドイツ語で書かれた二、三の技術的教訓書のほかは、すべてフランス語で書かれている。フリードリヒの文筆の経歴は四〇年以上に及んでおり、総括的にいえば、軍の組織および戦術に関しては終止同じ思想を固執している。戦略と戦争政策に関しては、一七四〇年を境として、鋭い侵略的思想から比較的温和な思想に変化している。

軍の組織についてプロイセンの歴代の統治者たちは昔から関心をもっていた。フリードリヒ大王が即位するちょうど一世紀前の一六四〇年に、彼の曾祖父である大選帝侯フリードリヒ・ヴィルヘルムが三十年戦争中に即位した。当時はいまだプロイセン王国はなく、ただ北ドイツ平原にそって数個の自治州の集団があり、その各州に属する傭兵が互に残酷な略奪をほしいままにしてうろついている有様であった。そこで大選帝侯は一軍を創設し、さらに、この軍を維持するために彼は新しい政体と新しい経済制度を創設した。大選帝侯のこの治世からプロイセンの特色ある政治が始まるのである。

第一にプロイセンの存在とその国柄は陸軍に負うところが多い。第二に軍事科学、政策、経済は国家経倫と一般科学の不可分の関係のなかで生まれた。第三にプロイセンはホーエンツォレルン家によって作られた周密な計画による勝利の賜である。

フリードリヒの父、フリードリヒ・ヴィルヘルム一世の時代までは、プロイセン王はヨーロッパ一番の働き手であると一般に考えられていた。フリードリヒ・ヴィルヘルム一世は身をもって国を指導し、そのすべての糸がフリードリヒ・ヴィルヘルム一世の手に集められ、統一の唯一の中心はフリードリヒ・ヴィルヘルム一世の心のなかにあった。プロイセンにおいて発せられた命令は自由討議や合同研究により決定されたものではなかった。

フリードリヒ大王の見解によれば、「プロイセン王は軍隊を保持してその国の各階級間に、また経済生産と軍事力との間に確固たる均衡を保持しなければならない。」といっている。またフリードリヒは貴族の土地を農民や町人に売ることを禁じて、貴族階級の高貴さを維持することを考えた。農民は、将校にするにはあまりに無学であり、しかしブルジョアから将校を採用することは、陸軍の没落と衰微をきたす第一歩であるとも見ていた。厳格な階級制度と貴族の土地の売却を禁ずることが陸軍の維持のためにも、国家のためにも必要であるとした。フリードリヒは「勇敢な大佐は勇敢な大隊を作る。そして危機に直面した瞬間における大佐の決心は国運を支配するにいたる。」といっている。フリードリヒは最初の政治的教書で彼の後継者に対し、次のように打ち明けている。「シュレージエン戦争中、私は将校たちにプロイセン王国のために戦っているという観念を植えつけるのに苦労した。」と。

フリードリヒは普通の兵卒がその生命を職のためにすてた時などは率直に敬意を表しているが、しかし兵卒に対する本当の関心は規律と補給に関する問題であった。農民の家族（エルベ東方の農奴）は保護が必要であり、彼らの土地がブルジョアまたは貴族の所有に移されてはならない。そして農業に欠くことのできない青年たちは徴募してはならないとされた。すなわちあらゆる点から農民と町民は生産者として必要であったのである。そこで陸軍の半数以上はプロイセン人でない職業軍人、捕虜または外国軍隊の逃亡者によって補充されていたのである。プロイセンの住民はわずかに五〇〇〇人が毎年徴集されるだけであり、フリードリヒは一七六八年この制度に満足の意を表している。フリードリヒは後に他の哲学者と同様に愛国心の理論的価値をより高く評価している。

しかし実際問題として、フリードリヒは「普通の兵士は名誉心をもっていないし、また外国人を戦争に使用するのは単にきわどい国策にしかすぎない。」という信念を死ぬまでもちつづけていた。

フリードリヒの兵士たちはフリードリヒに対し心からの愛着を感じてはいなかった。兵士の逃亡は一八世紀を通じてすべての指揮官の悪夢であった。とくに混乱したドイツにおいては、同じ国語を使う兵士がどの戦闘においても敵味方の両方に発見することができたのである。一七四四年にフリードリヒの軍隊が逃亡者のために崩壊寸前となり、ベーメンへの進軍を中止するのやむなきにいたったことがあった。フリードリヒは逃亡を防止するための規則を苦心して起草した。「軍は森林の付近に野営してはならない。軍の後尾と側方は常に騎兵で監視させる。必要やむをえざる限り夜行軍は避けよ。徴発や入浴にゆく時は常に将校の引率によれ。」などと規定されていた。信頼できない兵士からなるプロイセン軍において厳格な軍紀が強調されたことは、彼の父の時代からの伝統であった。フリードリヒは「軍紀の些細な弛緩でも、軍を野蛮化するものである。」といっている。ここにも軍隊の実質は国家の状態を反映していた。

軍紀の目的は半ば親心から出ていて、兵士をして飲酒、窃盗というような悪徳から保護して道徳をわきまえたものにしようという点もあったが、その主目的は軍隊をして一途の意図のもとに動く機械にしようというところにあった。将校と兵卒は団結してその動作はあたかもひとりの行動のごとくならなければならなかった。あるいはまた、「考えないで、ただ実行する。」ことであった。すなわち考えることは中心である王がやるのである。兵士に対してしなければならないことは、彼らに団結心を与え、彼らの性格を連隊のなかにとけこませることであった。

フリードリヒが年をとって皮肉になった時、フリードリヒは、「善意は脅迫よりも普通の人には影響を与えない。」と観察して、将校は兵士を危険に導き、「兵卒等をして（「名誉」は彼らに対して効力がないから）いかなる危険よりも指揮官を恐れるようにしなければならない。」といっている。しかし、つけ加えて「人間味はいい医薬的なきき目がある。」とも述べている。

軍紀によって兵卒を従順ならしめるため、軍隊は注意深い訓練を励行することが必要であった。プロイセンは練兵場の設備の完全なことで有名である。歩兵大隊も騎兵大隊も精確に複雑な展開ができるのを見て、外国の視察者は驚いたものだった。ここで目標とされたのは、戦術的機動性をもって行軍隊形から戦闘隊形へ巧みに移行すること、敵砲火の下にあって確実な動作を行うこと、命令の完全な実行等であった。フリードリヒは繰り返しいっている。「そのように訓練された軍隊は将帥の企図を完全に遂行させることを可能にし、指揮官はまた、彼の指揮の実行について安心していることができる。」と。ゆえにフリードリヒは将軍に対して平和時・戦争時を問わず、絶えず訓練を監督することを強調して「平和時においてあらかじめ戦争時に達成すべきことを訓練しておかなかったならば、戦争時にいたってどうしていいか分からない群衆を抱えているにすぎないことになるだろう。」といっている。

このように精神的に機械化された軍隊をもってすれば、戦闘は順序正しい行事にしかすぎないのである。

相対する両軍はちょうどチェスをはじめる時のように規則正しく方式どおりに配置される。両翼には騎兵、後方には砲兵が均等に分置され、歩兵大隊は二線の密集隊形にならび各隊の前後の距離は数

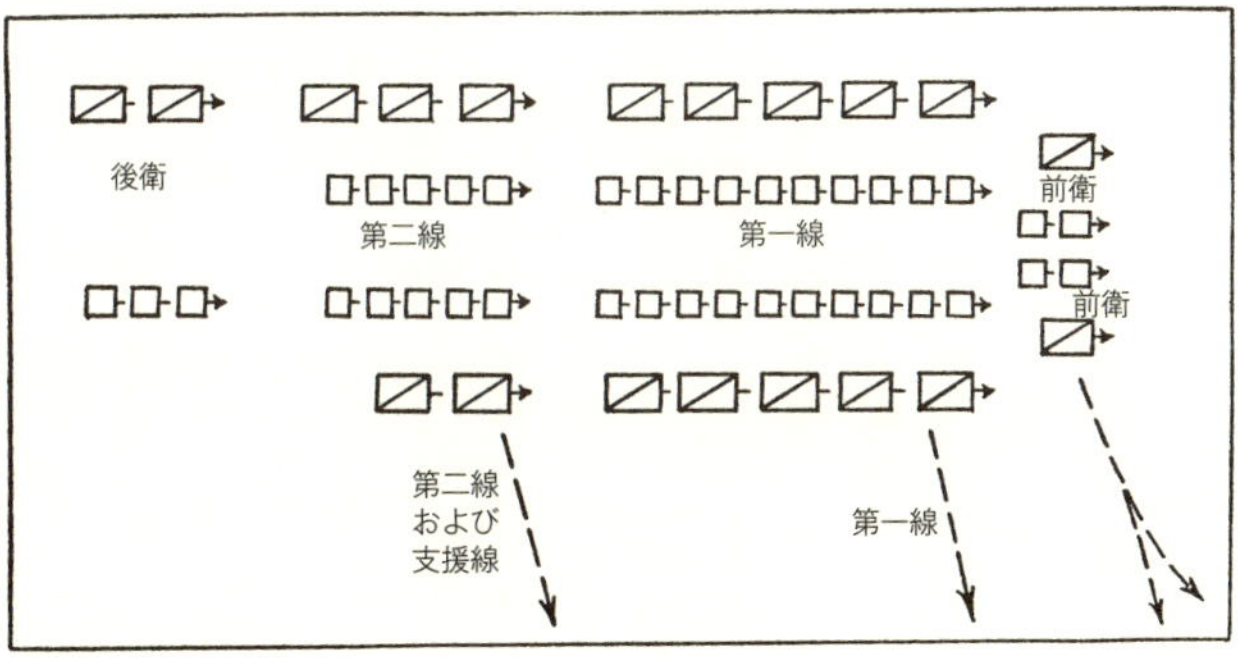

フリードリヒ大王の行進隊列。列を右に移動させることで小隊は左旋回し、戦闘隊形になる。

百ヤード、そして少なくとも各横隊の第一線は三列にならんで、第一列が号令一下で斉射し、その間に後方の二列が装塡を行うのである。もちろんフリードリヒは将軍に対し特別の状況に応じては適宜の変更を許していたが、ついにこの基本的な戦闘隊形からぬけきれなかった。この戦闘隊形はまた行軍隊形を決定する基礎ともなった。

フリードリヒによれば、「部隊は側方に急旋回することにより行軍中の各縦はただちに火線を作り、翼に騎兵を配置した戦闘隊形をとれるような序列（順序）で行軍しなければならない。」といっている。

戦闘隊形をとることは猛訓練の最終目的でもあった。敵との距離わずかに二〇〇〜三〇〇ヤードにおいて兵卒が横隊を作り、肘と肘がぶつかるくらいの密集隊形を堅固に維持することは容易なことではなかった。しかし命令は厳格だった。「もし戦闘中に兵卒が逃亡する恐れがあるか、または、隊列の外に出たならば、背後に位置する下士官はただちに銃剣をもって彼をその場に刺し殺してもさしつかえない。」といっている。またもし敵が敗走すれば勝利を得た部隊はその場に停止しなければならず、死者や負傷者から略奪することは死刑をもって禁止されていた。

フリードリヒは非常に騎兵を重視し、その兵力は全軍の四分の一を占め、通常密集した戦術部隊として襲撃に使用していたので、偵察力は貧弱であった。一七四四年に、フリードリヒは二万の騎兵をもっていながらオーストリア軍の所在を偵知することができなかった。またフリードリヒは軽歩兵を利用して斥候や警戒に使うことも上手ではなかった。

これに反しオーストリア軍は、クロアチア兵およびパンドゥール兵からなる乗馬または徒歩の軽装部隊をもっていた。後にフランス軍は革命後、未訓練兵を軽歩兵として使用したが、この当時フリードリヒはこのようなものにいかにして対抗すべきかをいまだ知らなかったのであった。彼らが散開隊形をもって各個に攻撃してくるなどということは彼の考慮外のことであったのである。

一八世紀の中頃は、一六世紀から二〇世紀にいたる時期のなかで、画期的に砲兵用法が進歩し、他の兵科に対する比重が急に高まった時代である。

戦争名	参加兵一〇〇〇名に対する火砲数
三十年戦争	一・五
ルイ一四世戦争	一・七五
フリードリヒ戦争	三・三三
ナポレオン戦争	三・五
アメリカ南北戦争	三・〇
一八七〇年戦争	三・三
日露戦争	三・七五

オーストリア軍はシュレージエン戦争の決定的敗北の後、フリードリヒの機動縦隊の脅威に対応するためとくに砲兵の強化につとめた。フランス軍はヨーロッパ中で最も進歩的な砲兵主義国だった。

プロイセンはすべての主要国家のなかで最も砲兵競争に遅れている国だったので、フリードリヒはしばしばこれを残念がっていた。

フリードリヒは一七六八年に「新しい砲兵の流行は国家財政を危機に陥れるものである。」といっている。しかしフリードリヒもこの競争に参加した。

フリードリヒは迅速な移動を重視していたので、戦闘中陣地変換を容易にするため馬匹をもって牽引する野戦砲兵を発案した。しかしフリードリヒは砲兵を一兵科とは認めず、ただ歩兵および騎兵よりも劣る価値の低い補助兵種にすぎないという考えを持ち続けた。

しかしついには砲兵の利用に関する考えを発展させ、フリードリヒの最後の著書たる一七八二年の『教訓』では、ボナパルトが学んだフランス砲兵理論家の影響をうけているのがわかる。この書においてフリードリヒは、砲兵指揮官の単なる歩兵と騎兵を満足させるための射撃を避けて、弾丸と装薬の濫費をいましめ、「砲撃の開始は敵の戦線に突破口をつくり、友軍の突破を援助する時のみ許される。」と教育している。長い連続した戦闘隊形をもって正面衝突することは両軍に死傷が多くなるのみであるので、フリードリヒは側面攻撃を考え有名な「斜交隊形（oblique order）」を案出した。これは梯形の一翼を前進させ、他翼をもって敵を拘束しようとするものである。要約すればこの戦法の有利な点は、戦闘が成功した場合には敵の一翼を包囲して速やかに勝利を収め、また戦勢不利となった場合には守勢の翼が攻勢翼の後退を援護できることにある。この翼運動それ自体は、古い時代からの戦術の一部にあったものではあるが、フリードリヒのすぐれた機動力と整斉とした翼運動はこの戦法をとくに有効ならしめたのであった。これら陸軍の編成と戦術に関する事項についてフリードリヒはその意見に大きな変更を加えることはしなかったが、戦略の面ではその考えを大きく変化させていった。

最初フリードリヒは新思想を創始するように見られたが、後にはいかなる場合に戦争を開始すべきや、またいつ、どこで戦闘を行うべきかということについて政治的要請による制限を認めるにいたった。シュレージエンに対するフリードリヒの電撃戦はヨーロッパを震駭させた。この第一回シュレージエン戦争（一七四〇〜一七四二年）は一種の賭博的決戦で、プロイセン王にとっては非常に危険な賭けであった。第二回シュレージエン戦争（一七四四〜一七四五年）（前半はオーストリア継承戦争）では、フリードリヒは一時ハプスブルク王朝を破壊しつくさんとさえ考えた。しかしこの目的は失敗に終わったので、フリードリヒはシュレージエンを確保するに留まった。

それ以後フリードリヒの政策は野心的でなくなった。七年戦争（一七五六〜一七六三年）ではプロイセンの滅亡を救ったロイテン、ロスバッハの戦闘の後、人口において彼の四倍に達するフランス、オーストリア、ロシア各国の連合軍に対して見事な守勢を維持することとなった。

フリードリヒの最後の戦争、バイエルン継承戦争（一七七八〜一七七九年）では無血の軍事的示威で戦争を延引させたのである。『戦争の一般原則』では、彼は電撃戦を主張している。もちろんフリードリヒはこんな言葉は使わなかったが、フリードリヒは「プロイセンの戦いは速戦即決でなくてはならない。プロイセンの将帥《しょうすい》は迅速な決戦を求めなければならない。」と説いた。これはフリードリヒが最初から実行している原則であった。しかしこの果敢な作戦をフリードリヒにとらせた理由と、後年フリードリヒが用心深くなった理由がほとんど同じであることは注意すべきことである。フリードリヒは「長期戦はプロイセンの資源を枯渇せしめ、プロイセン軍隊の誇るべき軍紀を破壊するであろう。」と説いた。短期の迅速な戦いをやることと戦争をまったくしないか、または人と物との消耗の少ない長期戦をやることはあまり大きな違いはない。いずれの場合もそれを支配する要素は同じである。すなわち国家資源を制約すること、準備された備蓄品の範囲内で軍がこれに依存して戦うこと、

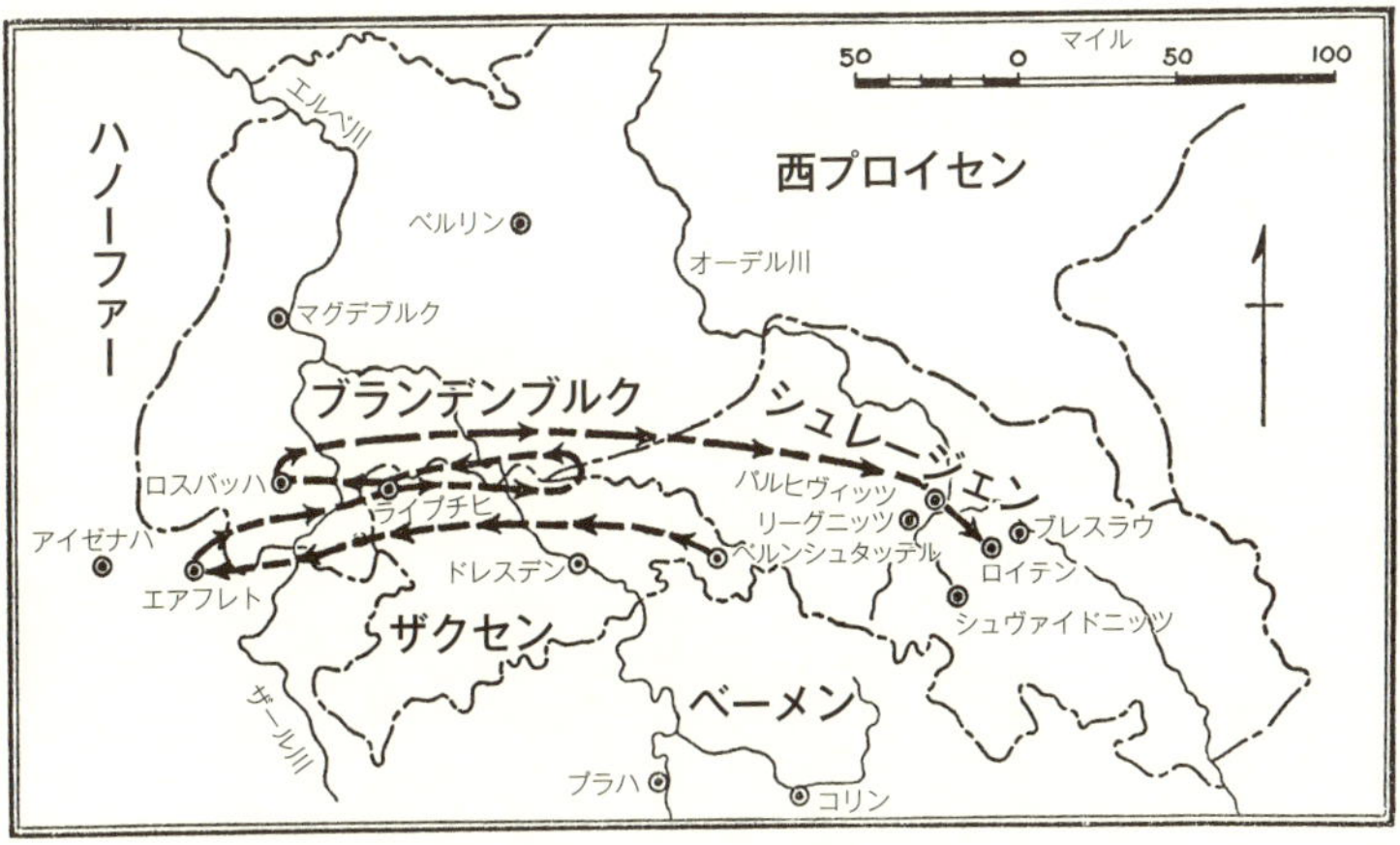

1757年秋の軍事行動 —— フリードリヒの行軍と背面行軍

よく訓練されているが危急の場合に彼らを支える信念を持たない兵卒を使用しなければならないことなどである。これらの要素のひとつをもフリードリヒは克服することができなかった。

またフリードリヒはプロイセンを富裕にすることができないので、ただその資源を節用するにとどまった。そのうえフリードリヒはフランス革命政府のように彼の軍隊をして糧を敵地に求めさせることもできなかった。フリードリヒはこの方法を主張はしたが、実行することはできなかったのである。というのは、もし衣食を得るためにフリードリヒの軍隊を各地に分散させると軍が蒸発してしまうし、規則正しく補給が行われなければその士気がすぐに衰えてしまうからであった。

さらにフリードリヒは占領地の歓迎を胸算することもできなかった。フリードリヒはベーメンにおいて第五列を作ろうと努力したが何回も失敗した。

またフリードリヒは、彼の全組織と人生観を変えることなく彼の道徳観を全軍にふきこむことはできなかった。これに加えてオーストリア人がシュレージエン失陥の後に砲兵を増強し、要塞を強化したので、フリードリヒの侵攻戦略は技術的障害をうけることとなった。晩年になってこの年老いた王は、彼の若い頃の事情とは変わってきたことを身にしみて感ずるようになり、そのためにその後のプロイセンはただ位置の戦争（war of position）を行いうるだけとなった。フリードリヒは多くの永久的倉庫群と脆弱な国境をもっていたので要塞の価値を非常に高く評価するようになった。

フリードリヒは「要塞は支配者がその領土を強力に保つ釘である。」といっている。そしてこのような要塞を攻撃して占領することが戦争の主目的となり、要塞攻略方法はヴォーバン以来ひとつの科学とみなされてきたのである。フリードリヒはこの伝統を受けつぎ、フリードリヒの戦争に対する考え方もこれによって影響され、「われわれは戦闘のための兵力配備も攻城法の原則から割り出さねばならない。」と説いている。また一七七〇年には「戦闘隊形における歩兵の二線配備は攻城法の平行線の形に相当するようにしなければならない。村落の占領においてさえ、この原則を忘れてはならぬ。」とも述べている。しかしナポレオンはその全生涯を通じて二回しか攻囲戦をやっていない。フリードリヒは名将であったが、ナポレオンと異なり全力をもってする会戦すなわち交戦国主力部隊の衝突を好まなかった。それは、フリードリヒの考えでは、その結果が合理的な計算よりもあまりに多く運命のチャンスに支配されていることを恐れたからである。フリードリヒにとっては、「合理的戦争の第一前提条件であるすぐれた作戦を計画する能力、および服従を克ちうる統帥力は主力決戦の熱狂のなかでは期待することはできない。」のであった。

ゆえに敵主力の殲滅は通常フリードリヒの戦略目的ではなかった。もっともフリードリヒは戦闘において勝利を得た部隊が決定的追撃を行うべきであるということは知っていたが、しかしフリードリヒの軍隊にとってこの決定的追撃を行うことは容易なことではなかった。密集隊形の突撃を訓練された騎兵は、もし分散すれば逃亡しやすい傾向になった。ナポレオンの騎兵部隊がイエナの戦闘後にとったような行動は、フリードリヒの軍隊では到底できなかったのである。

結果的にいえば、フリードリヒの戦闘の目的は敵を追い払うことであった。すなわち「戦勝とは汝の敵にその位置を譲ることを余儀なきにいたらしめることである。」と。そこでフリードリヒの戦争はますます位置の戦争、すなわち複雑な運動と小さい成功を巧妙に蓄積してゆく戦いになっていった。この傾向（ただし戦術の分野を除く）は持久的なものになって、一七四六年にフリードリヒが主張した短期間の鋭い戦いとは大分異なったものになっていった。また一七七〇年には「戦争における行動はその占領を有利とする地点、最小の損害で占領しうると確信できる地点に対して行うべきである。」と付言している。フリードリヒはベーメンにおける失敗の経験から、「軍隊は国境から遠く離れたところでは戦勝を得ることが困難である。」という結論に達した。一七七五年には、「私の見るところでは国境から遠くはなれて行われる戦争は、その領土内において戦う場合よりはるかに成功しがたいものである。それは自らを守る方が隣人を略奪するよりはより正当であると感ずる人間の自然的感情によるものではなかろうか。しかしこれらの精神的理由よりさらに重要な物質的理由、すなわち国境から遠距離になれば補給が困難になり新しい兵卒、馬匹、衣糧、弾薬を迅速に供給することが充分できないことによる。」と書いている。アウステルリッツやフリートラントのようなフランスから遠く離れたところで戦勝を得たボナパルトは、このような格言を笑ったかもしれないが、ボロジノでは、フリードリヒもこの言葉を思い出して反省したであろう。

フリードリヒの戦略思想は位置の戦争という古い制限のなかにとどまって激しい戦闘を好まなかったけれども（ロスバッハとロイテンの戦闘は彼の助言者の進言による）戦闘においては決して消極に終始したのではなく、フリードリヒは依然として奇襲の重要性を主張しつづけたのであった。

七年戦争が終わり、平和が訪れた時に、フリードリヒはザクセンとベーメンにいつでも侵攻しうる態勢を準備していた。詳細な地図と精確な情報網を整備し、また新しい一〇ポンド砲と騎兵の新しい襲撃法を考案して、これを国家機密として保持していた。フリードリヒは戦場においては主導権行使のより自由な攻勢戦略を好んでいたが、敵に比して劣勢な時や時間をかせぐ必要のある時はしばしば防勢作戦を実施した。しかしこの場合でも主導的な攻勢防御的なものであった。それは要塞で防御する場合もそこを基地として随時随所に敵の陣地や敵の一部を攻撃するものであった。フリードリヒは「指揮官がまったく主導権を放棄して、全会戦中なんの活動もすることなく防勢をまっとうしたと考えていたらそれは自己欺瞞である。そのような防勢は結局防衛すべき国土から全軍が駆逐されることになるであろう。」と述べている。当時の状況で、戦争から期待できる利益についてフリードリヒは次第に懐疑的になっていった。

ヨーロッパ大陸において勢力均衡という場面を成功裡に実現させたことは、彼の最も顕著な活動のあらわれであった。そこでフリードリヒはシュレージエンを獲得したことにより、平和を愛好する人間となり、今はプロイセンがその主要構成要素のひとつとなったヨーロッパの勢力均衡の価値を確信するようになった。

一七七五年にフリードリヒは次のごとく軍事情勢についてのべている。「希望すべきことは何をおいても軍備と訓練がヨーロッパのどの国にも引けをとらないということと、同盟が対抗両国家群間の勢力均衡を生みだすことである。その間に国王が現状の最大の利点から期待できることは、小成功を累積することである。」

フリードリヒは隣の大国に撃破されるであろうことを恐れてはいなかった。そしてフリードリヒは、「私は小国（住民五〇〇万のプロイセンの意味）は、大国（各二〇〇〇万の人口を有するフランス、オーストリア、ロシアの意味）が工業や秩序の維持にこだわっている間は安全を保つことができると思う。これらの大国は弊害や混乱に満ちているので、その莫大な資源と大人口に由来する兵力をもっていても、自国を維持してゆくのに手一杯である。」といっている。

フリードリヒはもしこれらの大国がその弊害や内紛を処理し去り、また王朝貴族政治による諸制約を脱却して、すでにプロイセンではよくしられているある種の仕事に注意を向け出した時には、ヨーロッパの均衡がいつ破れるかもわからないということについては考えてもいなかったようである。フリードリヒはフランス革命を予見することができなかったのである。

III

フランスではナポレオン戦争の下地はすでに作られていた。フランスはその海外領土とヨーロッパでの威信を失った一七六三年の屈辱的な平和条約の後、深刻な軍事的考察を始めていた。グリボーヴァルは砲兵に一大革命をもたらした。部品交換を可能ならしめ、射撃の精度を増大させまた火砲の重量を軽減することによってその機動力を高めたのである。

彼の改革は一八二〇年頃まで標準型式としてのこの砲を作り出した。ド・ブロイ元帥とショワズールは一七六〇年頃新たに大きな陸軍編制の単位、すなわち師団（division）というものを作りだした。この編制はその後次第に発展してひとつの明確な永久的な建制部隊となり、ひとつの軍を数師団に分け、将官がこれを指揮することとなった。そして師団は一正面の戦闘を担当し、他の師団がその戦闘に参加するまで敵を有効に阻止しうる戦力をもつこととなった。

総司令官にとっては新しい大戦略と戦術的可能性が開かれ、また同時に師団長級の将官もフリードリヒ時代にはできなかった重要な役割を演ずることとなった。革命戦争において師団ははじめてその重要性を発揮し、その結果としてナポレオンとその元帥たちを生むにいたった。

一七六三年以後、これらの実際上の新機軸にともなって大量の理論的著述があらわれてきた。理論家のなかにひとり若い貴族、ジャック・アントワーヌ・ギベール伯があった。

ギベールは一七七二年に『戦術一般論』を著した。当時ギベールはわずかに二九歳であったがこの著書はたちまちギベールを有名にした。ギベールはサロンの獅子となり、レスピナス嬢と恋に陥って三つの悲劇詩を書いた。また一時陸軍省に勤務し、一七八九年には地方議会のひとつで地方長官選挙委員に推された。ギベールは革命の初期に反動家や彼を嫌忌し嫉むもののために粛清され、一七九〇年に死んだが、断頭台上でギベールは、「私はいつかは人に知られるだろう。私は正しい取り扱いを受けるようになる。」と叫んだということである。ギベールは精神の動揺しやすい人物で、また虚栄心の強い洞察力のない思想家であったが、しかし燦然たる文学者であり、かつ哲学者だったので同時代の人々からは天才と目されていた。ギベールは定見がなく誇張的で、またそのときどきの感情で気が変わった。ギベールが『論文』を書いたのは一将校としてドイツとコルシカに勤務していた時であった。ギベールは他の哲学者と同様に彼らの目に近代的で啓発的と写っていたフリードリヒを賞讃した。

風評によるとフリードリヒは『論文』を読んで、この生意気な若者にギベールの秘密を見ぬかれたことを知り、激怒したと伝えられている。この『論文』が老いたフリードリヒの秘密をはたして見抜いていたかどうかはわからないが、それがしばしばフリードリヒ流の戦争のうえをいっていることは確実である。

『戦術一般論』にはふたつの主題が全編を通じて論じられている。第一に愛国者または市民軍を要求している。第二に機動による作戦の重要性を強調していることである。ギベールによればこの両者はともに戦術の概念に入るものであった。当時における戦術とは普通軍隊の運動を意味し、大戦術とは今の戦略である。ギベールはこれらの語の意味はあまりにも狭義にすぎるとして排斥している。ギベールの考える戦術とは事実上すべての軍事科学を意味していた。それはふたつの部門に分かれ、第一は軍隊の編成と訓練、第二は将帥の運用技術すなわち当時の人々のいう戦術、今日われわれのいう戦術と戦略（tactics and strategy）である。ギベールは拡張した意味の戦術を普遍的なものとしようとした。ギベールは「それはいかなる時代、場所および諸兵科にも共通の科学で、一言でいえばあらゆる時代の軍人が最善と考えたもの、またわれわれの時代に育成された結晶である。」といっている。

市民軍の計画は当時の哲学者仲間では共通の信条であって、モンテスキュー、ルソー、マブリやその他の群小の哲学者たちは一七七〇年頃には、「圧政者に対する安全保障として市民は武装して訓練されなければならない。」という自由主義の意見をもっていた。

ギベールは、「ヨーロッパ諸国の現政府はすべて専制政治の機関であり、すべての人民はもしできることなら、それを転覆させようと考えている。誰もその政府のために戦おうとは思っていない。どの政府も軍事科学に真に関心をもっているものはない。プロイセンにおいてさえも訓練はまったく外面的なものである。そして住民は非軍事的で若者は戦争時に役に立つようなスパルタ教育を受けていない。フランスでは国王が軍人でないので一段と緊張を欠いている。」という。換言すればヨーロッパのすべての国民は柔弱であり、すべての政府は権威がないと断じている。

ギベールは「しかしもしヨーロッパのどこかの国家が精神的にも強く立ちあがって、強硬な処置に出たとすれば、その頑強な資質をもつ国民は市民軍を組織して拡張計画に乗出すであろう。そしてわれわれはこのような国民がその隣国を征服してちょうど北風が葦を吹きなびかせるように、われわれの弱い国家組織をひっくり返してしまうのを見なければならないだろう。」ともいっている。この文句は前後の文章から抜き出されてしばしば革命戦争やナポレオン戦争の予言として引用された。

しかし「そのような事は起こらなかった。そのような頑強な国民はどこにもいなかったのである。」とギベールは言葉を継いでいる。今世紀はじめのピョートル大帝のもとにおけるロシア民族はそうであったかもしれないが、しかしそのロシアでさえ今はあまりに西欧化されて奢侈と文明に毒されていたのである。ギベールは彼の思想をかえようとは考えなかったが、次のようなことをいっている。「世界があまりに無能力となっていたのでただわずかの改革でもある国が行うならば、それは他の国に対してははるかに大きな利益を得ることになるということである。」と。そして彼はこのことをフランスに期待していたのであった。「フランスはその国民の剛健さをその軍隊に移すことにより、さらに決定的で迅速かつ破壊的な戦争を実行しうるようになるだろう。」と。しかしギベールがいかにこれを強く望んだとしても、その実現はほとんど望みえなかった。ギベールは、「近代戦の欠陥は政治的革命なしには改めることはできない。」といっている。しかし革命などは問題にならなかった。ギベールも他の哲学者と同様に革命思想には革命運動が伴うということをあまり考えなかったのである。ギベールはいう、「われわれのなすべきことは——われわれが市民軍という完全な軍隊をもつことができないのなら少なくとも今日の軍隊を訓練し鍛錬することでなければならない。」と。そして一般原則を美辞麗句で並べた後、ギベールはフリードリヒの当初の考え方、すなわち一七四六年にフリードリヒが述べた、「市民軍は実際最良のものだが、しかし大部分の兵士は市民でないのだから彼らは厳格に訓練しなければならない。」という意見とほとんど同じ結論に達したのである。

論文の第二の主題は機動による作戦に対する要求である。これは市民軍の主題よりもはるかに進展したものであった。

ギベールは戦争の各要素を単純化することによって戦争を一層機動的でかつ決定的なものにしようと望んだ。彼は当時の軍隊はあまりに大きすぎ、砲兵を過大評価し、要塞と倉庫ができすぎ、また地形学の研究が進みすぎていると考えていた。

またヨーロッパの人々は精神力を欠き、ただ物質や空疎なものにのみ注意を注ぎ、勇気を欠き、金銭にのみ依存しているとギベールは見ていた。

軍隊の大きさと砲兵の量は、ともに増大の傾向にあり、一八一三年のライプチヒの戦いには、その頂点に達しそれが二〇世紀にいたるまで継続したが、ギベールは彼の師であるフリードリヒ以上の見識には達しないで、依然として制限戦争の範囲に留まっていた。

ギベールは市民軍を大いに主張したが、大規模な軍隊の予言者ではなかった。そして大きな陸軍は当局者の愚鈍のあらわれであると見ていたのである。「いかに名将でも七万以上の戦闘部隊は邪魔になるばかりである。」といっている。

当時の砲兵競争についてもフリードリヒの嘆きに共鳴している。またフリードリヒと同様に砲兵を補助部隊と考え兵科とは認めなかった。

グリボーヴァルは砲の新しい火力機動を発揮して砲火の大集中をしようという論者で、その教育が全砲兵将校中の最優秀者であるナポレオン・ボナパルトの頭を作りあげたのであった。

ギベールは軍隊はその占領地の徴発で生きていくべきだと考えた。「ローマの最盛時のように戦争は戦争を養わなければならない。軍隊は質素で要求するところ少なく、小さな輸送段列とし、困苦欠乏に不平なく耐えなければならない。」とも述べている。また、「現在のフランス式――市民が軍隊と行をともにして給養を管理するやり方は敗戦を招く。なぜならば軍事的決断が、敵との作戦目的よりも補給品の保護を優先視する文官官吏の助言で決定するようなことになるからである。行く先々の国に補給を仰ぎながら軽易に行軍を行う軍隊は新しい機動力と行動半径と奇襲力を得られることになる。」と、ギベールは説いている。

ギベールは築城技術についてはヴォーバン以来非常に過大評価されていると考えた。また要塞は、それが防護すべきもののひとつであった倉庫というものが廃止されるようになったのでその必要性が少なくなるであろう。

要塞の連鎖を作ることは戦争を必要以上に高価なものとし、守備のために軍隊を分散することによって陸軍は必要以上に大きくなり、作戦は一連の攻囲戦となるので戦争は不必要に長くなる。それのみならずギベールは、要塞は彼が考えたような高度の機動力をもつ軍隊に対しては真の防御価値はないと考えた。

彼は次のように書いている。「要塞がそれのみでなかにとりかこんでいる町を守れるかのように、またこれらの町の運命が防御軍の素質や勇気には依存しないかのように考えることは、貧弱な軍隊に守られていても要塞さえあれば、それを作った主人公の国民が疲弊し屈辱を受け奴隷化される運命に陥ることを防ぐことができると考えるのと同断である。」と。ギベールの結論は、「要塞はその数を少なくし、非常に堅固にして戦略行動の補助機能とするべきである。」というのであった。

軍の機動力を増大するために、ギベールは最近考案された師団制度を利用すべきだといった。一七七二年まではいまだ師団の編制原則は発達していなかった。ギベールはフランスにおける新しい師団組織とフリードリヒ大王の実施した臨時の師団的な部隊とをはっきり区別することができなかったが、ギベールの教義ははっきりしていてフリードリヒの考えより進んでいたことは確かである。

フリードリヒが目的としたのは、敵に遭遇した場合に予定戦闘隊形をとれるように行軍する軍隊を区分するにあった。すなわち軍隊は戦闘を予期しつつ行進したのである。ギベールはこの戦闘隊形をとることとばかり考えた行軍序列の考えから脱却した。ギベールの考えによると行軍中各師団はそれぞれの縦隊を作り、各縦隊は各別の経路をとって行進速度の増大をはかるとともにより広い戦場を覆い敵を所望の方向に引きつけることができる。戦闘となった時はこれらの師団は攻撃点に集中して高度の連係を保ち単一の軍となる。この場合、総司令官は先頭に立って行進し、戦闘を予期する地形を偵察し、その観察に基づいて決心し、師団が戦場に到着するにしたがってその部署（配置）を決定する。かくして戦闘は従前に比較してはるかに柔軟性に富んだものとなり、地形と状況によく適合できるようになり、指揮官の指揮活動は容易となる。ギベールはホーエンフリートベルクでこのような方式を用いたフリードリヒをほめているが、実のところは彼の思想はフリードリヒ流よりもナポレオン流に近かった。

『戦術一般論』の全編を通じて、まさにギベールがいわんとしたことは、新しい種類の軍隊、理想的にいえば市民により構成された軍隊、そしていかなる場合にも糧を敵地に求めた機動力の大なる部隊、また要塞にとらわれることなく自由に行動しうる軍隊、師団編成によってより速やかに機動することができる軍隊に対する要望であった。このような軍隊による戦争は機動作戦であって、古い位置の戦争に代わるものであった。

ギベールはボナパルトがまさに実行しようとしていた電撃戦（lighting war）を描写しているのである。また、「有能な将軍は古い意味の位置を無視するであろう。このように従来の迷信をふり捨てた将軍は敵を狼狽させ、気絶させ、呼吸する暇も与えず、敵をして戦うか、あるいはとめどもなく退却を続けるほかはないようにするだろう。しかしこのような将軍たちは今日のものとは異なった編成の軍隊を要求するだろう。その軍隊とは将軍みずからが編成し、実施せんとする新しい作戦に適合するように随時準備しうるものである。」と。フランス革命はこのような新陸軍を生み出したのであった。

ギベールの予言者としての名声を傷つけたものは、一七七九年に著したギベールの唯一の軍事科学に関する著作『近代戦争に対する弁明』において明らかに『論文』の主要な思想を変えてしまったことである。「私があの本を書いた時には私はまだ一〇歳も若かった。近代哲学の思想が頭を熱くして私の判断をくもらせた。」と述べている。そのうえ『論文』が有名になった後、ドイツに旅行してフリードリヒ大王に会い、また社交界に押し出され専門家として大いに喝采を受けたので現実の世界に満足するようになってしまった。

『弁明』でギベールが示そうとした近代組織の戦争は、単に古典的戦争と比較して当時の戦闘法を画いたものにすぎなかった。それは一七七九年の保守的な軍事技術であり、この本の主体はこの近代戦のただひとつの点を論じているにすぎなかった。すなわち一世紀の間論じられてきた歩兵戦術における集団（縦隊）か、線（横隊）かについてその利害を論じたものであった。ギベールは保守主義をとって、線の火力主義を支持し、集団の突撃主義に反対している。

今やギベールは市民軍の観念をまったく失ってしまった。しかるにギベールがこのように書いている間に、アメリカでは市民兵がイギリス人およびヘッセン人の職業軍隊と戦いつつあり、ヨーロッパの人々はそれを興味深く見守っていたのである。ラファイエット、ベルティエ、ジュールダン、グナイゼナウなどはアメリカ戦線から愛国的兵士と散開戦闘隊形についてそれぞれ教訓を得て帰ってきたが、ギベールは市民兵は到底職業軍人の敵ではなく、アメリカ人の勝利はまったくイギリス人の無能によるものであると主張した。

ギベールは先に『論文』において非難したものを、今や近代的の名において復活称賛しているのである。すなわち「職業軍人による戦争は温和で時には無害である。」と。ギベールの観察によれば、「今日では征服された国家は復讐と破壊の恐怖から免れることができるが、その住民によって守られている国はこの種の災難を経験しなければならない。住民にとっては戦争のような暴力行為に対しては見物人となって傍観している方が賢明である。要塞を重視するということは、形式化されたすべての作戦行動と同様にある弊害があるには違いないが、しかし国民と帝国の安全のために効果のあることもまた確かである。強国間における訓練、資源および技能が比較的同等になったことは有効な均衡を生み出した。戦争が決定的でその結果が不幸なものであればあるほど、征服戦争の可能性は少なくなるし、野心的な支配者が誘惑に負けることも少なくなり、また帝国の革命も起こりにくくなるであろう。」と。これで『弁明』の考え方は終わっている。そしてそれはフリードリヒ大王の考え方とほとんど異なってはいないのである。

ギベールはこの両著書においてともに制限戦争と無制限戦争の差異および職業軍人と市民軍の闘争の間の差異に触れている。ギベールはまた戦争と政府機構の密接な関係をも認めている。ギベールの矛盾は論理的でなく道徳的なものである。態度の矛盾であって分析の矛盾ではなかった。二九歳の時のギベールは市民軍と電撃戦略を主張したが、三五歳の時にはこの同じ考えを否認している。いずれの時も、幸運な予言で有名にはなったが、実質的に先見の明は示していないし、またギベールが一七七二年に是とし、一七七九年に非とした思想が、ギベールの生きていた時代に実現したことを見抜けなかったのである。

Ⅳ

一七九三年に革命フランス共和国はイギリス、オランダ、プロイセン、オーストリア、サルディニアおよびスペインの同盟と対決することとなった。当時ひとつの政府のもとにある国民のなかでフランスは最も人口も多くまた最も富裕であった。この危機に対処するため公衆保安委員会は旧治世のもとでは到底不可能だった方法で戦争の潜在力を開発した。委員会は古い特権、地方的ならびに階級的な特権、国内的な障害および君主政治を妨げていた極端な専売権等を解放して大英断をもって戦時経済を創設し、民衆の国民的自覚を刺激し一般兵役義務を考案して国民皆兵を実現した。また戦争の政治的分野においては新しい軍事秩序を確立する必要を感じていたが、技術的方面と戦略事項に関してはあまり新機軸を出す意識がなかった。

カルノーの戦略思想はむしろ旧式に属するものであった。しかし、共和国政府は軍の補給を倉庫によらず、必要に応じて徴発によることとして兵站に大改革を与えた。そしてまた彼らのいまだ訓練の充分でない兵士を戦闘に投入して密集縦隊で突撃させ、あるいは、散開線につけて戦闘員が各個に射撃し遮蔽する戦法（アメリカ独立戦争に学んだもの）をもってフリードリヒ流の密集大隊戦闘法を打破して戦術革命に刺激を与えた。

一七九四年にはフランスは攻勢に転じた。一七九五年にはプロイセン、オランダおよびスペインが戦争から手を引き、一七九六年にはボナパルトは山を越えてイタリアに侵入した。一七九七年にはイギリスと平和条約を結んでヨーロッパ大陸は平和となった。しかし一七九八年に第二次対仏大同盟で戦争は再燃し、一七九九年ボナパルトはフランスの独裁者となり、一八〇〇年に彼は再び電撃戦をもってイタリアを征服し、彼の最初の大規模な、迅速な、そして決定的なナポレオン流戦法でマレンゴの戦いに勝ち、第二次対仏大同盟を打ち破った。

当時フランスにおいては職業軍人は彼らの行いつつあることを記事に書くには、戦闘のため多忙すぎたが、ドイツではシャルンホルストが雑誌を発行し、出来事の断片的発表を行いつつあった。またシュレージエンの守備都市にいたグナイゼナウはアメリカにおける彼の経験を軍隊教育に応用していた。二人とも自分の専門について勉強しなおし、一八〇六年以後プロイセン陸軍再建の先駆者となった。後に軍事思想家として一般によく知られていたベーレンホルスト、ビューロー、ホイヤー、ヴェンチュリーニはしばらくの間、彼らの眼前に展開されている事実からはなにものも学びとらなかったようにみえる。そのなかでビューローについて考察することが最も教訓的であろう。ビューローはギベールと同様、ごくわずかの軍隊経験をもった小貴族であった。ビューローはいろいろな問題を本に書いて生活の資を得ていた。ビューローはギベールと同様に移り気だったが、むしろビューロー以上に病的な自己中心主義だった。ビューローは彼の知恵を認めないというので誰にでも喰ってかかり、またロシア、プロイセン同盟の時はロシア人を怒らせて狂人と判定され、一八〇七年にリガの収容所で死んだ。ビューローはそれ以来うぬぼれの強い変人といわれていたが、後に近代兵学の創始者ということになった。ビューローの最初の軍事論文『新戦争体系の精神』は一七九九年に公表されて非常な好評を博し、フランス語および英語に翻訳されたのである。今日の地政学者はそのなかに彼らの主題に関する進歩のはじまりを認めている。ビューローはこの本の終わりを政治的な場に関する意見で結んでいる。ビューローはフリードリヒとは反対に「近代軍事組織の発達で小国分立の時代はすぎ去った。」と宣言している。

ビューローは、「国家権力はある広さを充実させる傾向をもっていて、その一定の地域を越えては無効になる。したがって各国家はおのずからその国力にふさわしい境界をもつにいたる。その境界に達すれば軍事行動はおのずから限界となるのでその境界を保持することは政治的均衡を生み、永久的平和を樹立することになる。」と主張している。

なお彼は、「ヨーロッパには約一二ヵ国が存在するであろう。」と述べて、「イギリス、フランスはミューズまで拡大し、北ドイツはプロイセンの周辺に集まってミューズからメーメルに達し、南ドイツはオーストリアに目をつけ、オーストリアはその代わりに国境をドナウ下流から多分黒海に拡げるだろう。統一されたイタリア、統一されたイベリア半島、スイス、トルコ、ロシア、スウェーデン、そして絶対なくてはならない存在ではないが独立したオランダとデンマークである。」といっている。

これはヨーロッパの地図に対する驚くべきすぐれた予見で、実際一八七〇年までにはそのようになったのである。しかしこれはおそらく一七九九年における軍事情勢の正確な認識を根拠にしたものではなかったであろう。『新戦争体系の精神』はフランス革命戦争に対する神髄を示しているとは思えない。ビューローはただ新しい散開隊形に対してのみ、すなわち歩兵戦術についてのみ若干の新機軸を発見している。

ビューローは用語の定義を明確にした。たとえば戦術、戦略、作戦基地等の語である。ビューローの定義は全部が受け入れられたわけではないが、一部は流行した。しかし要するにこの本の理論は旧式思想の集成にすぎなかったのである。

ビューローの近代組織は、ギベールのそれと同様に単に一七世紀以来進歩してきたものの組織化にすぎなかった。しかしビューローはこの組織に対する真の理解が作戦基地の観念を把握しなければできないと主張している。また戦争の幾何学という古い観念をあたかも新しいもののようにして取りあげている。ビューローの組織における作戦基地はあらかじめ準備された倉庫を含む要塞地帯の連続であって、この基地からのばされた二本の作戦線は攻撃軍に対し、少なくとも九〇度の角度で集中されなければならない［訳者注・この意味は不明であるが作戦線――幾何学的の線――は補給の容易なため直角以内におくという意と判断する］。攻撃軍はその倉庫から三日行程以上に出てはならないし、指揮官の主目標は敵兵を攻撃することよりもむしろ自分の軍の補給を確保するということでなければならない。そして攻勢作戦では敵兵に対して集中するのでなく、自らの補給線の保全を重視する。戦闘はできるだけ避け、戦いに勝った指揮官は追撃によってその利益を拡大することなく勝利の頂点において思慮深く軍をとどめるべきである。

近代戦争は何事をも決をつけない、戦場で敗れた敵も常に数日後には攻撃を再興することができるのであった。これらの思想が非現実的であることは、一七九四年にフランス騎兵が氷上を通ってアムステルダムに入城した時にはっきりした。

ホーエンリンデンおよびマレンゴの戦いは、この本が出版されてからわずかに数ヵ月後のことであったが、ビューローの組織に対する回答のようなものであった。ビューローはこの戦いによって目を開いた。ビューローはそれについて本を著し、強情にもフランス軍の勝利はビューローの原理を証明したものであると事実をいつわって主張した。しかし事実に照らすと、ビューローが以前に主張したところとは相反していることが多かったのである。

フランス軍の成功の秘訣はその機動力にあった。高度の機動力をもつ軍の前には要塞は無用に等しいことを示し、機動力に富む放胆な作戦は輜重《しちょう》段列（補給部隊）の減少と倉庫補給からの解放によって可能となった。ボナパルトはビスケットと簡単で長もちのする栄養のある携行糧食のみをもってアルプスを越え、そして糧を敵地に得る計画で飢えた軍をひきいてイタリアに入っていった。この行動をいかにして安楽な九〇度の角度をもった作戦基地の理論と調和させうるか。ビューローはこの問題をながながと論じながら、これを明らかにすることはできなかった。

ビューローはこの新しい作戦行動の大胆さの理由としてフランス軍における人物の新しい型に着目している。ビューローは言う、「オーストリアの将校は先任順序で地位ができるから彼らの才能は平均している。フランスでは革命の動乱のなかに多くの人物が頭をもたげてきた。これらの人々は平和な時代には何ができるか考えられもしなかった人たちである。これら卓越した能力をもった人々が突然出現したことが、この戦争でフランス軍が示したすばらしい優越性のひとつの原因である。」と。

ビューローは、このような説明をしながらヨーロッパを驚嘆させた電撃戦については理解することができなかった。ビューローはフランス軍の勝利を驚異、奇蹟、神託であると呼んでいる。そこでビューローはボナパルト党となり、フランス人びいきとなった。国民運動がドイツ全土に拡まるにつれて、このことがビューローの立場をますます不利なものにし、またビューローの偏執狂的傾向を強くしたことは疑いないところである。そこに一八〇五年の戦役が起こった。

この年オーストリアとロシアはイギリスと第三次対仏大同盟を結び、このふたつの大陸国家はその陸軍の大部隊を西方に移動させた。これらの陸軍はヨーロッパの貴族たちにとって希望の星であった。しかしこの時のように早く失望が訪れたことも稀であった。ボナパルトは数日ならずして数個の部隊を沿岸地区から南ドイツに進め、ウルムにおいて大戦略家の名が高かったマック将軍のひきいる三万の軍隊を激戦を交えることなく投降させ、さらに軍をウィーンおよびモラヴィアに進め、そこで攻撃をあせっているオーストリア、ロシア同盟軍を発見して、これをアウステルリッツ村において撃滅したのである。

ビューローはすぐにこの戦役について二冊の本を書き、アウステルリッツの戦いの後の混乱中に出版した。その間にプロイセンは二面外交を行いながら、まるで催眠術にかかったようにイエナの悲劇に向かって歩みつつあった。ビューローは彼の著書を内々に出版しなければならなかった。これに関係することは、誰にとっても危険なことであり、事実、彼自身を破滅に導いたのである。これは矛盾に満ちた変な本で、ビューロー自身の精神的動揺とヨーロッパ全般の狼狽をともに反映している。

ビューローは自分ひとりのみが真理を見たかのように書き、いかに無視されてもカントの無条件的至上命令によって、ビューローには誰にでも忠告しなければならない義務があると述べている。

当時ドイツでは哲学と軍事思想とは協力して進んでいたのである。ビューローは新しい戦争理論を創建すると宣言した。これはいわゆるビューロー主義として知られたものでこれによって将来の将校はすべて教育されるだろうといっている。

ビューローはフリードリヒ大王とその流儀を非難し、改革を主張したが、それはイエナ戦役以前には、プロイセンが実施しようとはしなかったからであるとのべている。

しかしビューローは、また「改革は絶望である。ナポレオンは戦争によりヨーロッパをほとんど統一しつつあり、また大陸諸国は彼には敵しえないと思いつつある。」とも述べている。

ビューローは一八〇五年のフランスの勝利はギベールの理論の証明であると見ていた。ビューローは職業的な比喩を用い、「戦争の最大の技術はある資本から最大の所得を得ることである。兵力を控置して分散させることなく、常にこれを結集して運用しなければならない。ナポレオンは他の誰よりも資本を活かして運用している。」と、表現した。

これは位置の戦争を旧式だと認めたことになる。ウルムではマックは堅固な陣地と強力な軍隊をもっていたにもかかわらず、ナポレオンはマックを降伏させた。ナポレオンはいわゆるギベール主義なるものを実行したのである。すなわち各師団（ナポレオンの発案した軍団）の巧妙な運用である。これらの師団は、行軍速度を増大し、統制をもって戦場へ広正面に分進し、また地理的状況を明確にして決戦場の選定を適切にし、目標に部隊を同時に再集中した。その結果はビューローによれば、「現代戦において、戦略が戦術に優越していることの最も完全な表明である。」と。

戦略が戦術に比較して重要視されるようになってきたことは、最高統帥の問題において今までにはなかった複雑性と規模の拡大をもたらすこととなった。戦争はフリードリヒが懸念し、また革命前において征服的な侵略を抑制していたところの純粋な「運」に属する要素を失うにいたったのである。

戦争はむしろ事前に長期間行われる周到な準備のテストのようなものになり、計画はより効果のあるものとなり、先見はかなり可能となり、戦闘法はより科学的になってきた。軍の統帥は一方では外交と関連し他方では内政と憲法の実施に関係するようになった。これらのことについて、ビューローはいうべきことがたくさんあったのである。

ビューローはフリードリヒと同様に、一国の頂点にはひとつの総合された知性が必要であることを主張した。近代的戦略には政治と軍事との区別はありえない、偉大な軍人が外交問題を理解しなくてはならないのは、ちょうど大外交家が軍事行動を理解していなければならないのと同様であるというのである。外交政策と軍事的責任をひとりの頭に集約することの利益はナポレオンがその一例で、連合国政府の失敗はその反対の一例である。確固たる指導的能力が技術の発達にともないますます必要になってきた。最高統帥は専門家たちのうえに立たなければならないのである。

ビューローは、「築城技術、砲兵理論、軍事医学、経理というようなものは基礎的科学にすぎない。これらのすべてのものを社会の強化と防衛のために適切に利用することが真の軍事科学であり、これが統帥部の本当の仕事である。正直に聞いてもらいたい。一国の元首が戦争に際し、国力の指導を基礎科学を学んだ単なる一握りの専門家にまかせなければならないとしたら、その必然の結果は目的の分散と重複であって、第一に弱体化をまねき、ちょうど馬鹿と阿呆を一室につめこんだようなものになる。そしてその最後は分裂である。なぜなれば統帥部の統括力は、あたかもひとつの建築の各材料をまとめ、またはひとつの目的に対して結合を与えるものであるが、それが失われるからである。」と。ここでまた問題はナポレオンと他のヨーロッパ連合の統治者との間の比較にもどってくるのである。

人力および軍の組織の問題について、ビューローは当時のプロイセンに対して少しも迎合した見解をもっていなかった。

ビューローはプロイセン政府が盲目的にフリードリヒ方式を維持しているのを非難した。この方式はフリードリヒ自身でさえも晩年にはその弱点を認めたものであった。それは一般民衆の気力を失わせ、無教育に放置し、基本的人権を侵害して訓練に服従させるだけであった。

ビューローはフランスの一般兵役義務を国民的士気を高揚させる点において推奨している。ビューローも認めるようにプロイセンにはあまり天才は生まれないが、なお、人的資源は有能な人がこれを管理しなければ浪費されてしまうので、ビューローは才能によっていかなる職務に就くことのできる政策を要求し、またナポレオンの軍団を模範とすることを奨めている。

ビューローは「道徳同盟」を作って、人々が才能、判断力、国家に対する功績によりその階級を与えられるようにし、少なくとも理想的には古い貴族階級を解消することを提案した。これらの着想の全部はいまだビューローの頭のなかにまとまってはいなかった。ビューローが統帥に必須と認めている問題、すなわち目的の単一化と、掌握の確実性には到達していなかったのである。ビューローが何を目的としていたか、彼が考えていたことを判断するのは極めて困難である。ビューローはフランス革命を推奨し、人間の権利について大いに主張したが、しかし他の職業軍人、たとえばグナイゼナウに比較してみるとそれほど自由主義者でもなかった。

ビューローは自らプロイセンの愛国者と称した。しかしビューローはフリードリヒを軽蔑し、またプロイセンの存在そのものがドイツの国家的存在を危うくしていると述べている。

ある場合にはビューローはドイツのナショナリストといっているが、しかし頑固にフランス同調者の立場も持続していた。ビューローは熱烈な改革論者ではあったが、しかしその改革は妄想の類であった。ビューローは軍事科学における一種の超人的哲学者であったが、目的を明確にしないで、自分ひとりで義務的観念を楽しんでいたのである。実際問題ではプロイセンと他のヨーロッパの国々に対し、アウステルリッツ戦後ナポレオンと交渉に入ることを勧告している。

ビューローは第四次対仏大同盟は無用だとして、ヨーロッパ大陸の諸国はフランス皇帝と結んで高慢なイギリスを屈服させせよと説いている。

一八〇七年にプロイセン政府はビューローを狂人と認定すべき理由を認めた。少なくとも国家非常時において有害であると決定したのである。ビューローの書いたものはただ彼自身の考えを吹聴する以外のなにものでもなかった。そして最も悪いことには一八〇七年の破局的状態において、ビューローを牢獄に送った官憲が彼の失策を発見することに急で、ビューローの功績を認めることができなかったことである。

ビューローを再建の実際的事業に協力させるには、彼はあまりにも無責任であり、虚栄心が強く、しかも曖昧であったのである。ビューローの死によって世界が失ったものは、シャルンホルストほどではなかった。

理論家としてのビューローは遅々とし、混乱したきらいはあったが、当時の軍事革命の本質を敏感に感じとる長所をもっていた。この革命は砲兵の重要な進歩にもかかわらず、技術に基礎をおいたものではないし、また倉庫から開放され師団編成になって軍隊の機動力と攻撃力を向上したけれども、厳格な意味での戦略の革命でもなかった。軍事革命の底には政治革命が横たわっていたのである。フランスの原動力となったのは、新しい政治的世界観であった。それが革命の結果政府と国民との融合を成立させ、一方においては、国民は一七八九年までは不可能であった方法によって、国民が国家に協力しなければならぬという自覚、すなわち国民は国家によって大きな利益を得ているから国家のために忠誠と熱情をもって戦わねばならぬという自覚をもつにいたった。

他方において、政府は国民から寄託された権威によって統治して、かつてフリードリヒ大王が夢想もしえなかった方法で人的・物的戦力を利用することができた。その総合結果としては一七九三年以後フランスの富、人力および知識はあたるべからざる勢いを発揮してヨーロッパを席捲したのであった。

一九世紀には政府と国民との融合という基本原則が民主政治と否とを問わず、ヨーロッパの大部分の国々において政治体系として打ちたてられたのであった。王朝戦争は終わりを告げ、国民戦争が今や開始されたのである。

（山田積昭訳）

第II部

一九世紀の古典
ナポレオンの解説者たち

第4章 フランスの解説者 ジョミニ

ゴードン・A・クレイグ　プリンストン大学歴史学助教授。プリンストン大学哲学士。オックスフォード大学文学修士

I

フランス対同盟諸国との世界戦争（ナポレオン戦争）は数回の短い中休みがあったが一七九二年から一八一五年まで続いた。大人口から徴募された国民軍と戦聖ナポレオンが出現したことは戦争に一大革命をもたらした。ナポレオンの経歴、人物についてはなお広範かつ詳細な研究を要するが、長い戦争史を通じ、この騒然たる時代の一大遺産は実に大軍の運用に関する新機軸であったことは疑う余地がない。国民総動員（Leveé en masse）を求めた一七九三年八月二三日会議の有名な条例は、今日なおわれわれに雄弁にそのことを物語る。

「第一条　今日ただ今から敵が共和国の領土より駆逐されるまで、すべてのフランス人は永久に軍務につくべきことを要求せられる。」

「青年は戦場に赴く、既婚の人は武器を作り、弾薬を輸送する。婦人は天幕や衣服を作り病院に勤める。子供は古い亜麻から包帯を作る。老人は公衆広場に集まって共和国の団結と敵国支配者たちに対する憎悪を説いて兵士の士気を鼓舞する。」

国民総動員はフランスがほとんど没落に瀕した時に始まった。それから一年以内にフランスは攻勢に出た。恐怖政治により強引に国力を統一し、徴兵による恐るべき人的戦力をもつ革命フランス共和国は、ばらばらな同盟諸国にとって到底抗しえない強大な相手であることを目のあたりに見せつけた。スペイン、オランダ、プロイセンは平和条約に調印し、一七九五年に同盟は瓦解した。一七九六年恐怖政治時代に生まれた一将軍ボナパルトは始めて独立した指揮権を与えられた。ボナパルトはアルプスを越えてイタリアに進入し、その運動の迅速と正確さでサルディニアとオーストリアの軍隊を分断し、サルディニア軍を覆滅、かえす刀でオーストリア軍を攻撃して、一七九七年カンポ・フォルミオ条約を強制調印させてしまった。

フランスは長い間熱望していたライン川という「自然国境」を獲得し、同時に新しく生まれたロンバルディアの傀儡共和国に対する支配権を握った。ヴェネツィア共和国は払拭せられ、その領土は代償としてオーストリアに譲渡せられた。ヨーロッパの勢力均衡はここにその面目を一新し、平和はわずかに数ヵ月続いただけであった。イギリスとオーストリアは新たにロシアという同盟国を得た。

第二次対仏大同盟もボナパルトのみの力ではないにしても、彼の連戦連勝によって無力にされてしまった。戦勝の威信はボナパルトが数ヵ月前ブリューメールのクーデター後僭称した独裁執政官の地位を安泰ならしめた。

失望したイギリスはアミアンにおいて不利な条約に調印させられた。それから約一年（一八〇二～一八〇三年）間は戦争はなかった。ボナパルトはその間フランスにおけるその権威を高め、イタリア、スイス、オランダ、ドイツに干渉し、敗戦諸国の恐怖と野心を挑発し、再びイギリスと戦端を開いたが、イギリスと第三次対仏大同盟を結び、脅威となってきたオーストリアとロシアを征服する必要を感じ、イギリス侵入計画を見あわせた。数週間の間にボナパルトはオーストリア軍をウルムとアウステルリッツに撃破し、ロシア軍をカルパチア山脈のかなたに追い払った。ほとんどこれと同時に起こったトラファルガーでのイギリス海軍の勝利のため、イギリス侵入は決定的に不可能になってしまった。以後、フランスはイギリスを撃破するには陸上戦力に依存するほかはなくなり、ナポレオンは大陸制覇という新しい野望をいだくようになったのである。ナポレオンは残っている敵国を各個に分離し、速やかにこれを撃破した。大国プロイセンを一八〇六年イエナの戦いで撃破し、一八〇七年フリートランドの戦闘の後ロシアをしてフランスとの同盟を締結させた。その年のティルジット条約締結の頃が、ナポレオンの勢力の絶頂期であった。

イギリスの経済機構を崩壊するために、ナポレオンは「大陸封鎖」を実施しイギリス品のヨーロッパ大陸への搬入を禁止したので、沿岸線を管制するのに、努力をしなければならなくなった。このためスペインは占領され、イタリアへの掌握はきびしく、オランダ、ドイツの北海沿岸地方、イタリアの一部およびダルマチアはフランスに併合された。スペインでは抵抗運動が激化し、ついにはイギリスの派遣軍がこれを支援するにいたった。オーストリア政府は愛国者に激励されたり、スペイン反乱に勇気づけられてフランス皇帝に挑戦した。単独で時期尚早に行動を開始したため、一八〇九年に血なまぐさい短期の戦争で四度目の敗北を味わった。それから二年間大陸には不安定ながら平和が続いた。

ロシア軍の反フランス親イギリスの空気はロシア皇帝をその方向に走らせた。そしてナポレオンはロシアを反英戦線に維持するために一八一二年の不幸な戦役に突入してしまうのである。ナポレオンの軍隊はその数六〇万を越えた。ますます若い青年を徴兵したり、一ダースほどの同盟国や征服した国から兵士を徴募したが、これはそれまでにヨーロッパである一戦役のために集められた兵力としてはおそらく最大のものであったろう。その運命はすでによく知られているとおりである。次第に皇帝ナポレオンの弱点が暴露されるにつれて、最近ナポレオンに統合されたり、また臆病で疑い深い諸国政府もついに反抗するにいたった。イギリスとロシアにはプロイセン、オーストリア、ドイツの諸国がスペインの反徒やイタリアの反乱軍とともに加盟した。

これまで大陸の三大陸軍君主国が共同の行動をとったことはなかったが、今それが実現し、一八一三年一〇月にはライプチヒの戦いが行われた。これは「諸国民戦争」と称せられ五〇万以上の軍隊が交戦し、一九一四年にいたるまでヨーロッパあるいはアメリカで戦われた戦闘のうち最大のものであった。そしてナポレオンの運命はこの一戦で決した。

フランスはそれまでの二〇年間に人力を使いはたしてヨーロッパ諸国の連合に対抗できなくなった。イギリスの外交は四つの主要国家をあわせて、未曾有の強力な同盟を作りあげてフランスに対抗した。ナポレオンは一八一四年春にエルバ島に流された。ナポレオンが逃亡帰国して恐慌を生ぜしめた事件を除いてはこれで終わりであった。この戦争の規模、参加した軍隊の大きさ、ナポレオンが動かした軍隊の行軍速度、その戦勝の完璧さ、ヨーロッパの国家組織をフランスが支配する新しい大陸秩序へ変えようとするその意図が次第に明らかになったことなどは、すべて当時の人たちにとってなにか新奇な、今までの歴史に類例のないことのように見えた。

フランス軍に勤務していたスイスの有名なひとりの将校にとって、ナポレオンのやったことは異常なものと思ってはいたが、一八世紀の戦争と政治の脱皮という点については完全に説明できるものと思っていた。この将校にはナポレオンの戦勝が目ざましいものであればあるほど、それらの戦勝は一般的真理すなわち、「新しくあみ出されたものではなく昔から発見されていた原則」という言葉で説明できるように思われた。アンリ・アントワーヌ・ジョミニ将軍はナポレオンの業績を説明しようとしてこの時代に革新的かつ独特の貢献をした人である。

ジョミニはただ戦争を研究しただけではなく、新式の、近代的かつ組織的な戦争研究を行い、その筆法は後の戦争研究者の踏襲するところとなった。ジョミニの方がちょっと先になるが、クラウゼヴィッツと比較すると、ジョミニは戦争の研究をアダム・スミスが経済学を研究した方法と多少似たやり方で実施したといえるだろう。一七七六年に発行された『国富論』の前に重要な経済に関する文献があったのと同様に、一八〇四年に『大軍事作戦論』(Traité des grandes opérations militaires)の第一巻が出る前に戦争に関する重要な文献がでている。それらのなかでもとくにジョミニの直前に出たロイド、グリモード、ギベール、ビューロー、フリードリヒ大王の著作はジョミニもよく知っていて、ジョミニはしばしばそれらに負うところの多いことを語っている。先人の示唆はあったが、組織的に戦争の原則を発見しようと努力したジョミニは、クラウゼヴィッツとともに近代軍事思想の共同創始者の地位をわかつにいたったのである。

ジョミニがとくに注目した軍事著述家はビューローとクラウゼヴィッツであった。ジョミニの著述はビューローに言及した部分やその理論の批判で飾られている。ジョミニはビューローを戦闘の科学的な面を誇張している点で非難し、「ビューローは戦争の三角法的考察に反対するものを皆馬鹿だと罵っている。ビューローの教義は科学的論法を用いているけれども、ナポレオン戦争でテストした結果は単なる詭弁にすぎない。」と論じている。

しかしジョミニはビューローが戦争の科学的方面に力を入れすぎる傾向に反対する一方、クラウゼヴィッツがすべてを軍事科学で割り切ることはできないということも非難している。「クラウゼヴィッツ将軍が博識で、健筆家であることには異論はない。しかしそのペンがときどきすべりすぎて教育的論議にはあまりにもったいぶりすぎている。そのうえクラウゼヴィッツの著書は軍事科学についてあまりにも懐疑的でもある。その著書の第一巻はすべての戦争理論の反対演説にすぎない。その次の二巻は理論的格言に満ち、他の人々の理論は信じないが、クラウゼヴィッツ自身の法則は正しいものだとの自信をもっている。」とのべている。クラウゼヴィッツの『戦争論』という論文を読んでから、ジョミニはこの博学な著作にはわずか数ヵ所の顕著な着想があるにすぎず、全編にみなぎっている懐疑論がジョミニに「優れた理論」の必要性とその効用とを確信させたと書いている。ジョミニのビューローとクラウゼヴィッツの批判のなかに、われわれは著述の目的についてのジョミニの思想の鍵を発見することができる。ビューローの過度の合理主義はもはや適合せず、ジョミニに一八世紀の戦争に対する考え方を訂正させるにいたった。しかしジョミニのクラウゼヴィッツの論文に対する酷評に明らかなように、その考え方を完全に放棄することがなかったことも明らかである。

II

アンリ・アントワーヌ・ジョミニは一七七九年フランス領スイスのファウド（Vaud）州に数代前にイタリアから移住してきた善良な中流家庭に生まれた。ジョミニは若い中産階級の子弟として、商業または銀行業にすすむように運命づけられた普通の教育を受けた。ボナパルト将軍のイタリア作戦の栄光が世界中に有名になった時、ジョミニは一七歳の若年だったので、銀行業が最も退屈な仕事に見えたのも無理はない。冒険的というよりは野心と好奇心の強いこの若いスイス人は、自分も軍人になろうと決心した。行政的手腕があったので、ジョミニはいささか正統でない方法で何とかフランス陸軍の補給勤務につき、ささやかな幕僚業務を続けた。アミアンのまやかしの平和の間は商業生活に戻っていたが、戦いが再び起こるとともにネイ元帥の参謀長という勤務場所を見つけていた。ジョミニは陸軍の人たちと暮らしていた六ヵ年の間に戦争技術について大いに語り、また考えたのであった。軍事問題に働くジョミニの頭の早さと知識が、勇敢で立派な戦術家ではあったが、戦争技術の研究にはさほど熱意をもたなかったネイに強い印象を与えた。ネイはアミアンでの余暇にフリードリヒ大王の作戦に関する大論文の第一巻の出版を援助した。ジョミニはそのなかで軍事思想のある種の法則化を試み、またフリードリヒとナポレオンの統帥の比較を行った。ジョミニは皇帝へ一部を献上したので、皇帝はアウステルリッツ後の小康時にその一冊を読ませてそれを傾聴した。ナポレオン式の著者の直感的判断力に感心して、ナポレオンはついにジョミニをフランス陸軍の正規の陸軍大佐に任命してその地位を正当のものにし、一八〇六年九月マインツでこのことをジョミニに通達した。

この時イエナ作戦の構想がナポレオンの頭にかもし出されていた。ジョミニは会議の後でバンベルクで四日後に再見する勅許を求めた。「誰がお前に朕がバンベルクに行くといったか。」と皇帝はきいた。それは皇帝が自分の目的地は誰も知らないと思っていたからである。ジョミニはいった。「陛下、ドイツの地図でございます。マレンゴとウルムの戦いでございます。」この事件やその他のジョミニが行った目ざましい予言の出所はあいにくジョミニ自身からのものであった。しかもその多くは晩年、一八六〇年代にパッシーの老人として、自分を訪れるサント・ブーヴのような客に対して、過去を振り返って話したものであった。

しかしジョミニが他の多くの識者のようにときどきあまりにも正確に未来を予見したということは、ジョミニがナポレオンの戦略的な癖と思想を驚くほど明確に理解していた証拠であり、ナポレオンがジョミニの著書の価値を認めたことはまぎれもないことである。ジョミニは少将に昇進し、プロイセン、スペインやモスクワからの退却戦にネイの参謀長として勤務（ただしロシア作戦の時にはヴィルナとスモレンスクの知事になった）したけれども、ジョミニは独立した指揮権を与えられたこともなく、またジョミニよりも劣る人間が貰っていた元帥杖を得ることもできなかった。ジョミニは常に侮られて立腹したり辞職したりしていなければならなかった。ジョミニはこれらの年月の間に六回も辞表を出したり引っ込めたりした。皇帝はじめ彼の上司は、ジョミニを指揮官としては適任者とは思っていなかったのであろう。

進級の望みが絶えてひどく失望したジョミニは一八一三年八月連合軍の戦線に走り、ロシアのアレクサンドルに仕えたいと申し込んだ。ジョミニはまだスイス国民だったので、この行動は反逆とまでは見なされなかった。それでジョミニはフランスの英雄になれなかったが、歴史家はジョミニをひどく責めはしなかった。そしてジョミニの著書を教科書として使うことが禁止されることもなかった。ロシアではジョミニは死にいたるまで大将の地位にあって軍事顧問として活動し、ロシア陸軍士官学校の創設に大いに尽力した。そしてマレンゴの後に始めた歴史的・分析的研究を完成する充分な時間を得たのであった。ジョミニは晩年をロシアとフランスでこもごも送った。クリミア戦争の時にはジョミニはしばしばロシア皇帝から助言を求められ、一八五九年にはナポレオン三世はイタリアの冒険にのり出す前にジョミニの助言を求めた。一八六九年ジョミニがパリで死ぬまでに、ジョミニの本は世界中の軍事教育に広く用いられ、ジョミニは自分があたかも賢者のように見られていることを知って満足していた。

ジョミニの軍事経歴は確かに普通ではなかった。ジョミニは兵士から順次に昇進したのでもなければ、士官学校の正規の課程を経たわけでもない。ジョミニは前に軍事訓練を受けたこともなくてフラ

て、絶大な責任をもっていた。ジョミニはとくにウルムやスペインでは重大な決断をしたのであった。を動かすのを助けたのは確かである。ネイの参謀長として戦場でいろいろなことを遂行するにあたっらないと同様に軍隊に直接関係しなかった知識人だと見るのは間違っている。ジョミニは戦場で軍隊

しかしジョミニを「机上の軍人」すなわち純粋の理論家、学究的経済学者が実際の実業にたずさわをもっていて、虚栄心を抑えるしつけを信条とする軍人たちをいやがらせた。人から親近感を抱かれなかった。そのうえジョミニは文学者や知識人に特有の一種の嫉妬深い虚栄心えられたように見られたのはやむをえないところであった。またその気質のため、いつでも生粋の軍ンス陸軍の行政官にすべりこんだ。ひとりのスイス人として、なにか門外漢で特別の職業的地位を与

III

ジョミニの戦争に関する著書はふたつに分類される。歴史的なものと理論的・分析的なものであるが、この分類は厳密なものではない。なぜならば戦史ではジョミニは常に、「なぜ、いかにして作戦行動がとられたか。」詳らかにする原則を探求しているし、軍事理論でも理論を歴史的事実で裏づけすることなく単に抽象的考察に走ることはほとんどなかったからである。また数編の小冊子があるがその大部は彼の批判に対する短い答えであった。彼の歴史は二七巻にまとめられて出版されたが、フリードリヒ大王と一七九二年から一八一五年にいたるフランス革命およびナポレオンの戦争を網羅してある。七年戦争と革命戦争については細部にわたって詳しく書いている。一七九九年以後のナポレオン自身の軍事経歴は『ナポレオンの政治的軍事的生涯』と題した四巻の著書に簡単にまとめられている。

最初フランス軍に、後にロシア軍に勤めたため、ジョミニは当時局外者には入手しえない資料を得

ることができた。しかしジョミニは専門的な歴史の記述法については、調査と提示の基準が確立されておらず、脚注とか参照文献などの現代的研究資料を欠いていた。ジョミニの軍事史家としての仕事はある程度新生面をひらきはしたが、今日ではまったく古くさくなり、稀にしか読まれていないというのが正しいであろう。

しかしジョミニの理論的著作は後世に残り、一世紀以上にわたり軍事教育に使用された。ジョミニの軍事理論に関する最初の論文は『作戦論』で、これは主として、七年戦争の歴史である。ナポレオンがアウステルリッツの後に読んで非常に深い印象を受けたのは、その七章と一四章であった。『作戦論』の七章にジョミニは彼の作戦線の理論を表明して、外線作戦と内線作戦とに関し、重要な特質を論じている。一四章にはさらにこの論議を推進して作戦線選定の重要性を強調し、地理的・幾何学的考察がいかにその選択に影響するかを説明している。『作戦論』は有名な三五章で終わっているが、そのなかでジョミニは特殊な事象ははずしてしまい彼の経験の普遍化をはかり、軍事作戦一般に共通する基本原則を方式化しようとした。

ジョミニの最大の理論的著述は『戦争概論』(Précis de lárt de la guerre) で一八三八年に二巻にして出版されたが、その後数版を重ね、現代語用語に直されてある。

ジョミニが戦争研究に着手したのは、ジョミニが述べているように、戦争がこの世の人間活動の一形式である以上、何かの意味が把握できると考えたからである。ジョミニはモーリス・ド・サックス元帥の次の有名な発言に対し、断固反論しようとしたのである。「戦争は暗黒に色どられた科学である。戦争中には誰も確信をもって歩むことはできない。すべての科学には原則があるが戦争にはまだ何もない。」この意見に対して、ジョミニは人間の頭脳は戦争で成功しそうなものと成功しそうもないものとを、ある組織的な方法で、区別して、これを表現することが可能だという意見を絶えず持ちつづけていたのである。『作戦論』のなかでジョミニは、「いかなる場合にも基礎的原則があり、それに従うことによっていい結果が得られる。かかる原則は不変で武器の種類や歴史的時間や場所とは無関係だ。」といい、『戦争概論』のなかでジョミニはこの本の主目的は、「すべての作戦には基礎的原則があり、その原則は成功するあらゆる方法を支配するものだ。ということを論証するにある。」と述べている。

ジョミニはビューローを批判して、「戦争の方式」なるものに反対の意を表している。ビューローのいわゆる「戦争の方式」は、あらゆる偶発事件に対してちょうど料理の本が調理法を教えるように、軍事組織のすべての問題に対して確固たる規則を与えようというものである。人間の理知はこのような組織を発明することはできない。ことに戦争というものは熱狂的なドラマであり、決して数学的運用ではないからであるとジョミニは考えた。

ジョミニによれば戦争で理知の処理しうる範囲には限界がある。しかし決して理知を完全に除外することはできない。兵士の訓練は本質的には理知の問題ではないし、正しい考え方のみで戦いが勝てるものでもない。

勇気とか独断力というような他の性質がさらに重要である。しかし理知は戦略というある分野においては至上である。戦略の分野においては一般原理と不変な適用原則があって、それは人の頭脳で理解し方式化することができる。軍事科学の主要問題はこれら一般原則の樹立にある。ジョミニは『戦争概論』の冒頭で彼の立場を明らかにしている。

「将軍が約一ダースの作戦に参加したならば戦争は一大ドラマであることを知り、無数の形而上下の要素が大なり小なり有力に作用し、数学的計算ではとても処理できないことを自覚するだろう。」と。また「しかし一方私は二〇年間の体験から次の信念を強化したことを疑念なしに認めなければならない。すなわち戦争には少数の基礎的原則があって、これを無視することは非常に危険であり、反対に原則の適用は、ほとんどあらゆる場合に成功の栄冠を与えるものである。それらは時に状況によって修正されることもあるが、一般に軍司令官が戦闘の喧騒のなかで困難かつ複雑な作戦を指導する場合に、彼を導く尺度になるものである。」と。そこでジョミニは戦争科学の基礎原則へ接近する第一歩を踏み出した。ジョミニはこの仕事の厖大さにやや躊躇の気配を見せている。「私はこれを遂行するのに必要な技能をもっていないのに、あえてこの困難な仕事を始めようとした。しかし私は基礎をつくることが大事だと思う。その達成は状況が幸しない限り長い日時を要するであろう。」と。

他の公式化で経験をつんだ後に、ジョミニの決定した戦略の基礎的原則は次のとおりである。

(1) 戦略的方策によって軍主力を戦場の決戦地区に、またできるかぎり敵の兵站線に向かい集中する。ただし、わが兵站線を危険に陥れないように注意する。

(2) わが主力をもって敵の一部と遭遇しうるように機動する。

(3) そのうえ戦闘に際しては戦術機動によってわが主力を決勝をもたらす戦場の要点あるいは敵を容易に撃破しうる敵戦線のある箇所に集中する。

(4) これらの大兵力を単に決戦方面に集中するばかりでなく、すみやかにかつ同時に戦闘に加入させ、一斉に攻撃に移りうるようにする。

このごく一般的かつ重要な、しかしいささか抽象的公式をジョミニは無数の戦例を引いて具体化し、歴史は最も輝かしい成功を得るのも、また大失敗を招くのもただこの基礎原則を守るかどうかにかかっていることを立証している。

ジョミニは戦争の技術ができるだけ多くの兵力を決勝点に投入するにあるとすれば、これを達成する方法は正しい作戦線を選ぶことにあるとしている。ジョミニはこのことは良好な作戦計画の基礎と考えるべきもので、したがって正しい作戦線の選定はすべての軍事的理論の核心であるといっている。

ジョミニの作戦線の理論は『作戦論』の第七章に初めて明瞭に出てくる。ジョミニの定義によると、作戦線は軍がその使命を遂行するための全作戦地帯の一部で数本のルートをとろうと一本であろうとどちらでもいい。第七章は七年戦争のロイテンの戦いの前の作戦に対する考察で始まっている。この作戦でフリードリヒ大王はその軍を二分し、そのひとつをシュレージエンに止め、残りを率いてザクセンに進軍した。ジョミニはかくのごとくその軍を二分したことによって、フリードリヒは単一の作戦線ではなくふたつの作戦線で作戦したことになるといっている。

単一作戦線と複線との利害はどうか。これに対しジョミニは、「どちらがその時の状況下で、敵より優勢な兵力を作戦上の要点あるいは、攻勢をとるに最も有利な点に配置することができるかということに帰結する。」と答えている。本来戦場における軍隊を二分するのであるから、複作戦線は分離された部隊が迅速に再び集結せられて、単一作戦線に統合しうるのでなければすこぶる危険である。ゆえに仮に複作戦線が採用されても、すべての軍隊が一指揮官によって指揮されていることが必要である。ジョミニは複作戦線を採用した軍も、それが内線にある場合には、敵もまた同じように、複作戦線を用いその兵力合一がわれに比し困難であるので安全だという意見を抱いていた。

「作戦線を内側に持ち敵に比しより接近し、かたまっている軍は、戦略機動により兵力をお互にどちらかに集中できるので敵を各個に撃破しうる。」といっている。

その著作を通じて、ジョミニは内線態勢の優越を強調している。複作戦線を用いる軍は圧倒的優勢でない限り内線にあることが肝要である。そして優勢な兵力の場合でもこの二線が数日の行軍距離に開いているならば危険である。兵力同等の場合、複作戦線を相互に近接された(すなわち内線にある)敵に対して選定することは、「もし敵がその位置の利を活用すればわれは常に災厄を招く。」とジョミニは説いている。

概論では、ジョミニはこの問題に対するその理論を要約している。他の条件が同一ならば一方の国境においては単一作戦線を使用することが、複作戦線を用いる場合に比し、決定的に有利であると書いている。これと同時に注意すべきは、複作戦線は戦場の地形、あるいは敵が複作戦線を用い、敵の両部隊に対してわれも部隊を分散して対抗することが必要な時にはときどき使わねばならなくなるということである。後者の場合利点は内線作戦の軍にある。これらの要素を考えれば作戦線の選定は、作戦の運命を決する重要なものである。それは敗戦の災厄を償い、侵入を無効ならしめ戦勝の利を拡大し、またある国土の征服を確実ならしめることができる。」といっている。『作戦論』の一四章でジョミニはこの選定に影響する要素として、作戦地帯の地形や現存の道路および与えられた戦略的重要地点をあげている。これはジョミニの軍事思想のなかで非常に重要な思想である。

ジョミニは作戦地帯の支配の必要を強調した他の一八世紀の理論家と同等に戦争を主として領土獲得の手段と見ていたと信じられている。

ジョミニが、将軍の仕事は元来理知的なものであると見ていたことは明らかである。ジョミニはいう、「賢明な理論と大人格とをつきまぜたものが大指揮官を作る。戦争に対する生来の勘、軍隊の士気を鼓舞する能力、これらもまた肝要である。しかし将軍がもし戦勝を得んと欲すれば、戦争の基礎原則を心得ていなければならない。生来の天才は確かに鋭い直感力で原則をあたかも最も精通した理論家のように適用しうるであろう。約言すれば数個の基礎的金言に立脚した簡単な理論は天才を助けてその直感による確信を増し、一層その才能を発揮させることができるだろう。」と。

ジョミニは戦争の実行は一組の一般原則に要約でき、その原理は学ぶこともできるしまたすべての情況に適用することもできると信じていた。『作戦論』の三五章で、ジョミニはかかる原理の一組を公式化しようと企てた。この公式では、戦略的先制、敵の戦線の弱点ひとつを選定し、これへの兵力の集中、敗走する敵の追撃および奇襲価値の重要性を強調している。ジョミニは奇襲の重要性はいくら強調しても強調しすぎることはないと信じていた。もし敵がわが攻撃地点を予知している時には、単に数の優勢をもって攻撃するだけでは充分でない。

敵は援兵もえられるし、塹壕を掘ることもできる。敵はおそらく待ちかまえていてジョミニの原則を実行することはできなくなるであろう。ゆえにできうる限り敵を奇襲しなければならない。当然フリードリヒの戦争とナポレオンの戦争はこの点についてジョミニに多くの立派な材料を与えた。ジョミニのお気に入りの戦例は、奇襲が戦略的規模で大きく実施されたナポレオンの一八〇〇年戦役で、これは不可能と思われた大軍を不可能と思われる短い時間に不可能と思われる地方、すなわちグラン・サン・ベルナール峠に集中してオーストリア軍に単に戦術的のみではなく戦略的奇襲を実施したものである。

ジョミニは二、三の点でクラウゼヴィッツの戦争の目的は敵の武装兵力の撃滅にありとする有名な説に非常に接近している。ジョミニはナポレオンの非常な長所はナポレオンが要点を直撃する点にあるといっている。「ナポレオンは一ヵ所または二ヵ所の占領あるいは小さい国境の州の占領を企てるという旧来の慣習を打破した。ナポレオンが大戦果をあげた第一の手段は何よりも敵軍を分断し撃破することに努力を集中することにあった。これによって敵が新しく防御軍を編成しえない時は、その国も州も自然に彼の手に落ちてくることを知っていたように見える。」といっている。

しかしジョミニはクラウゼヴィッツとは基本的に違った立場に立っていた。ジョミニの意見では、戦争の中心問題は正しい作戦線の選定であり、また作戦指導の任にある将軍の最も重要な目的は作戦地帯の支配にあった。かかる支配は敵を撃破しなければ不可能なことがしばしばあるが、もし主将が正しい作戦線を選んだ時には、主将は敵に対してふたつの立場の選定を強制しうる——すなわち、不利な状況で戦うか作戦地帯からの撤退——ということを記憶しておかねばならない。決勝的な機動線の選定の強調、将軍の問題とするところは理論的に決定的な線と実在の道路とを一致させることであるという議論、将軍が常に略図を使って、各作戦地帯を幾何学的形状に簡易化できるという意見は、いずれもジョミニが、もともと敵の殲滅よりは領土の占領を考えていたことを示している。この理由からジョミニは明らかに攻勢作戦を有利としている。主将が政治的あるいは他の考慮によって守勢に立たねばならない時でも、ジョミニが強調しているのは攻勢防御(offensive-defensive)〔訳者注・当初防御し後に攻撃に移るやり方〕である。敵に対する牽制、攻撃その他のあらゆる手段を講じ、在来の戦争にありきたりの防御方式を排し、精神的沈帯を防ぐに必要な手段を講じた防御でなければならないという。近代の著作中でマジノ線の心理の弱点をジョミニのように主張したものはない。強固な陣地でその陣地にかじりつく以外に何の目的もなく敵の攻撃を待っていることは、最悪であるとジョミニは考えた。

戦争の性格とそれに不可欠な精神の考察に頭を向けたクラウゼヴィッツと比較すると、ジョミニは戦争思想史に戦略理論家としての地歩を占めている。ジョミニは「本質的戦争」(War in essence)または「現存戦争」(war-in-being)の考えから起こってくる哲学的問題には興味をもっていなかった。ジョミニは自分の頭にある戦争の実際的問題にだけ専念している。ジョミニの理論では作戦が中心で、これが決定的位置を占めている。戦争の目的は敵の領土の全部、または一部の占領にある。かかる占領は作戦地帯の支配を推進することによって成就される。この支配は作戦が敵対行動の開始に先立って慎重に計画されることによってのみ可能である。戦争は作戦線が事前に樹立され、そしてあらゆる可能な軍事的手段が、作戦地帯の地理的・戦略的な実情と理想的数学的配置とによく適合された場合においてのみ成功しうる。戦略の仕事はかかる事前の計画を作るにある。戦争における戦略の地位を定義することによって、ジョミニは明確に「戦略」と軍事活動の他の分野、すなわち「戦術」および「兵站学」(logistics) とを区別しえた。ジョミニの概論は近代軍事科学を大きく区分し、これを一般に流行せしめるのに他のどの本よりも役に立った。

ジョミニは第二巻に戦術と兵站を書いているが、慎重で具体的で組織的でまたしばしば示唆に富む。ここではジョミニの思想は必ずしも創意的でもまた深遠でもなかったが、ジョミニは見事な初歩的教授法を仕上げていて、この本が一九世紀の軍事教育において成功したわけがわかる。しかしジョミニはこれらの戦争の小さい部門にはあまり興味を感じていなかった。ジョミニの選んだ分野は戦略で、ジョミニは一九世紀の新しい戦略的考察の最前線に立っていた。

ジョミニは一九世紀の軍事思想界にその地位をしめた人であるが、ジョミニの観念は一八世紀の思想と完全に分離しているわけではなかった。彼はビューローを過剰の合理主義者だと批判したが、ジョミニ自身の考え方も前代に流行した合理主義の強い影響を受けている。ジョミニは一般原則や絶対に間違いのない原理の探究にあたって、計算の範囲を超えた戦争の非合理的要素を看過している傾向があるが、ジョミニがかかる問題と取り組もうとしたこともまた真実である。概論の巻頭にジョミニは「戦争政策」(Politique de la guerre) という章を設けて軍事以外の問題を取り扱おうとし、「戦争哲学」(Philosophioe de la guerre) の章では非合理的要素を取り扱おうとした。しかしこれらの章においてさえ、彼の思想が純軍事的でまた純合理的なものによって形づくられていることを示している。これらの章の初めにジョミニは各種の戦争の型式をその政治目的によって区別した戦争のカタログを作っている。ジョミニが戦争の政治目的は戦争の性質を決定するのに大きい役割を果たすと論じているのは正しい。

しかしジョミニの議論の最も重大な欠陥は、戦争が流動的にその本来の制限や目的を超えたところまで追いこまれる可能性のあることに考えつかなかったことである。主として国民戦争の問題と、一般に戦争におよぼす精神的要素の影響を第二章に論じているが、ジョミニが革命期における軍事的教訓を充分研究していないという様子が見られる。ジョミニは決して国民戦争が継続するという確信はもっていなかったし、また戦争における精神的要素の重要性を確信してはいなかった。

Ⅳ

ジョミニの軍事思想はひとつの事実を見事にはっきり表現しているが、それについて一九世紀の多くの有能な自由人はその正しいことを認めようとしていない。その事実とは、戦争はそれ自体の歴史を持ち、他の歴史とはまったく異なった人生の常軌を逸した状態ではなくて、それは文明の歴史の一部分であるということである。

なぜならば、ジョミニの思想は多くの点でカール・ベッカーが一八世紀の『世論の動向』(Climate of opinion) と題したもののよい模範となっているからである。

一八世紀それ自身がとくに思想史では単純ではない。ジョミニにはルソーやトム・ペインの影響は見られない。さらに単純な合理主義のホルバッハやラ・メトリの影響もない。ジョミニの著書にはむしろ一八世紀のモンテスキューのようなところがあり、実際ジョミニは多くの点でモンテスキューに似ている。ジョミニの書物は、『戦争の精神』(L'esprit de la guerre) に集められたといっても誤りではない。モンテスキューにもジョミニにも、事実を尊ぶ精神と、事実に関する広い知識によって加減された法則や組織を好む傾向があった。ともに平静で、合理主義を好み、完全な世界よりは静かな世界を望んだ。ジョミニは年代的には一八世紀のモンテスキューの天才的な弟子の最後のひとりであった。ジョミニはフリードリヒやヴォルテールの晩年に作られていた性癖や感覚をビスマルクの時代に持ちこんだのである。

ジョミニがその理解力と見識を働かしたのは、主としてナポレオンとその革命的先駆者の行為についてであった。ジョミニは後世のものからナポレオンを論評した最初の大軍事研究家と思われている。ナポレオン自身が多くの大事な点で一八世紀の啓蒙時代の申し子であったから、ジョミニはこの仕事にはまったくうってつけであった。ナポレオンはフリードリヒ、ギベール、グリボーヴァルおよびブルセから多くを学んでいる。ジョミニはナポレオンとその先人との自然な関係を見失ってしまうほど、ナポレオンの偉大さと創造力に幻惑されてはいない。ナポレオンの明確で数学的に訓練された理性は、因習を痛烈にそして何のおそれもなく脱却し、そしてジョミニは普通「先入観」とレッテルをはられた一八世紀の感情はほとんどもってはいなかった。これらの特性についてジョミニは同情的理解力をもっていた。ジョミニはナポレオンが軍事技術者としてやりとげた事柄をも立派に理解していた。実際これまでたびたび述べたようにジョミニの戦略原則の輪郭はナポレオンの会戦、とくに一七九六年から一七九七のイタリア会戦、マレンゴの戦い、アウステルリッツの戦いおよびイエナの戦いの原則化された記述にほかならない。しかしジョミニはナポレオンのある部分を見落としている——ナポレオンの生涯のなかでのロマンチックな点、怪物的な点、気味の悪い点、信じがたい点といったようなものであるが、これはあるいはむしろジョミニが好まなかったといった方がよいかもしれない点である。

ナポレオンは自らの帝国をして全ヨーロッパに覇を唱えさせようとし、大帝国と大軍隊を作り、モスクワ進撃を行ったが、合理的なジョミニが疑ったり、不安に思ったのはこのナポレオンであった。ナポレオンは愚かな因習的規則を破り、自然および合理主義の賢明な規則を信奉することによって成功した。しかしナポレオンはさらに行きすぎて自然および理性の規則のいくつかをも破ってしまった。

当時の人には、ナポレオンがヨーロッパを休みなく進軍したのは計画的でも組織的でもなかったように思われた。ナポレオンが戦闘の攻撃力を一点に集中して勝ったことは非芸術的な無用の蛮行に見えた。ジョミニは、ナポレオンの会戦と戦闘はいつの時代にも通用する基礎原則の適用がその根本となっていることを明らかにした最初の人であった。ジョミニはナポレオンの統帥の合理的要素を明らかにした。しかしクラウゼヴィッツがナポレオンを戦聖、立法者、規則を作った天才と見たのに、ジョミニは秩序を探求する研究に際し、規則万能主義の傾向があり、ナポレオンを単にそれを実験する道具にすぎないと見ていた。

ジョミニはナポレオンの推奨者であり、その予言者でその名は皇帝の名とわかつことのできないくらい深い関係があったが、ジョミニの深い愛情、真の称讃は結局ナポレオンに対するものではなくて、論理的にまた自然にフリードリヒ大王に対するものだったことを感ずるようになった。それならば、近代軍事思想の発達史においてジョミニがなぜそんなに重要なのか。時の経過にともなってジョミニの著書の多くは時代遅れになった。戦争の全体主義化が進むにつれて純粋の地理的作戦の有効性は失われ、また限定戦争は不可能になった。ベーメンにおける一八六六年の会戦［訳者注・普墺戦争、モルトケの外線作戦でオーストリアは破れた］はジョミニが彼自身の理論で説明するのに骨を折った会戦だが、技術的発明の進歩が内線作戦の優越に深刻な疑惑を投げかけたことを証明した。軍事思想に対するジョミニの大きな貢献は他の方面にあった。すなわち軍事科学の基礎的概念を明瞭にしたこと、戦争における戦略の分野を定義したことである。作戦計画の重要性を強調したことによって、ジョミニはその同時代の人々に戦争における理性の役割を明らかにした。そして全ヨーロッパに一般幕僚制度と陸軍士官学校ができたことは、少なくとも彼の影響が今後とも続くであろうことを示している。

（山田積昭訳）

第5章

ドイツの解説者 クラウゼヴィッツ

ハンス・ロートフェルス　ブラウン大学歴史学講師。ハイデルベルグ大学哲学博士。クラウゼヴィッツ資料編纂者。

I

クラウゼヴィッツの軍事著書、とくに『戦争論』は軍事思想史において特異の地位を占めている。名著といわれているが、実際に読まれるよりは引用文に使用される方が多いように思われる。これは部厚な著作で、とくに戦略戦術に関するものが多いが、年月の経過とともにその価値は少なくなってきている。しかし何といってもそれは戦争に関する最初の研究で戦争の根本的問題と真っ向から取り組んだものであり、史実の各場面に通用する「考え方のひとつの見本」を提示した最初のものである。この仕事の真価は確かに理解しがたい。クラウゼヴィッツのこの仕事は未完のままである。一八三一年にクラウゼヴィッツが早世したため、最後の改訂版はいまだ完成していなかったので、多少の矛盾がそのまま未解決で残されている。一方、哲学的用語の抽象性もあってなかなか分かりにくい本である。クラウゼヴィッツの同時代のスイス人ジョミニは競争者であるクラウゼヴィッツの文章を、「行きすぎで傲慢だ」といっている。またフランスの一九世紀末の軍事理論は多くクラウゼヴィッツから引き出しているにかかわらず、三〇年前のフランスの著述家はクラウゼヴィッツを、「ドイツ人のなかのドイツ人であった…（中略）…誰でも彼のものを読むと絶えず形而上学の霞のなかにかすんでいる感じがする。」と含みのある皮肉をのべている。しかしもっと一般的にいえば、クラウゼヴィッツのプロイセン気質とその限界が見られるのは実は別の面においてである。クラウゼヴィッツはプロイセン国家主義と一九世紀の戦争狂いの代表的人物であった。クラウゼヴィッツの『戦争論』は概してサドワとセダンに対する教科書と見られていた。クラウゼヴィッツと比較して能力において決して劣っていないシュリーフェン伯は、「クラウゼヴィッツはプロイセン将校団のなかに真の戦争という考えを存続させた。」と証言している。他の批評家たちがこの評価を裏返しにして、クラウゼヴィッツがプロイセンの戦勝後の一九世紀の末期から二〇世紀の初めにかけてヨーロッパの軍事思想を「一方通行の融通のきかない戦略」に狭めたことにある程度の責任があるというのも無理はない。

イギリスの軍事批評家リデルハートは、過去半世紀の将軍たちはクラウゼヴィッツの作り出した血の赤い酒に酔ったといった。さらに最近、アメリカの一著述家は、「クラウゼヴィッツからフォッシュ、ルーデンドルフにいたる軍事思想家は、強情にも戦争の観念と極度の暴行とを同一視した。」と訴えている。クラウゼヴィッツは大衆の憤怒に理論的正当性を与えた大衆指導者のひとりではなかったか。クラウゼヴィッツは戦闘の主目標を敵野戦軍の撃滅におき、また戦闘が戦争の主要手段だと主張したが、クラウゼヴィッツは一八世紀の理論家たちの聡明な業績を忘れていたのではあるまいか。彼ら一八世紀の人々は力一点張りよりは熟練と精緻を強調し、大槌の一撃よりは鋭い剣の一突きを、直接行動よりはむしろ間接的行動を重んじたのであった。クラウゼヴィッツの思想の流行は、アメリカ独立戦争の経験を忘却させ、またついに第一次世界大戦を行き詰まらさせた無益な行動をとらせる結果になったのではあるまいか。

II

クラウゼヴィッツの書いた軍事と戦争行為に関する本は、彼の死後一〇巻になって出版された。クラウゼヴィッツに今日の名声を与えた著書は『戦争論』である。この研究は八巻に分かれている。第一巻は「戦争の本質」を、第二巻は「戦争理論」を取り扱っている。第三巻では「戦略」を、第四巻では「戦闘」を論じている。第五巻、第六巻では「軍隊」と「防御」を論じ、そのあとの本は「攻撃」と「戦争計画」を論ずる箇条書きの概論である。

クラウゼヴィッツが『戦争論』で研究しようとしていた仕事は一体何であったろうか。クラウゼヴィッツはいくぶん控え目に述べる傾向があるがクラウゼヴィッツが望んだのは単に次の世代のために、あるいはロシアの軍学校のために書くという目的以上のものをしようと求めていたことは確実である。クラウゼヴィッツは「絶対なるもの」すなわち、当時ドイツ哲学を支配していた精神の「物の本質」そのもの、あるいは規範的観念を探求する精神に満ち溢れていた。

クラウゼヴィッツは軍事を専門に研究してはいたが、また知識の適用について広い研究を始めていた。理論的原理の有効性とこれらを戦争以外の実際的諸技術に応用することについてである。一八一六年か一八一七年頃、その仕事の科学的特質を、「軍事的諸現象の本質を明らかにし、それを構成している物の本質との類縁性を明らかにすることにある。」と主張している。研究と観察、哲学と経験は相互に軽蔑しあうものでもなければ、他を排斥するものでもない。彼らは相互に保障しあっているとし、クラウゼヴィッツは死ぬ少し前に、自分は少なくとも自分の仕事に関する支配原理（Hauptlineamente）が正しいという確信をもったと述べ、これらは実際生活に向けられた種々雑多なことを熟考した結果であるといっている。そして一八一六年から一八一七年の序文に「多くの植物があまり高く伸びないうちに実を結ぶのと同様、実際的技術においても理論の葉と花は経験という土からあまり離れないでその近くに保たれなければならない。」といっている。

この哲理と体験の密接な協同がクラウゼヴィッツの戦争の分析の最も顕著な特徴である。クラウゼヴィッツはふたつの時代の中間にあった。一八世紀の詩人と哲学者の国であったドイツに属しつつ、クラウゼヴィッツは歴史と経験によって訓練された行動の人であることを表明した。この知識人としての地位はクラウゼヴィッツの経歴環境によるものである。一七八〇年に生まれたクラウゼヴィッツはまず一七九三年から一七九四年の初期のラインでの戦いに従軍した。それに引きつづく平和の時代に大いに勉強してクラウゼヴィッツは一八〇一年に青年将校のために作られたベルリン大学に入学を許可された。ここでクラウゼヴィッツはプロイセン軍の再建者となったシャルンホルストの特別の注意を引いた。

この間にクラウゼヴィッツはカントの哲学に触れ、重要な影響を受けたものと思われる。

一八〇六年のイエナ・アウエルシュテットの戦いにクラウゼヴィッツは大尉で、プロイセンの王子の副官として従軍した。

イエナ・アウエルシュテットの戦闘の後捕虜となり、一年以上をフランスとスイスで送らねばならなかった。帰国してからクラウゼヴィッツはシャルンホルストの補佐官となりプロイセン軍隊とプロイセン国家の改造と精神復興に活躍した。一八一一年プロイセンがナポレオンと軍事協力をしなければならなくなった時、クラウゼヴィッツは今日の言葉を借りれば、「自由プロイセン人」のひとりになった。クラウゼヴィッツはロシア軍に勤めて一八一三年の解放戦争の初めにはロシア軍の大佐になり、プロイセンのブリュッヒャー将軍の軍司令部に連絡将校として勤務し、後にロシア・プロイセン連合軍団の参謀長となった。パリにおける最初の平和会議の後、クラウゼヴィッツは再びプロイセン軍隊にもどった。クラウゼヴィッツは一八一五年に軍団参謀長としてリニーとワーヴルの戦いに参加した。この戦いはともに敗れたが、戦略的にみると最後の勝利へ貢献したものであった。この一〇年間クラウゼヴィッツは重要な種々の戦闘に非常に近いところにいたが、精神的には常に現実と多少離れたところにいた。これらの激戦のまっただなかにいて、クラウゼヴィッツは驚くべき冷静と見事な反省的態度を持していた。そしてついに平和が回復した時、クラウゼヴィッツは一層批判的かつ総合的な観察者となった。一八一八年から一八三〇年までクラウゼヴィッツはベルリンの陸軍士官学校の校長であった。クラウゼヴィッツの職務は単に行政的なもので、プロイセン将校団の訓練には何の影響力ももたなかった。クラウゼヴィッツの行っていた科学的な仕事はわずか少数の友人が知っているだけであった。クラウゼヴィッツが彼の軍事的経験と広い研究の結果をひとつの結論的考えに総合する仕事を始めたのは、実にクラウゼヴィッツの役所の机ではなくその夫人の居間であった。

III

フランス革命とナポレオン時代は、クラウゼヴィッツの言を借りれば、「いわば戦争それ自体が講義をやっているような時代」だった。戦争はヨーロッパの領土と同時に社会的秩序をひっくり返す恐るべき暴力行為として再現した。この時代の戦いは王朝時代、君主が以前失った一部の領土の回復を要求して行ったような戦いではなかった。これらには参戦各国の存亡がかけられており、あたかも一

張はヨーロッパの政治および社会組織の根本的変革とからみ合っていた。そしてこれがまた戦争の精神的および物質的方面にも次々と作用していった。フランス革命以前の旧制度の軍隊は長期勤務の職業軍人からなり、数は限られていたが、高度の訓練を受けた彼らのひとりひとりが国家が投資した資本の一部だったので用心して使わねばならなかった。そのうえこれらの職業軍人の大部分は外国人かあるいは国民の落伍者から成り立っていた。その軍隊は厳格な紀律で結合が保たれ、整々たる隊伍で行軍も戦闘もやるように訓練され、将校の厳重な監督下に置かれているものであった。しかもその兵士は偵察や徴発に派遣することはできなかった。つまり逃亡の懸念は敵襲の危険より大きかったからである。当時の軍隊は主として倉庫補給に依存していた。迅速な行軍、遠距離への進出、決定的追撃は不可能か非常に危険だった。これらの制限はふたつの結果を生んだ。将軍は軍隊を補給基地から二、三日以上の行軍距離に離すことができなかった。また敵の兵站線が好目標となった。そこで一八世紀の戦争の一般様相は前進後退のかけひきをする複雑な軍隊の運動につきていた。倉庫を安全に保ちうる要塞は極めて重要な役割をはたしていた。攻囲戦とその囲みを突破して内部の者を救出する戦闘は野戦よりはるかに多く起こった。両軍が築城陣地によって相対峙し長い問動かずにいることもしばしばあった。クラウゼヴィッツは、「要塞またはある準備された陣地によっている軍隊は、一国のなかの小さな一国であり、その内部では戦争の要素が徐々になくなっていった。」と述べている。

革命軍はこんな複雑な運動などはしておられなかったので、今までの制約から脱却せざるをえなかった。彼らは窮乏に耐え、有利と思われる時にはどこでも戦った。軍隊は全国民の人的戦力にたよることができるので損失を顧慮することなく戦うことができた。この社会的条件の変化は、はるかに機動性に富んだ戦略を可能にし、師団組織は発達し、補給は主として徴発により、戦闘にあたっては各戦闘員に信頼することができ、命中率の悪い一斉射撃が命中率の高い射撃に変わりこれを補強するようになった。狙撃兵よりなる部隊の前衛的戦闘が主力攻撃を準備するために採用された。ナポレオンは新しい国民総動員は何ができるのかということをつかみ、そのうえにその天才的統率力を発揮した。同時代の人々にとっては一七九六年から一七九七年のイタリア戦役はいわゆる「作法どおりの戦い」ではなく、全然予期しない自然力の爆発のような攻撃に思われた。事実ナポレオンはすべての慣例に反して行動した。ナポレオンは自分の兵站線にあまりとらわれることなく軍隊をサルディニア軍とオーストリア軍の中間の内戦に配備した。ナポレオンは領土に進駐したり征服したりしなかった。そしてナポレオンの唯一の目的は戦闘による敵野戦軍の撃滅にあった。クラウゼヴィッツは、「ナポレオンは緒戦で速やかに敵の軍隊を撃破することを考えることなく戦争を開始したことはない。」と見ている。しかし一見この原始的な大胆さは、技術的顧慮、論理と打算とに結びついてもいた。ナポレオンは分離した各師団を速やかに集中し、電撃的に敵前線の弱点を攻撃し、また主力をもって敵の翼側を迂回し、敵の退路を遮断したりして、いかなる場合でも急襲は戦闘に大きな役割を演じていた。戦場では戦勝を得た時は、常に容赦ない追撃によって戦果を拡大した。

ナポレオン式電撃作戦の優越は、フランス軍が増大したために統制力が衰えたので、崩れてきた。またナポレオンの相手がそのやり方を学んでしまった。とくに彼らは決戦戦略をまねた。さらに一層大切なことは大陸諸国の社会的・精神的状態がナポレオン戦争の根源であるフランスの社会的・精神的状態と同程度にまで近づいてきたという事実である。あるいは、より原始的な方法によりあるいはより近代的方法により、フランスの支配に対する抵抗は、スペインとロシア、オーストリアとプロイセンで、諸国民の自覚によっておこってきた。プロイセンの改革者グナイゼナウは一八〇六年の災厄の後に、「革命がフランスのすべての力を目ざめさせ、そして各個人におのおのその活動に適した分野を与え、フランスをその偉大さの絶頂に昇らせた。何と無限の能力が国民の底に潜在したままで眠っていたことであろうか。」と書いている。かかる眠っていた力に目ざめて全ヨーロッパの軍隊は国民化され、その後驚くべき結果を生むにいたった。一八一三年から一八一四年にいたる作戦では約五〇万のロシア人とプロイセン人とが武器をとった。そして八ヵ月の後に戦場は東ドイツからフランスの中心に移った。戦略的構想が固まっていたわけではなかったが、問題の解決がただフランス軍隊の撃滅にかかっているということは明らかなことであった。

クラウゼヴィッツは自然に深刻にそして死ぬまで、これらの「戦争それ自体が行う講義」によって感銘を受けたのであった。戦争が一度その「絶対的性格」をあらわしてくると「究極点まで押しつめていくこと」を彼は予見した。クラウゼヴィッツの戦争はその究極まで推進されるという説は、ボナパルト以来戦争が全国民の仕事になり、新しい社会的の力の総合が戦争を「その絶対的完成」に接近せしめたという説とともに確かに正論である。

クラウゼヴィッツは、とくに自分の国でこの教訓が忘れられないように心配している。再々クラウゼヴィッツはその著書のなかでナポレオン時代の実例を引用している。今日でも一九世紀の転換期に起こった戦争の変質を一番よく説明しているのは、クラウゼヴィッツの言葉だろう。ときどきクラウゼヴィッツはナポレオンを「戦争の神」とまでいっている。これはナポレオン戦争を記述する時にクラウゼヴィッツのよく使った言葉である。

Ⅳ

前記のように、クラウゼヴィッツは戦争の原則と取り組み、近来の出来事を基礎とし、決して独断に陥ることはなかった。この事実はクラウゼヴィッツを他の一八世紀の軍事理論家と比較してみれば明らかである。一八世紀の戦争の様相を概観すれば、楽観主義、合理主義の時代をよく反映していた。昔の時代には不倶戴天の敵意とか根本的な憎悪というような不合理な雰囲気はまだ知られていなかった。国家間の緊張は在来の制約を超えた戦争をするほど激しいものではなかった。

勢力均衡は保守的傾向を意味した。外交に儀礼があるように戦争にも儀礼のようなものがあって、華麗な飾りをもつ同代のロココ美術と似ていた。戦線または軍隊の宿営地のすぐ近くで農夫は耕し、市民生活は平常のように営むことができたので、戦争さえもその一見牧歌的性格のゆえに賛美されるような時代だった。血なまぐさい剣さえも優美なロココの細身の剣に置きかえられたかのように見えた。

昔の戦いはまたその時代の科学精神を反映していた。啓蒙時代にはもちろん人道主義と経済的考慮にもとづき、原則として戦争そのものに反対したこともあった。しかしこれと同時に、多くの軍事思想家は同時代の戦争が軍隊の構成や他の技術的制約、その他の制限を受けて優雅にされたのを発見した。戦いは科学的になっていった。これ以上明らかな進歩があろうか。したがってまったく戦闘を避けることのできる複雑な運動の方式や、幾何学的な作戦角度や、またある一定の地理的要点、たとえば分水嶺のようなものの占領によってほとんど自動的に戦勝が得られるようなものを重視した。数学と地形学が軍隊指揮官を指揮した。イギリスの理論家ロイドは「これらのことを知っている将軍は戦争を幾何学的精確さをもって指揮し、連続する戦争を戦闘の必要がないように指導することができる。」といった。シャルル・ド・リーニュ公は戦争は科学的なものだから、国際的な陸軍士官学校を設立することが自然だとさえ公言した。

クラウゼヴィッツは一八世紀の楽観主義もまた独断主義も排斥した。戦争は科学的競技でもなければ国際的スポーツでもなくてひとつの暴力行為だという意見をもっていた。戦争の性格には穏健さとか博愛的なところは何もない。そして『戦争論』からよく引用される文章に次のようなものがある。「われわれは流血なしに勝つ将軍の話など聞きたくもない。血なまぐさい戦いが恐ろしい光景だとしても、そのことは戦争の価値をさらに高めるだけである。人道主義でわれわれの剣を次第ににぶらせて、誰かが鋭い剣をもって踏みこんできてわれわれの腕を胴体から切り離すようなことのないようにすることにほかならない。」この言葉はもとより苦い経験に根ざしているけれども、その特別の意義を見失ってはいけない。そしてとくに科学は戦争を穏健にしたり、高尚にしたりすることはできないという正しい意見を含んでいる。クラウゼヴィッツの見解によれば戦争において計測したり、推論することのできる科学的分野は第二義的の重要性しかない。クラウゼヴィッツは補給業務や戦場の地理的性格を軽視してはいない。クラウゼヴィッツは数学的、地理学的要素が戦術上では重要であるが、戦略上ではそれほど重要ではないことを指摘している。クラウゼヴィッツは瞰制地域、掩蔽地域、地方の重要地点というような誇張した表現を嘲笑している。これらはクラウゼヴィッツの見解では、「普通の軍事的語句に風味をつけた程度のものでしかない…（中略）…、条件と実体を、道具と手を見誤っているようなものである。かくかくの地点の占領は…（中略）…ということは、単にプラス、マイナスの問題で、本質ではない。…（中略）…本質はあくまで戦勝である。」と。

クラウゼヴィッツはこの論説を一八〇五年初期の論文に取りあげている。クラウゼヴィッツは戦争を科学的にしようとした先人を批判しながら、一方では物質的でない精神的要素の優越を主張している。幾何学的関係から離れて、クラウゼヴィッツは戦争の固有の要素であるところの不確定性状態のなかでの人と人の行動に目を向けた。これは一方ではコペルニクス的革命であり同時にカントの批判哲学に染まったものである。独断的体系の破壊そのものが本当の理論を可能ならしめるのである。『戦争論』の終わりで、クラウゼヴィッツは理論は人間に戦闘をさせる足場でもなければ、また戦闘の明確な指針を意味するものでもないことを指摘している。「理論はむしろ主題の事実の分析的研究の結果で、正確な知識を与えるものである。そしてもしそれを経験の結果に、――これはわれわれの場合には戦史となろう――に向けるならば、戦争を徹底的に理解させうるものである。理論がこの目的に近づけば近づくほど、それが客観的知識から主観的な戦闘技術の能力となってくる。」さらにクラウゼヴィッツはこれにつけ加えて、「理論は将来の戦争指導者を教育し、あるいは自分自身の自学研鑽に役立つものであるが、しかし戦場に携行するものではない。これはちょうど賢明な教師が、青年の全生涯にわたって手を引いて導くことをせず、青年の頭脳を開いて事物を明らかに見えるようにするのと同じである。」といっている。一八〇五年の論文にわれわれは『戦争論』に反復されている次の論説を発見する。「天才のやることはすべての規範のなかで最上のものである。そして理論はいかにして、またなぜそれがそうなったかを示すものにすぎない。」

この観点がクラウゼヴィッツとナポレオン戦争との本当の関係を説明するものである。同時代のいろいろな事件は分析の範囲を拡大し、戦争の概念を形成する体系的要素を一層明白にした。クラウゼヴィッツは、「もしわれわれの時代に現実の戦いが出現してくれなかったら、われわれは戦争の絶対的性格の概念が事実であるのかどうかに疑惑をもったかもしれない…(中略)…戦争でその要素がいかに破壊力を出すかについてのこれらの警告的実例が与えられていなかったならば、理論がどれほど声をからして叫んでみても無益であったかもしれない。すなわち、現在存在していることが、実現の可能性があったとはその時には誰も信じなかったであろう。」と。この「戦争の天才」の推奨とクラウゼヴィッツの哲学的態度とはともに、クラウゼヴィッツの経験またはナポレオンの用いた特別の戦略的、戦術的策案について独断的判断に陥るのをふせいでいた。

V

クラウゼヴィッツより前の理論家や同時代のジョミニにくらべて、クラウゼヴィッツの著作は、戦争の構成要素の分析と客観的な弾力性と偉大な見識とをともに備えているという特性をもっている。経験と哲学的思索によって、クラウゼヴィッツは絶対戦争または完全な戦争と称する概念を打ち出した。この言葉は、意味がよくわからない点があるので、少しこれを明瞭にする必要がある。これは一般に総力戦という言葉と多少混同して使われているようだが同じ意味ではない。クラウゼヴィッツの見解によると、絶対戦争の概念は戦争それ自体の性格から発している。定義によると戦争は敵にわが意志を強要するための暴力行為である。他の文章でクラウゼヴィッツは、戦争は社会生活の分野に属していると定義している。それは流血によって決せられる大きな利益の闘争であるので他のものと違っているのだといっている。それゆえに肉体力は戦争特有の手段であり、戦争哲学に穏健主義を持ちこもうというのは馬鹿げた話であるという。敵はその武力を剝奪されるかあるいは剝奪される恐れのある立場に追いこまれた場合にのみ、わが意志に屈服するであろう。したがって次のように結論する。「敵の武装解除か、または敵の撃滅が常に戦争の目的でなければならぬ。敵とわれとが同じ目的のもとに戦うので、論理的にその交互作用はその極点に導かれる。つまり戦争はその究極点まで推進される暴力行為である。」と。

簡単にいえばこれがクラウゼヴィッツの絶対戦争の概念である。クラウゼヴィッツはその理論的重要性を強調して、戦争の絶対的形式というものを最上位の地位におき、これを一般的到達目標とすることは、理論構成上必要欠くべからざることであるとする。さらに、「大決戦を目的とする戦争は、はるかに単純であるだけではなく、はるかに自然であり、矛盾がなく、客観的である。」また、「この種の見解（戦争をその絶対的性格で見ること）を通じてのみ戦争に統一性を与えることができる。それを通じてのみわれわれはすべての戦争を同一種類のものと見ることができる。また判断はそれによってのみ真実で完全な根底を得、大きな計画が策定せられる。」といっている。クラウゼヴィッツが絶対戦争を哲学的意味でのひとつの理論、種々様々の現象に統一と客観性とを与える規範的概念、すなわち、決して達成されないが、常に近接されると思われる美術における美の考えのようなものと見なし、これを重視していたことはほとんど疑いはない。クラウゼヴィッツは軍人の職業的熱心さと責任観念から、とことんまで推進するという信条を抱いていた。クラウゼヴィッツはこの究極のかたちを完成された戦争と見た。しかしクラウゼヴィッツにとっても絶対戦争は抽象的なもので、クラウゼヴィッツがしばしば書いているように紙上の戦争であったことも疑いない。そしてクラウゼヴィッツは次の言葉で戦争を論理的に定義している。「われわれが抽象から現実に移る時にはあらゆるものが違ったかたちをとる。」クラウゼヴィッツの最も哲学的な第一巻第一章のなかで、戦争を理想的にしないで、それに個性を与える多数の修正を加えているが、それは論理の法則に導かれるものよりむしろ公算の法則に導かれるものである。戦争は孤立した行為ではなく、また、単一の戦闘でできているものでもない。多くの要素、新しい軍の参加、戦場または連合組織の拡大等が次々に作用し始める。「その交互作用の結果、力を極度にまで働かせようとする傾向は限定され、ある規模の努力に消滅せられる。」と。

これらの修正の重要なものは第一巻の四章から七章までに論じてあるが、これがクラウゼヴィッツの現実への接近を示している特徴であって、今日でも戦争時に軍務についたことのある何人にも感興を引くところである。そこには危険、肉体的努力、戦争の情報、不確実性、運など、概念と実行を分離する多数の要素を論じている。クラウゼヴィッツはこれらの要素を摩擦（friction）という題名のもとに総合しているが、この言葉は、軍事的用語のなかの欠くべからざる部分になった。この摩擦は単なる機械的なもの以上のものである。クラウゼヴィッツが提言したように摩擦は、一般的に真の戦争と紙上の戦争とを区別する唯一の概念である。些細な出来事が無限に起こって計画が目標通り実行できなくなる。この関係は軍事的文献によく見られることであるが、クラウゼヴィッツは次のように適述している。すなわち「戦争においては万事が極めて単純である。しかし最も単純なことが難しいのである。戦争における活動は抵抗する媒体の中の運動である。ちょうど人間が水のなかで地上を歩くと同様楽で規則正しい簡単な動作さえできないように、戦争では普通の力では平凡なことさえ守ることはできない。」と。

　しかし最も重要な修正は、戦争と政治の結びつきから起こる。クラウゼヴィッツの理論のこの中心問題に近づく前に戦争の最も独特の手段である「本戦」について数言を費やさねばならない。手段と目的との関係はクラウゼヴィッツの思想で特別に大切な地位を占めていることに注意しなければならない。このよい例は、クラウゼヴィッツの戦略戦術の定義である、「戦術は戦闘における兵力の使用の理論である。戦略は戦争目的達成のために戦闘の使用に関する理論である。」クラウゼヴィッツは単に敵の視界内での行動とその外側での行動とを区別する見解に反対して、最初にこの定義を一八〇五年の初期の論文で公《おおやけ》にしている。クラウゼヴィッツの定義の技術的価値はどうかしらないが、クラウゼヴィッツの構成要素に関する主張、換言すれば目的と手段との関係を納得させるものとして特徴がある。クラウゼヴィッツが『戦争論』に書いているように、「軍隊のある所には戦闘意識が必ず存在しなければならぬ。戦争中の活動は直接でもまた間接にでも必ず戦闘に関係がなければならぬ。兵士が徴募され、軍服を着せられ武装をし、訓練を受け、睡眠をとり、飲食し、行軍する。これらすべては単に適切な時と所で戦闘するためである。」いわばこの関係が繰り返されて高い次元まで行くのである。戦闘それ自体は軍隊と同様に手段である。軍隊が戦闘のために使われるごとく、戦闘は戦争目的のために用いられる。この目的は敵の意志を圧倒することであるから、決戦によって敵の武力を破壊することが戦争の最も独特な手段となる。多くの有名な文章のなかでクラウゼヴィッツはこの概念を用いている。「敵の武装兵力の破壊は…（中略）…常に他のあらゆる手段に勝る有効な手段である…（中略）…危機の血なまぐさい解決、敵兵力の破壊に対する努力は戦争の生んだ第一子である。」ここでまたクラウゼヴィッツは、歴史上でこの手段と目的の相互作用を示した戦争はわずか数回にすぎなかったことを見落としてはいない。本当の戦争はひとつの本戦で終わったものはまれであり、多くの戦争では顕著な戦いが全然ないままで終わっている。抽象的戦争と実際の戦争のこの相違を解くために非常に興味ある示唆をしているが、それがさらにクラウゼヴィッツの絶対戦争の概念を明白にしている。クラウゼヴィッツの意見では、本戦がいつ行われるかもしれないという概念はそれが実際には起こらない戦いにおいてすらも、彼らの進路の指標として役立つ。ある軍隊は敵が武力による決定という最高法廷に訴えないことが確かな場合、あるいはその前にその軍隊が敗訴した時においてのみ戦闘を避けることができる。クラウゼヴィッツの思想では、戦闘はイギリスの現存艦隊のようなものので、たとえ、それが実際にあらわれなくても事態を制しているものであるということができるだろう。クラウゼヴィッツはもうひとつ例を引いている。「戦争中のすべての作戦でその大小を問わず、武力による決定を求めることはちょうど商売における現金清算のようなものだ。」ドイツの社会主義者エンゲルスがこれを読んで大いに示唆をうけた。仮に現金清算と戦いがめったに起こらないとしても、あらゆるものがそれに向けられてくる。もし起こったならばそれがあらゆることを解決する。目的と手段の関係はまたクラウゼヴィッツの戦争に対する政治的解釈の基礎になっている。戦闘、戦争および政治的取引は全体を形づくり、そのなかで全体が部分を支配し、あるいは目的が手段を支配するという意見をクラウゼヴィッツは抱いていた。ときどきこの順序が反対になって現われることがある。戦闘はその決定的性格のゆえに戦争の目的を支配しているかに見える。絶対戦争に関する論文でクラウゼヴィッツはまた敵を殲滅するという軍事目的は、あたかも最後の目的、すなわち政治目的にとって代わるように思われることがあると述べている。この叙述を盾にとってクラウゼヴィッツは軍事の優越とうぬぼれ、自己満足を論じたのだと主張するものもある。クラウゼヴィッツが将帥は政治的決定とは無関係であるべきだということ、また実際に将帥はそれに影響を及ぼす地位にあるべきであると主張した点から見れば、これはある程度は真実である。クラウゼヴィッツは「政治目的は…(中略)…圧制的な立法官ではない、それは方法の性質に順応されるものであり、まったく変化せられることも少なくない。」

「戦略というもの、とくに最高指揮官というものは、政治的傾向と目的が軍事手段の特性と衝突することのないよう要求することができる。そしてこの要求は決して軽視すべきものではない。」これらの叙述を明確に述べるにあたって、クラウゼヴィッツは一八世紀にしばしば軍事作戦を妨害した朝臣や評議会の政治的な気まぐれを考えていたのかもしれない。またクラウゼヴィッツは戦争に適用される政策は軍事的感覚で可能と思われることに従わねばならぬという明白な事実を思い浮かべていたのかもしれない。しかしクラウゼヴィッツはまた軍事的決定の最重要な性質を頭に描いていたことは確かである。これは本質的なものであり、最も基本的な感覚で人間に影響するもので、政策によって支配できないものである。この点についてクラウゼヴィッツはいかなる政府のもとにおいても真実であることを立証された基本的真理にぶつかった。民主主義においても軍事的な危急事態が政治的考慮を支配した状況に直面したこともあるし、またこれからもあるに違いない。

しかしクラウゼヴィッツの思想傾向は、物事の順序という観点からみて、むしろその反対であったことをつけ加えておかなければならない。戦争は全社会の一部にすぎない。それは全体から見ればただその特定の手段が違っているだけである。「軍事的要求がある特別の場合にいかに強く政治目的に反発したところで、それは単にこの目的の修正と見なされるにすぎない。何となれば政治目的は目的であって戦争はその手段である。そして手段は目的を抜きにして考えることはできないからである。」これは『戦争論』のなかで最もよく知られている文章の底に潜む基本概念である。「戦争は他の手段をもってする政治の延長にすぎない。」これ以上原則として政治目的の優越を明瞭に述べることはできないであろう。クラウゼヴィッツは他の機会にもまたこの点に触れている。最も巧みな、そして精選された言葉で次のようにいっている。

「戦争は違った手段の混ざった政治的処置の延長以外の何物でもない。違った手段が混ざったというのは、これらの政治的処置が戦争自体によって止められるものでもなく、またなにか全然違ったものになるのでもない。いかなる手段が用いられようともその政治的処置は本質的には継続せられるものだからである。…（中略）…どうしてそれが別物でありえようか。違った国民と政府の政治的関係が外交文書の交換を止めただけで、切れてしまうことがありえようか。戦争は文書や言葉と違った方法で彼らの考えを述べているにすぎないのではないか。戦争は明らかにそれ自身の文法をもっているが、それ自身の論理をもっている訳ではない。」

クラウゼヴィッツが、いかにして戦争に勝つかと思案した時に、いかにして平和をかちえるかということを思案しなかったのは遺憾だといわれている。クラウゼヴィッツの見解では政策は政府の仕事である。ゆえにクラウゼヴィッツはその世界には入りこまなかった。しかしクラウゼヴィッツが戦争を、違った手段の混じった政治的処置の継続だと定義すると同時に、クラウゼヴィッツは戦争時にははっきりした妨害や沈黙、または政治的自己放棄は起こらないことを強調している。最近の第一次世界大戦中ドイツで流行した、政治は軍事作戦が生みだす結果を待たねばならぬという意見には、クラウゼヴィッツはきっと賛成しなかったに違いない。クラウゼヴィッツの見解には確かに軍事的な独善主義というようなものはなかった。

この基本概念は戦争理論そのものに重要な関係がある。それはいわば絶対戦争と実際の戦争とを調和させるものである。国家政策は、最初から戦争をはらむ母体のようなものである。

ゆえに政策は戦争の動いていくべき主要な路線を決定する。政治が戦争の本質に反するなにものをも要求しないなら、これが物事の正しい順序となる。実際将帥が抽象的に作戦計画を作成できると考えるのは馬鹿げたことである。「さらに一層馬鹿げたことは、戦争に使用しうる手段の使用を将帥の自由にまかせるべきで、それにより将帥が純粋に軍事計画を立案すればよいという理論家の要求である。」といったことは単に軍事的性格のみの計画というものが存在するものではないということは明らかである。いかなる戦争も個別の事件の進展である。もし政治的緊張が極めて強力な性格をもっているならば、(そして充分な物質的手段が与えられるならば)政治目的は敵の武装解除という軍事目的の背後にかくれてしまったり、またそれと一致することもあるだろう。かかる場合には実際の戦争は絶対戦争に近づく。クラウゼヴィッツは、既述のようにこのような型式の戦争はナショナリズムの時代には再三あらわれてくると信じていた。「戦争の動機が大きく強力であればあるほど、参戦国民全体の存立に影響するところが大であればあるほど、また戦争に先立つ緊張が激しければ激しいほど戦争はそれだけ抽象的形態に近づき、いよいよ戦争は戦争らしくいよいよ政治らしくなくなって政治色の薄い戦争が出てくるだろう。」

しかし理論は、緊張の弱い時には戦争がますます政治的になることを考慮にいれねばならない。その程度は、敵を最後まで叩きつけるか、単に示威に止めるかの間において、その必要性の程度、力関係の度合によって変化する。「ゆえに戦争は状況に応じてその色を変えるカメレオンのようなものである。」といっている。

クラウゼヴィッツはこの柔軟な解釈のもとに、すべての軍事史を研究した。いかなる単一な事件もそれ以前の社会的政治的情勢から孤立するものはなく、また全体の緊張した雰囲気と関係のないものはない。一七九二年に君主政体の列強がフランスに侵入し、主義と主義とが衝突した時は、単にヴァルミーにおける連続砲撃だけで七年戦争の血なまぐさい多くの戦闘よりもさらに決定的な成果があった。個々の特質は今でもまだ興味のあるものである。

たとえば、クラウゼヴィッツはとくに連合の戦争(war of coalition)から起こる問題に興味をもっているようである。クラウゼヴィッツは連合軍を相手として戦っている国家は、敵のなかの強弱いずれを先にやっつけるかを決定する問題にぶつかると指摘している。さらにその決定がどうなろうとその国は、連合敵国を結びつけている絆そのものを正しい軍事目標とみなさねばならないことを指摘している。敵軍隊の殲滅という元来の目的は他の状況によってもまた修正されるかもしれない。たとえば領土の征服は、敵の軍隊再建の能力を破壊するものであるから、それ自身すでに有力な手段となる。領土の喪失と軍事的敗北とが一緒になれば、敵の戦意を喪失せしめるのに有効であろう。ゆえに敵の武力の剝奪は、敵が勝利の望みを失うか、またはあまりにも高価なことに気がついて心理的に戦力を喪失するにいたれば、必ずしも必要ではなくなる。戦略家の直面する根本的問題は、軍事的圧力を指向すべき重心を見分けることである。状況の変化につれてこの重心の位置も変わってくる。大概の場合それは敵の武装兵力である。これはただナポレオン戦争において事実であったばかりでなく、アレクサンドロス大王、グスタフ・アドルフ、カール一二世およびフリードリヒ大王の戦いにも当てはまる。しかしもし敵国が市民の不和や国内抗争によってばらばらになっていれば、重心は首都になるであろう。連合国に対する戦争では、重心は連合軍の最強の軍隊か、あるいは連合国の共通の利益にある。国民戦争では世論は重要な重心で、また決定的な軍事目標である。この最後の点にいたってクラウゼヴィッツは一八世紀の無血戦争の概念を再生するかと思われた。しかしさらに正確にいえば、クラウゼヴィッツは最近の心理戦の概念にふれたのであって、それは実際の戦争に先行し、あるいはこれにともなっておこり、あるいは実際の戦闘にとって代わるかもしれないものであることをいっていたのである。

VI

この高度に融通をきかせた戦争の分析が、かえって思想の明確さを失わせ、クラウゼヴィッツの研究者に資するどころか、むしろ混乱させることになりはしないだろうか。この疑問に対してはふたつの点をはっきりさせねばならない。第一にそれはクラウゼヴィッツの理論に永久的な価値を認め、一般に今日においてもなお動かしがたいものと信ずる意見を排することである。それは明敏な政治家や将軍のすぐれた判断力に待つべきものである。ただ、この問題の解決に必要な豊富な経験をもつ人のみが、あたかも游泳の名人が激流に自信をもって飛びこむことができるように解決することができるからである。

そこで次に、いろいろな解決法がでるであろうが、いろいろの考え方がでてもそれらは決して無秩序な混乱をまねくことはない。というのはその根本をなすものは物の本質に立脚することであり、「現実に存在」すると考える絶対戦争を見つめることによりおのずから整理されてくるからである。クラウゼヴィッツの言によれば、「将軍が、その行動の基準となる前提を確たる基礎をもって考え、熟練と慎重な方法で実行する限り、その将軍の行為を非難することはできない。」しかし、「将軍は戦争の神が不意に現われ、自分を罰するかもしれないわき道を走っていること」を知っておくべきである。敵兵力の殲滅は絶対的の法則ではなく、前述のように「一般的な到達目標」である。この事実を把握して指揮官は「最良の戦略は一般的にいって、第一に強力、次に決定的な地点の選定にあることを悟らねばならない。」この文章は決戦と二次的な作戦の差別を示していて、あらゆる使用可能の人員は決勝的地点に結集せねばならないということである。

さらに細別してクラウゼヴィッツは自分の公開理念を一層有用にしようと努めた。一八二七年の覚書に『戦争論』をふたつの線にそって改訂しようと考えていることを明らかにした。第一にクラウゼヴィッツは、「二種類の戦争」を区別したいと考えていた。このひとつの目的は、「敵軍の殲滅」であり、他の目的は単に、「永久に占領しておくためか、あるいは平和条約締結の場合の交換条件として利用するために敵国の国境線付近のある程度の征服」をやることを目的としているものである。後者の場合については、クラウゼヴィッツは戦争が単に政治の延長にすぎないことを強調したいと思ったのである。このことは戦争の全概念を一層統一するためであって、クラウゼヴィッツは、この改訂で戦略家や政治家の頭の皮をアイロンで伸ばしてやることになるだろうと考えていた。

実際、クラウゼヴィッツはこの考えでその著作の一部を改訂し、戦争計画を取り扱っている第八部で、クラウゼヴィッツは注意深く二種の戦争を殲滅戦争と制限戦争（limited war）とに区別している。戦略的作戦が、このいずれかひとつに対し実行された場合には、他の場合とは非常に違った意味をもつようになることを指摘している。ひとつの場合には最後の結果だけが価値をもつが、他の場合には部分的結果の累積により敵の意志が弱ってしまうまで時間という要素が必要となる。ひとつの場合には領土の征服は敵兵力が撃破されない限り意味がないが、他の場合には実際領土を占有しているそのことが重要なのである。この区別は歴史的な区別ではなく、クラウゼヴィッツは古来からの戦争と一九世紀の戦争とを比較しようとは思わなかった。それは、そのひとつはいわゆる消耗戦略(strategy of attrition)であり、他は殲滅戦略(strategy of annihilation)を意味する。クラウゼヴィッツはもとよりこれらの言葉を使わなかったし、また歴史のなかの個々のものを解釈するのにこのような二元論的な解説はしなかった。クラウゼヴィッツはむしろ理論的な方向づけをして思考を組み立てることを重視していた。制限戦争は過去においてもまた将来においてもふたつのケースで起こる。第一は政治的緊張または政治的目標が小さい時、第二は軍事的手段の性質の点から見て敵の殲滅が全然考えられない時あるいは間接的方法のみでそれを達成しうる場合である。クラウゼヴィッツはこれらの見解によって当時着手していた論文の論旨を展開していった。クラウゼヴィッツの理論は大衆軍をもっていないとか、島国または海洋国家であるため特別な方法によっているとかいう特殊の国家の伝統にも触れている。小規模な兵力の派遣と経済戦争では軍事専門的な意見としては敵を殲滅できるとは思われない。

しかしそこでも、クラウゼヴィッツの戦争は政治の延長なりとする第二の思想は残っていて、より統合的に考えたいということを意図しているのである。クラウゼヴィッツの本の第一巻はクラウゼヴィッツが最後にこれだけが完全だと認めたものだが、クラウゼヴィッツは二種の戦争をひとつのさらに進んだものに統合している。その結論的文章は前に引用した、「戦争の動機が大きくまた強力になればなるほど、それだけ戦争はますます抽象的形態にちかよる。」ことである。私には、この概念が現在の多くの軍事的論議に適用できるように思われる。この二種の戦争は明瞭に今でも残っている。軍事的方法と政治的方法のいずれを重視すべきかの問題は、東西の戦略に関する戦争のなかにも見うけられ、第一次世界大戦中ドイツでもまたイギリスでも意見の対立を起こしたものである。要約すると、敵の殲滅と消耗といずれをねらうべきかという問題について、盛んに論争が行われた。しかし近代戦の厖大な規模と、相反するイデオロギーの激突によって二種の戦争を究極点まで追及してみるということに帰着することとなる。間接作戦と部分的成功を積みあげる方が適当か、時間的要素と消耗に頼むかどうかは、手段方法の問題で、主たる目的には何の影響もないのである。消耗といってもこれを累積すれば殲滅につながる。同じ見方が最近の小型で高度に機械化された少数精鋭部隊か大衆軍かという問題、また航空作戦か陸上で最後まで戦うかという論議に適用できそうに思われる。現在の戦争の決定的性格から考えれば、この区別は戦争目的の区別というよりむしろ戦闘手段の区別の問題である。そして一八世紀の優雅な戦争やあるいは最小限度の戦争は、もはや実現の望みはなくなってしまったのである。

しかしクラウゼヴィッツの防御と攻撃という区分に関連して重大な問題が再び起こってきた。もちろんこれは政治的にも戦略的にもまた戦術的にもよく使われる区別である。しかしクラウゼヴィッツはこれを戦争の本質に折り込んで分析し、これに新しい変化を与えた。クラウゼヴィッツの概念はナポレオン戦争の偉大な布教者として予期されたものとはまったく違ったものであった。一例をあげればクラウゼヴィッツは防御を非常に重視したが、このことは一九世紀の多くの軍事著述家からクラウゼヴィッツの思想の汚点と見なされているのである。攻者が常に戦争の原則を敵に押しつけるのではないか。攻者が主導の利のすべてを享受するのではないか。

クラウゼヴィッツは、これらの利点や攻撃の精神的優越性について著しく懐疑的であった。奇襲の要素もとくに戦術においてはもちろん重要であるが、クラウゼヴィッツの見解では戦略についてはその重要性は少ないとみた。攻者が最初に行動を起こすが防者は最後のもち札のすべての利益をもっている。そのうえある意味では、防御は第一に戦争を構成する要素となるものであるとする。大胆な逆説であるこのことは、ナポレオンについていっているのだが、容易に一般化することができる。クラウゼヴィッツによれば、「侵略者（政治的）は常に平和を望んでいる。」すなわち、敵は、組織的抵抗がなければ平和裡に隣国を侵略することができるのでそれを望むことになるからである。

クラウゼヴィッツの理論では、全般的にいって、弱いものといえどもより有力な敵に抵抗しうる見込みが相当あることを多分に証明しようとする傾向がある。何となれば防御は戦争の「より強い形式」であるからである。クラウゼヴィッツは速射兵器の発達で彼の理論がとにかく戦術面でどの程度まで支持されるか、予見しなかったし、またできもしなかった。クラウゼヴィッツは防御を重視したことは、戦術だけでなく戦略、政略についても同様である。クラウゼヴィッツは攻撃されたものは、自国を防御しているという事実から生ずる政治的同情と精神的利益を享受することができ、また防御軍は戦場の熟知、築城、その他地形の利用等の利点をうけることができると主張している。防御軍は、時間および不測の出来事をも利用できるし、また敵の疲弊、敵の不如意の戦闘に乗ずるなどのことができる。これを要するに防御は、その本質そのものに由来して、比較的に、「強い形式」となる。すなわち、「保持することは新たに獲得することよりも容易である。」という一九四二年の経験に照らして、とくに印象的と思われるクラウゼヴィッツの言葉に次の文句がある。「防者に信託しているすべてのもの（攻撃側が何もしないで空費するすべての時間）が防御者の有利になる。」「彼は自ら蒔かない所から刈りとる。」と。

しかし防御の利益は弁証法的関係によって平衡状態となる。防御は消極的目的に関しては強い形式であり、攻撃は積極的目的に関しては弱い形式（weaker form）である。この積極的目的の追及に関し、決心するのは攻者である。目的が大きい時には、彼は絶対戦争という意味で決心の遂行を追求するであろう。攻撃なかに防御行動に移ることは分銅となり、罪悪となるが、防御では必然的に攻撃に転じなくてはならない。専守防御（absolute defense）は戦争の本質と矛盾する。今日の有名な語句を借りていえば戦争は、「上手な退却や離脱」では勝てない。そしてクラウゼヴィッツは結論を出している。「迅速で力強い攻勢をとり復讐の刃をふりかざす時、これが防御における最も輝かしい成果をおさめる注目すべき点となる。」と。

攻防の弁証方法的関係は、クラウゼヴィッツの「頂点」の概念のなかの最も教訓的な考えのひとつである。もし戦略的攻勢が決定的成果に達することに失敗した時には、前進は攻者自身を疲弊させることを免れえない。攻撃軍は前進にともなってある程度の士気、物質的資源は増大するが、しかし一般的に多くの理由で攻者は自分自身を必ず弱めることになる。第一次世界大戦、第二次世界大戦の明白な戦例によっても、前進する一歩ごとに新しい重荷を軍隊に付加した事実はほとんど数え切れない位である。クラウゼヴィッツが書いているように、彼はもちろん主として一八一二年の経験について考えているのだが、クラウゼヴィッツの判断は根本的問題をついている。「頂点を越えると事態は、たちまち変転する。そして反撃の暴力は通常の場合攻者の突進してきた衝力よりもはるかに大きくなる。」ここに統帥の真の試練がある。クラウゼヴィッツによれば、「何事もいい判断でこの頂点を発見しうるや否や。」に試練はかかっているのである。攻撃が進捗する限り、攻者は「流れにおし流されて…（中略）…平衡点（彼我の力の）を超えて行く。」「傷ついた牡牛の怒り」のように興奮している瞬間に彼は敵を崩壊することを計算することができる。クラウゼヴィッツは最後のわずかな優越で決勝点に到達しようと努めている将帥に軍人的同情を寄せていることは事実である。クラウゼヴィッツは用心深いことよりも大胆なものの方が有利であると考えている。しかしある将軍が過度の用心深さで幸運を取り逃がすこともあれば、無鉄砲さによって惨敗に陥ることもあるからである。だが無用な消費は破壊的消費となる。すべてのことが想像力という絹糸一本にかかっていることがしばしばある。この時機こそ防者が復讐の剣の一閃のために好機を捕らえ、防者の統帥の優秀さを示すべき時である。

もしあまり前進しすぎて攻者が防御に転移するの止むなきにいたった時には、防者は防御のより強い形式の利をほとんど失っている。この場合士気と心理的要素は彼我ところをことにするようになる。しかし防者は防御の利のひとつを依然もっている。すなわち、防者が現に土地を占領しているということから生ずる利益である。ここで第二種の形式の戦いが再びあらわれる。もはや敵の殲滅は望みえないけれども、その敵もまたこの目的に達することができなくて、ただ示威運動をする機会が残っているにすぎない状態があらわれることである。

フリードリヒ大王はかかる問題に直面した。そして七年戦争の第二期はこれである。これと同じ問題が二回の世界戦争で最も顕著なかたちで起こったことを示すのは難しいことではない。実際クラウゼヴィッツの頂点に関する考えと解釈は最近のいくつかの戦例にあかあかとした光を投げている。

この関係において最後の一点を強調しておかねばならない。クラウゼヴィッツがこの頂点の議論でも、またクラウゼヴィッツの書物に散見するところでも精神的心理的要素を高く評価していることは、クラウゼヴィッツが軍事思想に永久に貢献したもののなかでも特筆すべき点である。『戦争論』の数章（Ⅰの3、Ⅱの3、Ⅲの3～8）にはもっぱらこの問題が取り扱われている。クラウゼヴィッツは慎重にあるいは最高指揮官の具備すべき資質を、あるいは通常の将官の具備すべき資質を分析している。クラウゼヴィッツが、大胆とか軍人らしい衝動というような主観的資質と、堅確な意志と冷静な理知というような客観的資質との調和に最高の重要性をおいていることはとくに顕著な点である。

プロイセンの皇太子を教育した時に、クラウゼヴィッツは、理性に基づいた英雄的決断を要求している。『戦争論』に、戦争時のわれわれの兄弟や子供の安寧を托するには「火のような頭よりはむしろ氷のようにつめたい頭」の方を選ぶといっている。また次のようにもいっている。「強い精神力というのは強い感動性をもっているというだけではなくて、胸のなかで嵐が吹いていてもちょうど暴風にもまれている船のコンパスの針のように、最も強力な感動のなかにあって知覚力と判断力が完全に自由に働き、心の平衡を失わないものである。自然の摩擦、疑惑、恐れ、そして平凡の線を最もよく克服しうるものは性格の強さである。」と。

軍隊の軍事的徳目もまた単に勇敢だけではいけない。役に立つのは軍隊の気風ではなくて精神である。そしてまた単に数だけでないことも確かである。クラウゼヴィッツは、まず第一に決勝点における数の優越を強調しているけれども、数の力に絶対的価値を与えることはまったく誤った考えだといっている。この点でクラウゼヴィッツは誤解のないことを願っている。そのうえクラウゼヴィッツは、敵の殲滅というのは単に肉体的殺りくを強調したのだと、誤解してはならぬといっている。本戦には敵の兵士を殺すよりはむしろ敵の勇気を殺す意味を含んでいる。これは指揮官と軍隊の精神が敗れない限り、戦闘では本質的に敗れることはないというありふれた軍事的格言をいいあらわしたクラウゼヴィッツ流の公式である。最後にちょうどオベリスクに向かってすべての幹線道路が集中しているように、戦争の技術の中核で支配的地位にあるものは意志（will）であると述べている。

クラウゼヴィッツが戦争の分析から推論した軍隊の士気に関する言葉のなかには、ロマンチックに見えるものもある。クラウゼヴィッツがこのように軍事的徳目の光として暗に意味しているもののなかには奇妙に感ずるものもある。しかしクラウゼヴィッツの戦争という最も物質的で血なまぐさい事実のまんなかで物質的でないもの、そしてはかることのできないものの優越を主張した基本観念は確かに現在でも生きている。それは一九世紀初期の歩兵や騎兵の場合とまったく同じように、今日の自動化され機械化された軍隊にも適用しうる。現在の戦いでもクラウゼヴィッツの教義の真実性は日々立証されている。肉体的軍隊は木で作った刀の柄にすぎないが、精神的軍隊は刀の輝く刃なのである。

（山田積昭訳）

第III部

近代戦の開花
一九世紀から第一次世界大戦まで

第6章

軍事力の経済的基盤
アダム・スミス
アレクサンダー・ハミルトン
フリードリヒ・リスト

エドワード・ミード・アール　プリンストン大学高等研究所教授。コロンビア大学科学士、哲学博士。戦争大学講師。

I

原始的社会においてのみ経済と政治は完全に分離することができる。近代国民国家の勃興、ヨーロッパ文明の全世界への伸張、産業革命、軍事技術の発達とともにわれわれは、一方では商業、財政、産業の相互関係に、他方では政治と軍事の相互関係に絶えず直面してきた。この相互関係は政治家にとっては最も緊要かつ関心をそそる問題である。これは国家の安全にかかわるとともに、個人の生活、自由、富、幸福を享受する程度を大きく左右するものだからである。

国家の指導原理が重商主義または全体主義の場合は国力の増大が国家目的となり、国家経済や個人の福祉は戦争準備と戦争遂行のため国家潜在戦力の培養という目的に対し従属させられることとなる。約三〇〇年前、コルベールは旭日昇天のフランスの専政君主ルイ一四世の政策は、「通商は財政の源泉、財政は戦争の中枢神経である。」ことに要約されると評した。

今日でも、ゲーリングは、ナチ国家の政治的経済の目的は大砲の生産であり、バターの生産ではないといっている。

また、ソヴィエトが総力戦の準備に好んで使用するスローガンに「ミルクなしの社会主義は、社会主義なしのミルクにまさる。」というのがある。これに対し民主主義国の国民は戦争と戦争準備を基本とする経済につきものの制限を好まず、防衛経済は民主的な生活様式には無縁なものであり、彼らの安全と繁栄に必要と思われる束縛を超えるものであると考える。そして、民主主義国の国民は軍事力と経済力の結合に対し、自分たちが長い間樹立してきた自由に対する本質的な脅威であるかのごとく、根深い疑惑をもって眺めている。

しかし国民を動かしている政治や経済の哲学が何であろうと、恐ろしい危機に直面すれば政府のすべての問題の基本となる軍事力と国家安全上の要求の前にはこれらは無視されてしまう。

アレクサンダー・ハミルトンは国策の根本原理について述べ、「外部の危険から安全を守ることが国家行為の最も重要な指導原理である。」と明言している。もし必要となれば自由でさえも安全の命令の前には道を譲らねばならぬ。なぜならば、より安全であるためには人は喜んで自由を束縛する危険に立ち向かうからである。国民の物質的繁栄は政府が個々人の自由に干渉しないことだと信じていたアダム・スミスは、国家の安全が危険に巻きこまれた時にはこの原則も妥協しなければならないということを認めている。なぜならば、防衛は富よりもはるかに重要であるからである。フリードリヒ・リストとスミスとは多くの点で意見を異にしたが、次の点では完全に両者の意見が一致している。「力は富よりも大切である…（中略）…なぜならば力の反対…（中略）…弱いということは、われわれのもっているすべてのものを失ってしまうからだ。獲得した富だけではなく、生産力も、文明も自由に国家の独立さえも力でわれわれを凌駕したものたちの手に渡さねばならなくなるからである。」

アダム・スミスが国富論を出版した二世紀以上も前には、西ヨーロッパは全体的にいわゆる重商主義に支配されていた。国内施策では中世から地方主義、排他主義の慣習に抗し、国家の力の増大に努め、対外政策では他の国民に対して自国民の勢力を拡大することにつとめてきた。約言すれば重商主義の目的は、「国民国家」の統一とその産業、商業、財政、陸海軍力の発展にあった。この目的を達成するために国家は経済問題に干渉して、その国民の活動を政治力と軍事力の強化に役立つように指導していった。

重商主義国家は現代の全体主義国家のように、保護貿易主義、絶対主義、膨張主義であり軍国主義的であった。

近代的用語を用いれば、重商主義方策の第一目的は軍事的能力あるいは潜在戦争能力を発展せしむるにある。この目的のために輸出入は厳に統制され、貴重な金属は貯蔵され、陸海軍の必需品は優遇や奨励をうけて生産ないし輸入された。商船隊と漁業は海軍力の源泉として育成され、植民地は母国の富と自給自足の完全化のために領有され防護され、同時に厳格に規制された。人的戦力増進の目的で人口増加が奨励された。これらの手段は他の手段とともに国家の統一と国力を増大するのを主目的として選定されたのである。

戦争は元来、重商主義組織ではつきものである。これはちょうどいかなる組織であっても力はその目的であるのと同じであり、経済生活がまず政治目的のために変更を余儀なくされた。力の政策の代表者たちは彼らの最終目的は他国の経済力を弱めるとともに自国のそれを強めることにあると信じていた。つまり一国が自分自身の努力で経済的に前進しようとするなら、他国の所有の一部を強奪してくるのは当然であると。重商主義哲学のなかで経済政策、対外政策の形成にこれ以上に貢献したものはない。重商主義戦争からはイギリスだけが勝利者としてあらわれてきた。イギリスは他のヨーロッパ諸国よりも早く国民的統一をなしとげ、島国の安全性を利用し、大胆かつ明確な目的にそって、その海軍力、関税法および航海規則を国民と国家の経済的利益のための武器として巧妙かつ迅速に利用するにいたった。イギリスはそれによって重商的な政治的覇権を目指す競争に先陣を切ることができたのであった。一七六三年までにイギリスはスペイン、オランダおよびフランスの商業、植民地、海軍の野望を粉砕した。再生した革命フランスとナポレオンはワーテルローで破られた。一八一五年アメリカ植民地の喪失にかかわらず、大英帝国は古代の大帝国に類似した方法と規模で世界的強国に成りあがったように見えた。「いつの時代でも産業、商業および航海で他のすべてを凌駕した都市や国はあったが、今日のイギリスのごとき優越を世界はこれまで見たことがない。すべての産業、美術・科学、すべての商業と富、すべての航海と海軍力をもって、世界の都になったイギリスの企図と比較すれば、今まで陸軍力のうえにすべての覇権を握ろうとして争ってきた国の努力がいかに空しいものであるかということがよくわかるのである。」かくのごとくドイツのナショナリストは一八四一年に羨望と賞讃をもって書きつづっている。

重商主義と勝ち誇ったイギリスを背景として、イギリス人アダム・スミス、アメリカ人アレクサンダー・ハミルトン、ドイツ人フリードリヒ・リストは各々自国の経済および政策の輪郭を想定した。彼らが軍事力の経済的基礎について何をいわんとしているかは、彼らの時代と彼らの母国の指導理念とその特殊事情の枠内においてのみ理解することができる。

II

一七七六年に『国富論』が出版された頃には、イギリスでは重商主義の理論と実践に関し、重大な再評価が行われだした。アメリカ植民地の反乱によりイギリス植民地政策中の貿易規定の全般にわたり再検討が叫ばれるようになった。一世紀以上にわたる戦争と借金の累積による重荷に対する不満が逐次鬱積していた。そのうえ七年戦争（一七五六〜一七六三年）でフランスに勝った後には商業方面でも海軍力でもイギリスにとって恐ろしい競争者はなくなった。そこで「国民の利益はすべての隣国を乞食にすることによって達成される。」と教えてきた政治経済の哲学についての懐疑が起こってきた。今や世界の強国としてイギリスの地位が確立した以上、もっと自由な政策が始められてしかるべきであるとし、「隣国の富は戦争と政治にとっていかに危険であろうと貿易においては明らかに有利だ。」という感情が芽生えてきた。

また今までの制度に対し、個人の権利が国益と一緒にされているという弊害があることに気づいていた。この弊害に対し、スミスは一般商人とくに独占的慣習をもっている特許商社、政府当事者の横領、戦争の煽動に対して非難を加え、「現世紀と前世紀において王と大臣たちの気まぐれな野望よりも商人や製造業者のばかげた狡猾の方が、ヨーロッパの平和にとっては致命的であった。…（中略）…しかし人類の支配者でもなければ、そうあるべきでもない商人と製造業者の賤しい貪欲と独占の精神が国の平和を攪乱することを防止することは容易にできるはずだ。」とスミスは書いている。

スミスの重商主義に対する最も痛烈な批判は、「国家は戦争用に大量の貨幣の地金をしまっておかねばならぬ。」という意見をも含めて貨幣理論に向けられた。スミスはイギリスは産業国で最も富裕な国だからすべての国家のなかで一番攻撃されやすいので、常に戦争準備をしておかなければならぬということを認めている。

またスミスはイギリスのもつ海外の厖大な植民地と通商貿易が強力な陸海軍を必要とすることも承知していたが、スミスは艦隊や軍隊は金銀で維持されているのではなくて、消費物資で維持されているのであるから、戦争用財源は別に国家防衛に必須でもなければ有用でもないといっている。「国家は国内産業、土地、労働力、貯蔵消費物資などからえられる歳入費で遠国から消費物資を購入して、外国における戦争を現地で維持することができる。」このことはイギリスが七年戦争の莫大な戦費を、拡大した生産と外国貿易からの利益で支弁した経験から立証されている。スミスは国家の戦争遂行能力はその生産能力で一番よく計測できると信じていたが、このことは後にフリードリヒ・リストが極めて適切に論じている。そのうえスミスは戦争財源と戦時国債を財政戦争の主要手段とすることに反対した。その代わりスミスは重税に味方している。戦争時の一般支払はおおむね迅速に終わるし、政府の無法な企図を抑制する。そして、重い避けられない負担は真に実のある利益がない限り国民が無法に戦争を呼ぶのを防止するであろう。

『国富論』がバイブルになり、アダム・スミスは一九世紀の自由主義を奉ずるイギリス経済理論家の聡明な先駆者になったが、スミスは重商主義のある基本条件を否認してはいない。スミスはある種の手段を排斥したが、少なくともその目的のひとつ「一国の軍事力にとり重要であれば、経済問題に国家の介入を必要とする。」――だけは受け入れている。彼の後継者たちはスミスよりはもっと自由貿易主義で、もっと熱心な平和主義者だったが、空論的である。スミスは「元首の第一の義務は、社会を他の独立社会の暴行と侵略から守るにあり、軍隊によってのみこれを達成しうる。」と書いている。しかし平和時この兵力を準備し、戦争時にこれを使用する方法は社会の状況によって変化する。社会が機械技術で進歩するにつれて戦争はますます複雑になり、高価なものになる。したがって軍事機構の性格やそれを維持する方法は、商業国家または工業国家においては原始的な社会と違ったものになる。換言すれば、マルクスとエンゲルスが後に指摘したように経済機構のかたちは多くの場合、戦争の手段の種類と軍事作戦の性格を決定する。ゆえに軍事力が経済的基盤のうえに築かれることは避けがたいことである。

イギリスに関する限り重商主義組織の中心は航海条約にあった。商業主義は他の観点から見ればイギリスの発展の初期には必要だったが、一八世紀の終わりになると、イギリスは産業的にあまりにも進みすぎて、通商保護政策はフランスやドイツ諸国家ほどにはあまり重要ではなくなった。国内市場、海外市場に激しい競争がなかったので、もし必要なら、大部分の製造業者に課した義務を免除してもいいような状態になった。事実イギリスは、後にビスマルクの「自由貿易は最強国の武器だ。」といったことに気づき、自分の利益のため、初期の制限政策を放棄した。だが海軍力の問題は別に他の基準によって判断しなければならなかった。本国と植民地との安全を保つには、イギリスは公海で事実上無敵の制海権をもっていなければならなかった。これに対抗する政策をとる国があれば、それは当然有和できない敵と見なされた。そのうえイギリスの産業、財政、商業の機構は海外市場と海外補給源を土台とするものであったので、その商船隊は経済的資産であるとともに国防に必須の要素であった。とくに商船がただちに奪略船や軍艦に利用できた時代においてはなおさらであった。ハバーシャム卿は貴族院で、「諸君の艦隊と通商貿易は決して分離できない緊密な関係と相互の影響力をもっている。通商貿易は海員の母であり乳母であり、海員は艦隊の生命である。そして諸君の艦隊は諸君の通商貿易の安全と防御の盾である。そしてこのふたつはともにイギリスの富、力、安全、光栄を意味する。」と演説した。重商主義と実力政策に対するアダム・スミスの考えは彼の航海規則と漁業に対する主張にみられる。「大英帝国の防衛は海員と船舶の数に依存している。ゆえに航海条例は大英帝国の海員と船舶に通商貿易の独占権を与えるまことに適切な計画である。」という。

スミスはさらに続けて、「航海条例が制定せられた時には、イギリスとオランダとは実際戦争はしていなかったが、両国民の間には最も激しい増悪があった。この憎悪は最初にこの条例を制定した長期議会の間に始まり、護国卿（クロムウェル）とチャールズ二世の間の数度の英蘭戦争ののちにすぐにあふれ出した。ゆえにこの有名な法律の条文のなかには国民的憎悪をもって制定されたものもありうるのである。しかし彼らは賢明にもこれがまったく慎重な理知によって導かれてできたように見せかけた。この特殊時期における国民的憎悪の念は最も慎重な考慮を払った場合と同じ目的を達成せんとしていた。すなわちイギリスの安全を脅かす唯一の海軍力たるオランダ海軍力の消滅を勧告したのである。」

「航海条例は外国貿易またはそれから生ずる富の増加には都合のよいものではなかった……（中略）……しかし富よりもはるかに大事な防衛については航海条例はおそらくイギリスのすべての商業法規のなかで最も賢明なものであろう。」漁業についても彼は本質的に同様の見解をもっていた。「漁業に対する奨励は国富に寄与するところはないが、その海員と船を増加することによって防衛に貢献することができると考えてよいであろう。」スミスはまたアメリカ植民地で海軍の必需品の生産に奨励金を与え、これをアメリカからイギリス以外の国への輸出を禁止する法律をも是認している。スミスがかかる典型的な重商主義の規制を正当と認めたのは、それが軍事的必需品の供給についてスウェーデンその他の北方諸国からイギリスを自立せしめ、イギリス帝国の自給自足に寄与させるためであった。

そのうえスミスは軍事的安全のためには保護関税にも反対しなかった。「特定産業が国家防衛に必要な場合には、国内産業奨励のために、外国貿易にある程度の制限を行うことは概して有益である。」と、スミスはいっている。かかる保護は航海条例によって造船産業に与えられた。スミスは同じ公共目的をもつ他の産業にも同様に奨励金を支払い、関税を賦加することに賛成している。「帝国の防衛に必要な生産に関しては、できる限り隣国にたよらないことが肝要である。そしてもし国内でその生産を維持することができないような場合は、これを維持するために他のすべての部門に課税するのも合理的な方法である。」またスミスは消極的ながら報復的関税をも是認し、「関税戦争」にも賛成している。

アダム・スミスは真面目な考えをもっている自由貿易主義者であった。スミスは重商主義の根底に横たわる理論のあるものを完全に破砕した。そして彼の時代に存在した重商主義的施策を非常に嫌っていた。スミスは個人の創意に国家が介入することには懐疑的であり、したがって単なる国家の力の崇拝者でもなかった。しかし重商主義方式とスミスの関係を決定する要因は、その財政および貿易理論が健全であるか否かということではなくて、必要な場合、国民の経済力を国策の具として育成し利用しうるか否かの問題にある。アダム・スミスの回答は明らかに肯定的であって、経済力はそのように使用されなければならないといっている。

この件については従来理解されていなかった。一九世紀のイギリスでは、スミスの後継者たちは、彼を非妥協的自由貿易主義者として祭りあげたことについて責任を負わなければならない。リストの批判者のなかで、とくにドイツのシュモラーとリストはスミスの教えから彼らの耳には音楽に聞こえていた「自由貿易」の言葉を取り除くことを唱えた。かくてあるところではスミスは偽善者で、彼の国が、重商主義の戦略戦術で比類なき国力にまで育つのを眺めていたイギリス人愛国者、そして恵まれぬ他の国々にはかかる戦略戦術の放棄を勧告しようとしたイギリス的愛国者と考えられていた。スミスがイギリスの愛国者だったことは否定する必要もあるまい。しかしスミスが偽善者だったということには賛成できない。スミスに対するリストの次のような悪意にみちた批判は妥当でない。リストのいうスミス追随派には、スミス自身よりもむしろリストの方が近いのである。「誰でも〈偉大〉の山頂に達したら他の者が追いついてこないように、自分の登ってきた梯子を蹴飛ばしてしまうことは極めて普通のやり方だ。ここにアダム・スミスの世界主義的な説とスミスと同時代の偉人ウィリアム・ピットおよびイギリス政府内のスミスの後継者の世界主義的傾向の秘密がある。」「保護関税と航海制限で工業能力と航海を他の国の追随を許さぬほどに発達させた国家が、その偉大さの梯子を投げ捨てて他の国家に自由貿易の利をお説教し、そして悔い改めるような調子で、自分は今までは道に迷っていたが、今初めて正しい道を発見したと公言するほど虫のよい利口なやり方はない。」

III

三〇〇年以上も昔にフランシス・ベーコンは、国防力はその国の物力によるよりは国民の精神力によるところが大きい、金の貯蔵量によるよりは国家の鉄の決意によるところが大きいと指摘した。精神哲学の教授としてアダム・スミスはベーコンの著述に精通していたはずである。「いかなる場合でも各社会の安寧は常に大なり小なり国民大衆の尚武の精神に依存している。…(中略)…しかし、尚武の精神だけで、精練な常備軍がなかったらいかなる社会の防衛もまた安全も不充分であろう。各国民は武士の精神をもつとともに、たとえ小さくとも常備の軍隊をもつことは確かに必要である。」とスミスは信じていた。そしてスミスは進んで次のような信念を述べている。「たとえ人民の尚武の精神が社会の防衛に役立たなくても、精神的欠陥、不具、悲惨、——臆病も当然そのなかに入るが——というようなものが国民大衆のなかに拡がるのを防ぐことは極めて真剣に注意を払わねばならぬ問題であろう。これはらい病とか胸の悪くなるようないや病気が、致命的でもまた危険なものでなくても、その蔓延の防止には最も真剣な注意が必要であるのと同様である。…（後略）…」政府に支持された「軍事教練の実施」のみが尚武の精神を有効に維持することができるだろう。一九世紀では、多数のスミスの追随者――そのなかで有名なのはコブデンやブライトだったが――は熱心な自由貿易主義とともに平和主義者であり、かかる教義には賛成しようとしなかった。アングロアメリカには長い間続いてきた根深い常備軍に反対する先入観がある。イギリスが島国であることは国防問題に対し議会に「いざという時にはなんとか切り抜けられる。」(muddle through) という是々非々の可能性を与え、また長い間の議会と王室（そこでは陸軍はスチュアート家の道具であった）の抗争は職業軍隊の市民の自由にとっては危険であるという感情を育てあげた。イギリスの競争者たちであるヨーロッパ大陸では彼らの力の防壁として常備の大軍に頼っていて、職業軍人のもとで軍事組織と戦争技術が大きな進歩を遂げていた。それにもかかわらず、議会は平和の間は軍隊の兵力を僅少なものとし、軍隊を民家に宿営させるという効率の悪い、士気を低下させる方式を固執し、そして民兵を信頼していた。

ドライデンは『サイモンとイーピゲネイア』で巧みにこれを風刺している。

鐘高らかに鳴り響く
そこには粗野なならず者
口先ばかりの大食漢
平和な時には突撃だ
戦になったら防ぎ得ず
月一の楽隊づきのパレードも

大事な時にはお手あげだ

一七世紀の終わりにマコーリーが書いている。「わが国には国防政策と常備軍は常に両立できなかったことを認めない知名人はない。ホイッグ党員は常に常備軍は隣国の自由を破壊すると繰り返し、トーリー党員は絶えずわが国では常備軍（クロムウェル指揮下の）は教会を破壊し良民を迫害し、王を虐殺したと主張する。いずれの党首も、これからは常備軍が国家の永久的組織のひとつたるべきことを提案するときまって、ひどく矛盾撞着に満ちた非難を受けたのであった。」と。

この状態は一七五二年から一七六三年に、スミスがグラスゴーの精神哲学の教授になって、司法、警察、財政、軍備に関する有名な講義を始めた時にも続いていた。この講義でスミスは有名な教授だったフランシス・ハッチソンと対立した。ハッチソンは、「軍事的技術と徳義はすべての名誉ある市民によって高度に完成されるべきものである。ゆえに戦争は何人も永久的専門職業となすべきものでなく、市民全員で担当すべきものである。」という論拠で常備軍に反対していた。これはスミスにとってははなはだ実際的でない考えであり、スミスは明らかに職業的軍隊の創設を可とする立場をとったのである。

スミスは常備軍が自由主義の災いになるかもしれないということは認めていた。しかしスミスは適切な用心をしてかかれば、軍隊は憲法の権威を傷つけるよりはむしろこれを擁護するようになるものと信じていた。いかなる場合でも安全を保つには精鋭な軍隊が必要である。これがあってのみ国民はその運命を戦争の神にゆだねることができる。いかに訓練して見たところで民兵は職業軍人の敵ではない。とくに火器の発達で、個人的な熟練や勇気、機敏さよりも組織と秩序を重視するにいたった時代においてはしかりである。ゆえに軍事的考慮における最も根本的なことは、民兵への歴史的依存と職業軍隊に対する伝統的懐疑は時代の要請に適しないということである。そのうえ、労働力の配分という健全な経済原則は戦争を職業と認め、したがって副業にしておくことを否定した。

スミスは書いている。「戦争技術はあらゆる技術のなかでも確かに高級なものである。それゆえに、これは改善進歩するにしたがって技術のなかでも最も複雑なものになってくる。戦争技術はその他の技術と必然的に結びつかねばならぬものであり、その完全さの度合いがある特定の時機における戦争遂行の度合いを決定するにいたる。しかし、戦争技術を完全の域に達せしめるためには、それが国民のある階級の専門の職業にならねばならぬ。そして労働力の分配はあらゆる他の技術にも必要なようにこの技術の改善進歩にも必要である。他の技術でも労働力の分配は個人がいろいろな仕事をやるよりも、特定の仕事に専念することによって個人的利益を増大しようという慎重さによって始まる。軍人を特別の職業とし他の職業からはっきり分離することはひとえに国家の理性にかかっている。ある国民が長い平和の時に、公衆から特別の激励も受けないで、軍務に没頭するということは疑いもなく彼ら自身の修養と娯楽になるかもしれない。しかし国民は明らかに、自分の利益を増すことはできないであろう。国民が時間の大部分をこの特殊の職業に費すことが国民の利益となるようにしてやることは国家の知性である。今まで国家はその存立を維持するために、軍隊をもっていなければならないような事態に立ちいたった時においてさえもかかる知恵をもっていたことはなかった。」

『国富論』の出版された一七七六年は、アメリカの独立宣言の年であった。この一致は英語を話す人々には重大な意義をもつものであった。スミスはイギリスとそのアメリカ植民地との関係を論じたが、スミスのいわんとするところは、アメリカおよびイギリスの歴史を学ぶものにとってはまさしく当面の重要問題であった。しかしわれわれの現在の問題で必要なのは、スミスの帝国主義に対する態度である。スミスは明らかに植民政策は重商主義者の感覚では引き合うものではないと信じていた。スミスはアメリカ人が母国から課せられた制限によって苦しんだことはなかったと考えていたけれども、かかる制限はとにかく「人類の最も神聖な権利に対する明白な侵害」であって、イギリスの支配階級と商人がアメリカに与えた「無礼極まる奴隷徽章」のようなものであると考えた。帝国主義における植民地の価値はスミスの判断によれば、母国の防衛のために彼らが差出した陸軍兵力と母国の財政を支持するために供与した費用の額によってはかることができるとしている。この基準によって判断すれば、イギリスのアメリカ植民地は大英帝国にとって負債であっても財産ではない。アメリカ植民地は帝国防衛に何の寄与することがないだけでなく、逆にイギリス軍のアメリカ派遣を要求し、また本国を最近フランスとの金のかかる戦いに巻きこんでしまった。通商と財政のバランスシートからいえばイギリスにとっては植民地などはない方がいい。しかしスミスはイギリスがアメリカの独立要求を受諾せよとは提案していない。「かかることを申し出ることは今まで世界のどこの国でもなかったことだし、また将来もあるべきでない。今までどの国でもいかにその支配がわずらわしくとも、またそのために必要な経費に比し、いかにそれからの利益が少なくとも、自発的にその州の支配権を放棄したものはない。かかる犠牲はたとえ利益の点では賛成できるとしても、常に国民の矜持《きょうじ》を傷つけるものであろう。さらに重大な結果は、支配者の利益を失い、大きな期待がかけられ多くの利益のあがる土地を失い、富と栄誉を得る機会を失うにいたることである。ゆえに最も騒がしい州でも、国民大多数にとって不利益な州でも放棄することは従来ほとんどないのである。」と述べている。

スミスは明敏にもアメリカ独立戦争は長期にわたり、しかも金のかかる戦争であると予見していた。スミスは戦争準備をしているアメリカ植民地の住民の勝利さえ想像していた。「アメリカ植民地の住民は、商店主や貿易商人や弁護士から政治家や立法者になり、また大帝国の出先国家の新政府の業務に従事していたが、彼らはこの国が今まで世界にかつてなかった最大のそして最もおそるべき国のひとつになると心ひそかに思っていた。」スミスのいったことは正しかった。そして弁護士の中から政治家になったものにアレクサンダー・ハミルトンがいたが、彼は偉人中の偉人で、アメリカ合衆国を誕生させたのであった。

Ⅳ

大陸旅行の二年間（一七六四〜一七六六年）を除いてアダム・スミスは一生を学究的研究に没頭した。彼はグラスゴーとオックスフォードに在学していたが、その後エディンバラで講義をしていた。引き続いてグラスゴーの精神哲学の教授となった。スミスはヨーロッパから帰って、大著『国富論』に没頭したが、これはスミスが死ぬ一四年前に出版されたものである。

一方アレクサンダー・ハミルトンは若い時から行動的であった。ハミルトンは西インド諸島の小島ネヴィスで生まれ、父は貧しかった。一七六八年母が死んだ時はまだ一一歳であったが、ハミルトンは世界に自ら道を求めて出ていかねばならなかった。ハミルトンは百貨店の番頭になったが、すぐにニューヨークに行って、一七七三年キングス・カレッジ（今のコロンビア大学）に入った。一年たたないうちにハミルトンはアメリカ革命に巻きこまれ、そしてまだ十代であるにも拘らず、その時代の最も力強い文筆家のひとりとして評判になった。ハミルトンは一七七六年陸軍に入って、将校となり、ロングアイランド、ホワイト・プレーンズ、トレントン、プリンストンの各地にワシントンとともに転職した。一七七七年三月、二〇歳の時にハミルトンは中佐で最高司令官の副官となった。かようにハミルトンは単にワシントンに信頼され、その助言者となったばかりでなく、陸軍の組織と管理に関する立派な一連の研究報告を作成したのであった。後にハミルトンはラファイエット軍団の歩兵連隊を指揮し、ヨークタウンで非常に勇敢な戦闘振りを示して名声をあげた。ハミルトンは革命の後も長い間陸軍生活を続け、一七九八年には少将に昇進し、陸軍の監察官となり、フランスとの戦争の脅威に備える目的でワシントンの副指揮官に登用せられた。

ハミルトンのアナポリスとフィラデルフィア憲章の締結に際して果たした役割と憲法改正の時の輝かしい功労は有名である。ハミルトンは他の大きな国家文書に関与したのみならず、『フェデラリスト』(Federalist) の記事の半分以上を執筆しており、これだけでも政治著述家としての高い地位が与えられるであろう。

ハミルトンはワシントン内閣の最も有力な閣僚で、大蔵大臣としての彼の職務のみならず国務全般に大きい発言権をもっていた。一七八九年から一七九七年の間、ハミルトンはアメリカの初期の国家政策を定めるのに誰よりも功績があったといえるであろう。その中のあるものは後世までも拘束力をもつものである。

一八〇四年わずか四七歳で死んだが、これは大きな国家的損失であった。軍事研究家にとってハミルトンはアダム・スミスとフリードリヒ・リストを結ぶ鎖であった。ハミルトンは『国富論』に精通していた。そしてテンチ・コックスの助力を得て有名な『工業に関する報告書』(report on manufactures) を書いた時には『国富論』を参考にしている。彼は職業軍隊に関する見解と必要性について、国防に関する経済政策の問題とともにスミスの意見に賛成している。

フリードリヒ・リストにおよぼしたハミルトンの影響力は、リストの書いたたくさんの書物のなかに明らかである。経済学者マシュー・ケアリを含むアメリカの保護関税論者とリストの交際から見ても、リストが工業に関する報告書を政治経済の教科書と考えていたことは疑いない。実際、リストは終生ハミルトンの所論に傾倒していた。そしてリストの著作全般を通じてハミルトンの見解が、彼に大きく取り入れられていることは、リストの国家組織論のなかにハミルトンの思想が卓越した位置を占めていることによってもわかる。

ウィリアム・グラハム・サムナーは熱心な自由貿易主義者で、仮借のない批評家であるが、サムナーはハミルトンの国家政策を評して「イギリスの重商主義の古い組織をアメリカの実情に合うように修正したもの」といっている。

サムナーの述べているところにも一理はあるが、ハミルトンを重商主義の教義の盲目的追随者または賛美者と見るのはあたらない。ヨーロッパの重商主義者は次のふたつの明確な、しかも相互に関連あることがらと関係をもっている。すなわち分立主義と対立する国家的統一と、軍事的潜在戦力に関係ある国家資源の開発である。ハミルトンは確かにナショナリストで、経済政策を国家統一と国力の道具として使った。ハミルトンが語ったり信じたりしたことは、ほとんど全部なんらかの関連でこの中心問題に関係している。ハミルトンの生産を含む円熟した国家経済の擁護、公衆債権（とくに国債の引受）に関する推奨、国立銀行に対する信念、外国政策と国防に関する思想、連邦政府の隠然たる権力に関する教義、弾薬製造の奨励、そして必要な場合国家の統制に服すべしとする意見、軍事政策に対する意見、海軍の熱心な擁護、および国内政府に対する態度等において、まず第一に国家的統一に対するハミルトンの熱情を、第二に国家の政治経済力に関するハミルトンの熱意を知ることができるのである。

一方で、アダム・スミスでさえも、一七九一年一二月五日に議会に提出された工業に関する報告書のように、自由貿易の場合の公平で雄弁な要約が書けるかどうか疑わしい。ハミルトンはいう、「もし産業と経済の自由の制度が国の行為をこれまでよりもさらに広く支配するならば、これに反する原則を追及した場合よりもより速やかに国家を繁栄と偉大に導くかもしれないと考える余地がある。しかし通商貿易および為替相場の自由は広く行われるにいたらなかった。実際はその反対で、とくに製造工業の発達したヨーロッパ諸国は、〈何でも売るが何にも買わない〉という空虚な計画のために相互に有利な取引を犠牲にすることになった。その結果、アメリカはある程度外国貿易から仲間はずれになり、同等の条件でヨーロッパとの貿易ができなくなる国情にある。」ハミルトンはさらに続けてこの事実の陳述は「不平をいったのではない。国家の規制があまりに多くを望むことによって、得るところよりも、失うところが多くなるのではないかをよく判断するように、国のためにいっているのである。とにかく諸外国の外交政策に依存する程度をいかにして少なくするかということを考えることはアメリカのためである。」と述べている。工業に関する報告書に打ち出された計画は、ハミルトンに経済的国家主義者の烙印を押すことになった。ハミルトンの目的は、「アメリカを軍事的およびその他の重要物資の供給について外国依存から自立できるようにする。」ことであった。ハミルトンは「国家の富だけではなく、独立と安全も製造工業の繁栄と物資的に結びついている。各国民はこの大きな目的から国家の重要資材のすべてを国内に求めるように努力すべきである。これらは生存、居住、衣服、および防衛の方法を包含するものである。」と信じていたのである。

「これらをもつことは、社会の安寧福祉を増進し、国家を完成するために不可欠である。最近の戦争でアメリカが自ら補給できないために味わった非常な困難は、苦い経験として記憶に残っている。将来戦においても時宜に適した力強い努力をもって改善しない限り、さらに大きな規模で、補給不能のために状勢が危殆に陥ることを予期せねばなるまい。この改善にはわが議会はあらゆる注意と熱意を集中して、すみやかに目的達成に努力せねばならぬ。外国貿易を保護すべき海軍の不足が続く限り、重要物資の供給には不安があるので、その補給の確保にはとくに事前から注意を払っておかねばならない。そこで、製造工業の振興を大いに強調せざるをえないのである。」ハミルトンはアメリカのごとき新興国は、ずっと以前から工業を振興しているイギリスのような国とは太刀打ちできないと信じていた。

「新興国の産業施設と長い時日をかけて円熟した国のそれとは、同一条件下で競争することは多くの場合不可能だ。ゆえに新興国の産業は、政府の非常な援助と保護を受けなければならない。この援助と保護は輸入税（ある場合には禁止するくらいに）、原料の輸出禁止、財政的援助、ある種の原料の輸入税からの払い戻しと免税、その他の方法にまで拡大されねばならぬ。これは初期産業に対する議論だが、やはり重商主義の独特の型式である。国内産業奨励のため、税金を課すべき物品の決定および税額について考える場合国防を重視しなければならぬ。ゆえに、火器その他の軍用武器は不便を顧慮せず、一五パーセントの課税品目に入れる。これらの物品の製造業はすでに存在しており、アメリカの需要を満足させるのに適当な刺激のみを必要としている。

造兵廠の設立を確実にするために、一定額の軍用兵器の国内調達年額を法律で規定することは、この種の製造工業に物的援助を与えるとともに国家の安全に寄与することになる。そして次々に、旧式兵器を更新して、必要量の各種兵器を貯蔵しておかねばならない。

しかし今後は、すべての必要な兵器の製造工場を政府自身の利益のため建設することの可否については立法的考慮が必要となるであろう。かかる建設は国民の慣行との合致を要し、かつその慣行の方が充分妥当性があるように思われる。

これらの国防上の重要な手段を個人の投機心に任せておくことは危険である。すなわち、その資源が他の多くの場合よりも期待できないからであり、またこの種の物品は日常欠くことのできない個人的消費財や日常使用に供せられるものではないからである。原則として政府直轄の製造工場をもつことは避けねばならぬ。しかしこれは特別の理由によってこの原則の数少ない除外例のひとつのように考えられる。」と述べている。

工業に関する報告書はまた、農業、製造工業、商業などさまざまの産業をもっている国は、しからざる国に比し、国内の統一と対外関係の強化に一層有利であるという考えを強調しているが、この論は後にフリードリヒ・リストによって大いに発展された。これは、ハミルトンが一七九六年の夏に書いたワシントンの告別の辞の初稿にこの考えを最もよく述べている。そのなかでハミルトンは地方の経済が全般的国家経済と国家利益に織りこまれている姿を心に描いている。

南部の農業地帯は単に国富に対し、寄与するだけでなくて、北部の産業力の利益にもあずかる。西部は、適当な輸送機関が発達した後には、東部の工業および外国貿易に市場を提供することになるが、その代わり、「大西洋諸国の重要性、影響力および海洋資源」の開発から利益を受ける。そのうえ、「各地方は統一による特殊の利益を発見し、かつわが国のすべての地方は、いろいろな土地と気候による大量かつ多様な産物によって一層独立的性格を強めるようになるだろう。」

共通の経済的利益によってかくのごとく統一された国民の総合力は、あらゆる重要部門において増加するであろう。各種産業の発達によって合衆国は、「外部からの危険に対する安全性の増加、外国からの平和攪乱の減少、さらに大事なことは、統一されぬ場合に予測される外国の煽動でおのおのの対抗意識から生ずる抗争や戦争から免れるという利益」を受ける。その結果、国民は自由を危機におとしいれるところの各国にみられるような大規模軍備の必要性から開放される利益を受けることができる。ハミルトンはこのようにして彼の経済組織を国家の安全に結びつけた。

ハミルトンのアメリカ海軍と商船隊に対する議論もまた政治と経済の混合物であった。ハミルトンはアメリカは大海軍国になる運命にあると確信していた。世界各地へのアメリカ人の冒険的航海、これは比類ない進取の精神のあらわれであり、それ自身、国富の源泉であるが、このためヨーロッパ諸国民の間にすでに不安を起こさせている。彼らはその航海を維持し海軍力の基礎になっている貿易にわれわれが大挙して介入してくるのではないかと想像しているからである。ヨーロッパのある国家は、制限的立法で「われわれが危険な強大国に飛躍せんとする翼をもぎとろう。」と決意している。しかし強力な統一、商船隊の繁栄、盛んな漁業（海員養成所として）、適当な報復的航海条例および海軍によって「われわれは抵抗すべからざるかつ変更しえない自然の道程を、統制または変更させようとする小政治家どもの小細工を無視することができるだろう。」アメリカの海軍は大海軍国の海軍には対抗できないかもしれない。しかし少なくともふたつの対抗する国のどちらかにくみすれば、とくに西インド諸島では相当の重要さを示しうるであろう。たとえわずか数隻の第一線艦船しかなくても、かかる場合には、われわれの地位はきわめて支配的なものになり、商業的特権に関して非常な利益のある取引ができるだろう。さらに外国の強国間の戦争が起こった時には、われわれの中立と友好的態度は尊重されるであろう。ゆえに連邦をしっかり固守しておれば、われわれは間もなくアメリカ大陸におけるヨーロッパ諸勢力の仲介者となり、勢力均衡をわれわれに有利にすることも可能になるだろう。確かにこれは高級な真の政治で、アメリカのとるべき戦略は共和政体によって進展させることができるだろう。

ハミルトンはアメリカが統一された国家経済をもつことは緊要であると公言した。この大目的に対して、政治および経済組織が海軍の成長に貢献したと同じように、海軍もまた貢献しなければならない。

アメリカの海軍は、アメリカが各種の資源を保有しているので一部の資源を保有しているにすぎない単一国家、または地方的連邦の海軍とははるかにかけはなれたものである。連邦となったアメリカの各地方はこの重要な組織のなかで、各々特殊な利点をもっている。南部諸州は、タール、ピッチ、テレピンなどのある種の海軍の軍需品を大量に供給する。南方産の造船用木材は堅牢で長もちする材質である。海軍艦船の持久力の観点から主として南方産木材を使用することは、海軍力の見地からもまた国家経済の見地からもすこぶる重要なことである。南方および中部諸国のなかには大量良質の鉄鉱を産する。海員は主として北方の民衆の中から選抜しなければならぬ。

外国との通商すなわち、海上通商に海軍の保護の必要なことはこの種の商業が海軍の繁栄に役立つことと同じでとくに説明は要しないであろう。

ハミルトンの財政政策は同じような政治的含みをもっている。公債の発行、国債の引受、国家銀行の創設等によってハミルトンは「国家の利益と、国民のそれとを密接に一致せしめる。」ことを望んでいた。そして「双方の富と影響力を相互の利益になるように商業の軌道に乗せる。」ゆえに国債は「われわれの結合（Union）の有力なセメント」として国家的利益となるであろう。ハミルトンは商人と富裕階級がイギリスの重商主義的法律の制定にいかなる影響力を有するかを知っており、またいかなる社会においても政治が経済的動機によって動くものだということを信じていたので、商人と富裕階級の支持を得ることを望んでいた。そのうえ、堅実な基礎をもつ国債の設定は「各国が一般にこれを戦争資源として使用する限り重要である。」と。この重要資源を利用せざる限り他国と同じ条件で争うことも、また他国のたくらみから身を守ることも不可能である。そしてこれはあまり多くない金銭的資本と数少ない産業しかもたぬ新興国にとっては、先進国よりもなお一層必要である。国債がなかったら戦いを止めるほかはないし、また止めなければもっとひどい災難、すなわち亡国のほかはないであろう。戦争時、個人財産没収の合法性を認めているが、ハミルトンはいろいろな理由のなかでも、主としてアメリカの公債に対する外国投資を阻むという理由でこれに反対している。要するに、ハミルトンは、国力と安全維持の手段としていわゆる保護債券の制度を推奨しているのである。

V

ハミルトンの関心を引いたのは国家の安全の問題であり、それと不可分の要素に現実的判断を下していた。ハミルトンはヨーロッパからアメリカへの距離とその広大な面積を外国の征服を不可能でないまでも非常に困難なものにしている大きな利点と考えていた。

ハミルトンはアメリカが若くていまだ発達しておらず、また政治的に未熟な国で地位を確立するには時日を要することも知っていた。それでハミルトンは繰り返し繰り返し、国家的統一を強調し、党派主義や地方主義を酷評し、他の国民に関する感情的な愛着や、根強い偏見の禁止と、外国に対し、その政治的犯罪に反対する勧告を繰り返した。またハミルトンはもし有能な政府のもとに人民を統一していきさえすれば、まもなく外国から物資的損害をこうむることのない時代がくると信じていた。しかし安全は力がなくては望みえない。なぜならば「弱くて馬鹿にされている国は特権を剥奪されるくらいは極めてあたり前のこと」だからである。「われわれが強力であってこそ正義にもとづくわれわれの利益にしたがって、和戦いずれをとることも自由となる。」しかし力は統一ができているか否かにかかっており、ジョン・ジェイがいったように、その国の武装、資源、政府によって決まる。

ハミルトンは、ヨーロッパ列強がこの大陸に現に領土をもっている限り、われわれはまったく安全ではありえないことを見抜いている。ハミルトンはアメリカの領土がアメリカ人でないものの間で譲り渡されることに反対している。したがってハミルトンは、ルイジアナの購入が反対党のジェファーソンによって行われたにもかかわらず、これに賛成している。ハミルトンはモンロー主義として知られている政策すら心に描いていたようである。ハミルトンは革命フランスの急進的主義を嫌っていただけでなく、イギリスと決戦を交えるにはあまりに弱く、またわれわれの商業力の伸長はイギリスの寛容に待つところが多いと考えていたので親英主義者だった。

ハミルトンはさらに完全な統合、共同防衛、全般の安寧、自由の保持が不可分として織りこまれている憲法の序文に賛成していた。『フェデラリスト』の第八巻に、ハミルトンは軍事力と基本的な政治的自由とを調和させるための微妙な問題について鋭い理解力をもってくわしく書いている。この論文は同じ問題に関するアダム・スミスのものと非常に類似している。ハミルトンは、また政府が戦争時に軍隊編成の権力を有するのみでは不充分で、平和時から適当な兵力を維持しなければならぬといっている。そうでないと、「われわれの財産も自由も外国侵略者の御慈悲にまかせなければならぬ。…（中略）…われわれは、われわれの選んだ、われわれの意志による支配者が自由を危殆に陥れはせぬかと恐れている。」と。さらにアメリカ人の中央集権に対する伝統的恐怖心にかかわらず戦争時の行政部の力は、共同防衛力の指揮に適合するものでなければならぬという。

アダム・スミスと同様にハミルトンは職業軍隊は国防の基礎でなければならぬと信じていた。ハミルトンが『フェデラリスト』に書いているように、「正規の訓練された軍隊に対する堅実な作戦は、同種の軍隊によって行われなければ成功しない。経済的考慮においても軍隊の堅確性および勇気とともにこの意見を確信している。アメリカ国民軍は最近の戦争でしばしば彼らの勇気を示して彼らの名誉の永久的記念碑を樹立した。しかし、彼らのうちの最大の勇者でもその国の自由が彼らの努力のみでかち得られたものでないことを知っている。たとえその努力がいかに大きく価値あるものであったにせよである。戦争はその他の多くの仕事と同様に、勉強と忍耐、時間と訓練によって獲得しかつ完成されるべき科学の一種である。」と。

一八世紀の後半には議会政府とくに商人階級に支配されているものは、専制国家よりも戦争に巻きこまれる度合いが少ないということが広く信じられていた。ハミルトンはかかる意見は常識と歴史的事実に反していると考えていた。ハミルトンは大衆の集まりは他の形態の政府と同じように（多分それ以上に）憤怒、怨恨、嫉妬、貪欲、その他の不合理で荒々しい衝動によって動かされやすいと信じていた。ハミルトンは重農主義者の見解――モンテスキュー――を引用すれば、「通商の自然の結果は平和を進める。」にもまた反対の立場をとっていた。ハミルトンの判断によれば、反対に通商は戦争を引き起こす原因となりやすい。「今まで通商貿易が戦争の目的を転換したことがあるか。富を愛する心は、権力、名誉を愛する心と同じように力強い冒険的感情ではないか。今までの多くの戦争が土地の領有や支配欲と同じように商業的動機がその動機になっていたではないか。商業精神が相互に相手の欲望に新しい刺激を与えた多数の実例があるではないか。」ハミルトンのこれらの質問に対する回答は明らかにイエスである。戦争はいかにその形が変わっても、平和と安全が攪乱されるものであるという信念は、深く人間社会に根を下ろしている。

トマス・ジェファーソンが通商が戦争の原因になる可能性をもつというハミルトンの意見に賛成していることは驚くべきことである。

一七八五年八月にハミルトンはパリからジョン・ジェイに手紙を書いて「海洋支配のわけ前にあずかり、慣習としての海洋航行の自由を要求すること、海洋を極力活用するような政策を追求すべきことについてわれわれは方針を決定せねばならない。私は国民の憲法の決定に従うことが政治家の義務と考える。ゆえに、われわれはあらゆる機会（たとえ、必然的に戦争になるとしても）において物資輸送、漁業権、その他海洋の利用について外国と平等の権利を保有するにつとめねばならぬ。」と述べた。そしてジェファーソンは大統領としてこの信念を実現化するために、彼の平和希求の思想にもかかわらずバーバリの海賊船と戦争を行った。

ハミルトンの偉大さは、その最も猛烈な反対者たるジェファーソンが経済と国防問題についてどの程度まで、ハミルトンと同意するにいたったかという点を観察することによっておし計ることができよう。ジェファーソンは自由貿易主義者でまた製造業者の敵であった。ジェファーソンはハミルトンの保護関税計画に反対していた。しかしその禁止にともなう経験と一八一二年から一八一五のイギリスとの戦争の結果を観察した後、ジェファーソンはいやいやながら実力政策の実現のため、彼がこれまで抱いていた見解に変更を加えるべきことを認めるにいたった。ジェファーソンは、フランスの経済学者で自由貿易主義者のジャン・バティスト・セイに一八一五年三月に次のように書き送っている。

「私は今まではわれわれのようにヨーロッパの争いから遠く離れている国民は、他国に攻撃を行わず、外国からの攻撃に対してはあまり急いで怨恨を抱かず、誰に対しても正義を維持し、忠実に中立義務を守り、親睦の条項を履行し、また、われわれの通商貿易に有利なように彼らにも利益を与えておれば、各国家は平和に生存していくこともできるし、国家を人類という大家族の一員と考えていけると信じていた。このような場合にはどうしたら一番生産力があげられるか、そしてフランス国内である地方が他の地方との間でやっているように過剰生産品をいかに有利に他国と平和交易ができるかというようなことに没頭していればいいと思っていた。しかし経験は、平和の維持が単にわれわれ自身の正義と用心によるのみでなく、相手もまた同じでなければならぬということを示してくれた。一度戦争に巻きこまれたら、海洋貿易の妨害は海洋を支配している敵の有力な武器となり、われわれが他国に依存していたすべての必需品、武器や衣料さえも不足するという苦難が増加することも教えられた。ゆえに、問題は国家にとって利益が先か保全が先かという究極的なかたちで解決することを要する。その結果われわれは、実際に見ていない人や、われわれがイギリスの自殺的政策のため短期間のうちに製造業者に転業させられたことしか知らない人たちには到底信じられない程度にまで進んだ工業国になったのである。外国製品で、われわれが国内生産する必要のあるものに課した禁止的関税、それと、国内製品と同一の外国製品は、その価格の差にかかわらず使用しないという善良な国民の愛国心とが、われわれにたいし外国依存に逆戻りすることを防止してくれるのである。」と。

そしてジェファーソンはハミルトンの常備軍に関する見解を支持するにはいたらなかったが、軍務の一般的義務を基礎とする軍事制度についてもっと考えなければならないと信ずるにいたった。陸軍大臣の覚書を批判して、ジェファーソンは一八一三年にジェイムス・モンローに次のように書き送っている。「われわれは、近代正規軍を形成している絶望的諸条件をほとんどもっていないということを喜ばねばならぬ。しかしそれはむしろ国民個人が兵役義務に服する必要性のあることを一層強く立証している。すなわち、これはギリシャやローマでの先例があり、各自由国家もまた、そうあらねばならぬと考える。……(中略)……われわれは男性市民の全部を訓練し、これに階級をつけねばならぬ。軍事教育を大学教育の正課にしなければならぬ。これが実行されるまでは、われわれは安全ではありえないであろう。」

アレクサンダー・ハミルトンは、次の一点を除いたら経済学者としての価値がなくなるであろう。それは製造工業の保護に関する『初期産業』の適切な論文であり、そのなかでハミルトンは必要なすべての事項を力強く表明している。この有名な報告を作成するに当たり、ハミルトンはテンチ・コックスの積極的協力を得ることができたが、コックスはハミルトンの大蔵次官であり、フィラデルフィア流の保護関税論者でハミルトンに著しい影響を与えたのである。しかしアメリカ産業の発展に関するハミルトンの意見によって起こった歴史的事実は、意見そのものの価値よりもはるかに大である。なぜならば、ハミルトンの書いたものを基礎として、アメリカ経済政策の体系が作られたからである。

ハミルトンは現代の大政治家に列せられるべき人である。実際ハミルトンはアメリカのコルベールであり、ピットであり、またビスマルクである。

ハミルトンの着想の威力と効果は、後世のアメリカ国民に偉大な影響を与えた。政治機構において、産業において、ハミルトンの影響力に比すべきは同年代人としてはひとりジェファーソンあるのみであった。

Ⅵ

ハミルトンの敵であったジェファーソンとマディソンが経済政策では、ハミルトンの唱えていた保護関税主義と国家主義的見解について、さらにより多くの業績を残したことは歴史上の皮肉である。ジェファーソンが一八〇七年一二月に始めた輸入禁止法と、それに引き続くイギリスとの戦争で、マディソンがいやいやながらにとった輸入禁止措置は実際上外国貿易のすべての道を塞ぎ、その結果アメリカは製造工業や軍需品を国内資源に頼らざるをえないこととなった。一八〇八年から一八一五年の間の緊張と必要性によって興った産業は、一八一六年の保護政策とそれに引き続く関税法の賜であった。

アメリカがフランスとイギリスからの侮辱で痛い目にあっている間は、製造工業に対する政府の保護政策は強力に支持を受けていた模様である。一方ではマディソンとジェファーソンが、他方では一八一二年の「タカ派」(war hawks)のクレーとカルホーンがともに同じ陣営にあった。一八一六年一月にジェファーソンは、彼の昔の自由貿易の見解を引用した者に辛辣な非難を浴せかけた。「それはわれわれを永久に外国の非友好的国民(イギリス)の家来に甘んぜしめんとする不逞の輩の口実にすぎぬ。」ジェファーソンはさらに、「経験は、私に現在の製造工業はわれわれの独立と安寧の双方にとって極めて大事だということを教えてくれた。ゆえに諸君は私と歩調をあわせて、値段は張るかもしれないが、国内で同様の品が得られる外国品は買わないようにしようではないか。」と、すべてのアメリカ人に呼びかけた。「他国の脅威から独立を確保するために、われわれは製造業者を農業者と同等に取り扱わなければならない。」ハミルトンといえどもこれ以上協調することはできなかったであろう。

しかし時がすぎるにつれて古傷がまたあらわれた。そして保護政策のうえに激しい論争が荒れ狂ったが、一八四六年ウォーカー関税法により一時的に状況は安定した。この討議の時にフリードリヒ・リストがアメリカの舞台に登場し、アメリカのみならずドイツにも影響を及ぼした経済理論を打ち出した。リストは一七八九年にヴュルテンベルクで生まれた。テュービンゲン大学（後に短期間政治学科の教授として勤めた）に学び、「関税同盟」（Zollverein）の熱心な主張者として公共生活に入った。リストの自由主義的国家主義の観念が、母国の反動政府のために彼をして常に苦境に立たしめ、ついに一八二五年には追放になってしまった。そしてリストはアメリカのレディングに来てペンシルバニアで影響力をもっていたドイツ系アメリカ人の週刊誌レディングの『アドラー』の編集者になった。彼は重商政策に興味をもっていたので、まもなく製造業者と機械技術振興を目的とするペンシルバニア協会と連絡を保つことになった。これは元気のいい有能な指導者であったマシュー・ケリー、チャールズ・J・インガソル、ピエール・デュ・ポンソーらの指導下にあった。マシュー・ケリーは有能な時事解説者だったが、リストは経済、政治の広い経験で執筆したので、当時のアメリカの保護関税主義の文学的および学術的宣伝者の第一人者となった。リストはペンシルバニアの産業人に珍重がられて、その頃の有名なアメリカ政治家の大部分と会った。ラファイエット大学の総長に就任を求められ一八三二年ドイツに帰った時には帰化市民であり、アンドリュー・ジャクソンの任命でアメリカ領事の一員でもあった。リストは一八三四年までバーデン・バーデンで、一八三四年から一八三七年までライプチヒで、一八三七年から一八四五年までシュトゥットガルトで領事を勤めた。リストは一八四六年に病気の後に自殺してその公的生涯を終えた。

リストの知的生涯は明らかでたどりやすい。リストは青年の時ドイツの生活状態がいかに低調かを見て、政治経済を学んで一般国民に国策として「ドイツの安寧秩序、文化および国力をいかにして増進すべきか」を教えようと決心した。リストはドイツの問題解決の鍵は、国家主義にあるとの結論に到達した。「私は高度の文化をもつ二国家間の自由競争は、産業発達の程度が双方がほとんど同等の場合においてのみ相互に利益があると考える。そしてもしどちらかの国家が産業、通商、航海で不幸にして劣っているならば……（中略）……他の先進国との自由競争に入りうるように、まず自国の力を強くしなければならないことを知った。ドイツは国内税を廃止し、外国人にも平等の商業政策を適用して他の国家が商業政策の手段でえたと同程度の商業と産業の進歩を得るように努めなければならない。」

これと重商主義の中心問題に対する見解との類似性（すなわち国民的統一と経済政策による国力の増進）は明瞭である。

リストは続ける、「後に私がアメリカを訪れた時に私はすべての本を投げ捨てた。これらの本はただ私をだますのに役立っただけである。この近代大陸で読みうる政治的経済の最良の本をあげるならば、それは実生活そのものである。そこで未開拓の荒野が富裕な力強い国に成長するのを見た。ヨーロッパで数世紀を要した進歩はそこでは見ているうちに達成されていく……（中略）……これが実生活という本である。私は熱心に勤勉に勉強した。そして私の今までの研究、実験、追憶と比較して見た。その結果は（私の望んでいたように）底のない世界主義のうえに発生したものではなくて、物の本質、歴史の教訓、国民の要望の上に築き上げられた組織の発見であった。」

このことは、リストの政治および経済に関する考えは、彼自身がいっているように、ドイツでの青年時代に作られたものでなくて、リストがアメリカに来てから成熟したものであることを示している。リストの『アメリカ政治経済の概要』(outlines of American Political Economy)(一八二七年の夏にチャールス・J・インガソルに書いた一連の手紙で、パンフレットに印刷されて広くペンシルバニアの保護政策主義者の間に配布されたもの)には一四年後に著された『政治経済の国家的組織』(The National System of Political Economy)に説明されているすべての重要な見解を包含している。『アメリカ政治経済の概要』はハミルトンとマシュー・ケアリの影響を明らかにうけており、アメリカの状態と思想が決定的でないまでも、リストの経済理論の開発に大きく影響したことはまぎれもない事実である。

そうではあるが、リストは終始一貫して万事にわたり、まったくのドイツ人そのものであった。リストはアメリカで不幸な亡命生活を送り、彼が祖国で味わったつまらない迫害を免れるためにアメリカ国籍を獲得したのであった。アメリカの広大な未開発資源、国が若くて元気のいいこと、政治的統一の成功、ハミルトンの現実主義の政治(Realpolitik)、ジャクソンの勇ましい国家主義、鉄道、運河に対する熱意、世界の強国として限りない可能性、リストはこうしたアメリカの将来を賞讃しかつ羨望していた。しかしこれらのすべてを、その頃不幸にも不統一のままだったリストの生国ドイツに対する希望と抱負に結びつけていたのであった。北ドイツで支配的だったプロイセンは、自国領土に六七種類の違った税金があって、約三〇〇〇の品物が課税され、大勢の税関職員によって徴税されていた。プロイセンは他のドイツ諸国との間に一〇〇〇マイルにわたる曲がりくねった国境をもっていて二八の他国と境を接していた。一見して極めてむずかしいことであるにもかかわらず、リストは国内の自由貿易、外部に対する防衛、郵便、鉄道の国家的組織によって統一された新しく強大なドイツの夢を瞼に描いていた。そしてついに一大ヨーロッパ国家の出現をも考えていたのであった。リストは生きている間に、その計画の一部が実現するのを見た。「関税同盟」はアメリカとフランス革命の政治的旋風に吹き流されることなく、国内通商と政治的統一を妨げる大きな障害を取り除くことになったが、これも彼の不屈の努力の部分的成功であった。リストは鉄道建設について不休の宣伝をし続けていたが、彼がすりきれて死を急ぐ前にある程度の成功をみるにいたったのであった。リストは一八四八年の革命、ビスマルクの成功とドイツ帝国の誕生を見ることなく死んでいった。しかしリストが近代ドイツの創造者のひとりであることは、時の経過とともにいよいよ認められてきた。またリストが文明世界の悪夢となった大ドイツの初期の主唱者のひとりであったことは悲しむべきことでもある。

Ⅶ

政治、経済に関するリストの政策の主要な関心は力である。もっともリストは福祉と結びつけてはいるが。リストは否認をしているけれども、重商主義に立ち戻っている。

「国家というものは個人ごとの分離した社会で、共通の政府、共通の法律、権利、憲法、利益、共通の歴史とその光栄、彼らの権利、財産、生命に対し共通の防衛と安全を保ち、自由かつ独立した一国体を形成し、他の国に関しては単に自国の利益のためにのみ動き、また国家を組織する各個人の利益を調節する力をもっているもので、内部においては共通の福祉を最大にし、他の国家に対しては最大の安全を保つことを目的とするものである。」とリストは書いている。

「この国家経済の目的は個人的経済あるいは世界的経済の富だけではなくて、力と富である。なぜならば国力は国富により増強されると同様に、国富は国力によって増大され、獲得されることになるからである。ゆえにその指導原理は単に経済的のみではなくて政治的でもある。もし各個人が非常に富んでいても、国家が彼らを保護する力がなければ、国家や国民が多年にわたって蓄積した富は一朝にして失われるかもしれない。彼らの権利、自由、独立もまた同様である。」

さらに、「力は富を安全にし、富は力を増す。ゆえに力と富は同等であって、国内における調和のとれた農業、商業、工業により一層の繁栄をもたらすものである。この調和がなければ国家は決して有力にもまた富裕にもなることはできない。ゆえに生産力は国家の安寧福祉の鍵となる。国家の富と力を増大する各種の事業を推進することは、政府の権利であるのみならず義務である。個人の力ではこの目的を達成することができないのならなおさらのことである。ゆえに商人が自らを守ることができない以上海軍で通商貿易を護衛することは国家の義務である。航海条例で貿易を守ることも国家の義務である。なぜならば、海軍力が貿易を守れば、貿易は海軍力を維持培養するからである。船舶の利用と通商は防波堤で保護されねばならぬ。農業その他の産業は橋梁、運河、鉄道の通行税の取立で、新発明は特許法で、製造工業はもし外国の資本と技術が個人企業の運営を邪魔するならば保護関税で防護されねばならぬ。」

富は「国家の統一と力がなくてはできるものではない。」ゆえに「政治的統一にも、確固たる統一された経済政策の樹立にも失敗した現ドイツは、その文明によって築きあげてきた国際的地位を今後幾世代にもわたり失うにいたり、植民地的境遇におちた。」ドイツは幾度か「外国との自由競争で失敗し、没落に瀕した。それによって世界各国は、現状では自国の独立と、その力と資源の整斉とした開発のため、何をおいても繁栄と独立を維持する保証を求めなければならないことを学んだ。」

かかる力や資源の発達を促す目的の関税、その他の制限的方法は理論的思慮の所産というよりは、利益の差異や独立後に圧倒的優越をえようとする諸国の努力の必然的結果で、換言すれば戦争組織によるものである。「戦争ないし戦争の可能性は各国にとって、製造工業力の確立を最優先させる結果になった。」ある国が現在の世界で軍隊を解散し、艦隊を破棄し、あるいは要塞を破壊してしまったら馬鹿であるといわれると同じく、国家の経済政策が、永久平和とか自由貿易派のものの頭にのみ存在する世界連邦主義など、誤った仮定のうえに樹立されるならば、それはまさしく破滅的である。ある国の戦争遂行能力はその国の富を生み出す国力によってはかられる。そして生産力を極限まで発達させることが国家的統一と保護貿易主義の目標である。保護貿易政策は一時——しかしほんの一時だけ——生活程度の引き下げになる。なぜならば関税が必然的に物品を高価なものにするからである。しかし外国貿易の利益を重視して消費物資の廉価を主張するものは、「彼ら自身を困らせるのみか、国家の力、名誉、光栄をほとんど考えていないものである。」彼らは保護産業政策はドイツ国民の身体の一部だということを知らなければならない。「シャツが四割安く買えるなら戦争に負けてもよいと考えるものがあろうか。」

生産力が大なれば大なるほど、外交関係で国家の力は強くなり、戦争時の独立維持の程度が大きくなる。ゆえに経済原則は政治的関連を断つことはできない。

「技術と機械科学が戦争手段に重大な影響を与える時代において、また〈すべての軍事作戦が国家の収入に依存する度合いの高い時代〉において、また〈防衛の成功が国民大衆の貧富、賢愚、精力的であるか無気力か、祖国の主張に全然共鳴しているか、部分的にでも外国に好意をもっているか、および防衛のために集めうる人数が多いか少ないかなどに依存している時代〉においては今まで以上に生産力の価値は政治的見地から評価されなければならない。」

リストは軍事力の要素について鋭い評価を行っている。

「国家の現状は祖先代々の発見、発明、改良、完成および努力の蓄積である。……(中略)……そして各国民がこれら前代の遺産をいかに利用するか、また自分自身の努力によりこれをいかに増大するかに比例して生産力は発揮される。その割合において、領土の自然的可能性、面積と地理的地位、人口と政治力を活用して領内のあらゆる資源をできる限り完全に、そして組織的に開発でき、その精神的理知的商業的政治的影響を後進国およびとくに世界的事象に及ぼすことができる。」

以上の信念から、ヨーロッパ大陸における領土の拡張と海外の植民地の拡張政策に踏み出すことは容易なことで、リストもかかる歩みをたどることに躊躇しなかった。リストはライン川からヴィスワ川に、バルカンからバルト海にわたる統一ドイツ国家の成立を望んでいたのであった。リストは「大人口と種々様々の天然資源をもつ広大な領土は通常の国家主義の切実な要求である。これは人民の精神構造のみならず物質的進歩や政治力の基礎である。人口と領土が制限されている国家は、とくに特別な国語をもっている時には、ただ跛行的な文学、美術と跛行的進歩しかできない科学制度しかもちえない。つまり、小国はそのいろいろな生産資源を安全に開発することはできないのである。ゆえに小国は独立を維持することは非常に困難で、大国の寛容と同盟によってのみ存立を保ち得るか、そのため国家の主権を根本的に犠牲にしなければならない。」

前述のことは今日のドイツの「生存圏」（Lebensraum）の定義や、リストの大ドイツ計画とあまり相違していない。彼は統一ドイツにデンマーク、オランダ、スイスおよびベルギーの併合を主張している——初めの三国は人種、国語、経済、戦略的の理由からである。この三国に加うるにスイスを獲得すれば、ドイツは経済的軍事的基盤に必要な海と山の自然の国境を確保しうる。ドイツは同様に平和裡にドナウ流域とヨーロッパ・トルコに浸透することができる。これらの地域はドイツの自然の国境または後背地で、ドイツはそこに安全と秩序を堅固に打ち立てることができ「莫大な利益」がえられる。

一国家は後進国の文明に寄与する権利をもち、その過剰人口と精神的、物質的資本によって植民地を発見し新国家を作る権利がある。」ある国家が植民地の建設ができない時には、「過剰人口、精神的、物質的手段はかかる国家から未開の国々に溢れ出してその固有の文学、文明、産業を失い、他の国家主義者の利益となるものである。」これはドイツのアメリカ移民について周知の事実である。

「北アメリカへの移民が繁栄したからといって何のいいことが(ドイツにとって)あるか。」

個人的関係では、移民は永久にドイツの国籍を失う。そして彼らの物質的生産からドイツはたいしたこともない果実くらいしか期待することはできない。人々がもしアメリカ内に住んでいるドイツ人の間にドイツ語が保たれているとか、いつかそこにドイツ国家が生まれるなどと考えたら、それはとんでもない妄想である。ゆえに結論としてはドイツが自分自身の植民地を南ヨーロッパおよび中南部アメリカにもたねばならぬということになる。そしてかかる植民地は、政府の保証する植民社会や元気のいいドイツ領事と外交機関を含む国家のすべてによって維持されなければならない。

リストは大陸における拡張と海外植民地は、戦争なしでは実現の可能性のないことを充分知っていた。ドイツ国に関する国家組織の主張は、リストはロンドンの『タイムズ』に対抗し、激しい論争的態度で書いたのだが、将来、戦争になったら彼らはドイツ国家の精神的、物質的資源を国家経済を支持するために動員する決意のあることを述べている。

ドイツの大望の邪魔をしているのはもちろんイギリスであった。イギリスは勢力均衡主義の主唱者で、「有力国の侵入を阻止するために有力ならざる国々を動員せんとする。」ものであった。イギリスは、一帝国主義国として事実上無敵の地位を確保していたが、それは製造工業の発展によって成就されたのである。ゆえにもしヨーロッパ諸国が荒地の開発や野蛮な国家や、一度文化を知ってから野蛮になった国家を文明の恵に浴せしめるというような、有利な仕事に乗り出そうとするならば、まずその国内の製造工業力、商船隊、海軍力の発達から始めなければならない。そしてヨーロッパ諸国がその企図をイギリスの優勢な製造工業、通商、海軍で妨害されるならば、彼らの総合的な実力の範囲でこの不合理な行動を合理的なものに引き戻す以外には道はない。

世界の海上交通路に巨人のように立ち塞がって、他の国々がその運命を切り開くために必要な海軍力をもつことを困難ならしめているものも、またイギリスであった。マハン提督の名声を高からしめたイギリスの海上支配（control of the seas）の論説についてリストは書いている。

イギリスはあらゆる海の鍵を手に入れてあらゆる国に対して見張りを立てている。ドイツに対してはヘルゴランド、フランスに対してはガーンジーとジャージー、北米の住民に対してはノバスコシアとバミューダ、中米に対してはジャマイカ諸島、地中海周辺のすべての国家に対してはジブラルタル、マルタおよびイオニア諸島である。イギリスはインドにいたるふたつの道の重要戦略地点はスエズ地峡を除く全部を手に入れているがスエズについても今これを手に入れようと努力している。イギリスは地中海をジブラルタルで、紅海をアデンで、ペルシア湾をブシールとカラチで支配している。イギリスがあらゆる海と海上交通路を思うがままに開いたり、しめたりするにはただダーダネルス、スンド海峡、スエズ地峡およびパナマを獲得するのみで充分である。

大英帝国の圧倒的な海軍、通商および植民地の力を考えれば、一国家でイギリスに挑戦することは他の国の有力な援助がなければできることではない。「海上でイギリスより劣っている国はその海軍力を結集することによってのみ、イギリスと対抗することが可能である。」ゆえにかかる国家は他のすべての国家の海軍力の維持と繁栄に関心をもっている。「そして彼らは何をさておいても、大英帝国が世界の海上交通路（とくに地中海）を絶対的に支配するのを妨げるために、彼ら自身でひとつの連合海軍力を作らなければならない。」

大陸国がイギリスの力を阻止するためにヨーロッパ・ブロックを結成するのも一策であろう。「もしイギリスの海上における優越に対抗することによって、大陸諸国が共通の莫大な利益が得られることを考えたなら、これら諸国家にとっては同盟が最も大切であり、大陸における戦争ほど破滅的なものはないという結論に到達せざるをえない。前世紀の歴史もまた、大陸諸国が相争ったあらゆる戦争が島国の産業、富、航海の優越、植民地の領有や国力の増加に大きな効果をもたらしたことをわれわれに教えているのである。」

しかしリストの戦略的考察は決して局地的や大陸のみの限界をもつものではなかった。遠い将来を考えて、リストは星条旗がユニオン・ジャックに代わって世界の海にひるがえる日が来ること、また他の国家群によってアメリカの力を抑制せんとする効果的な手段がとられる日の来ることを予見していた。

「大英帝国を現在の高い地位に就かしめたと同じ理由で、おそらく次の世紀には、現在イギリスがオランダに優越していると同じくらいに産業、富、国力においてアメリカがイギリスを凌駕する時が来るだろう。その時期にアメリカの人口は数億に増加するだろう。彼らは人口、慣習、文明および国民精神をちょうど最近隣のメキシコ領土に伝播したように、中南米一帯に散布するようになるだろう。連邦組織はその莫大な領土全部を包括し、数億の人民は無限にヨーロッパ大陸を凌駕するアメリカ大陸の天然資源を開発するようになるであろう。その海軍力は、その沿岸線と河川が広さと大きさでイギリスを凌駕していると同じように大英帝国を凌駕するようになるだろう。」

「かくして近い将来にフランスおよびドイツが、イギリスの優越に対して大陸同盟を作る必要に迫られているように、イギリスをしてアメリカの優越に対してヨーロッパ同盟を作る必要に迫らせることになるだろう。その時イギリスはアメリカの優越に対抗して、失われた自分の優越をとり返すためにヨーロッパの防衛、安全、損害の埋め合わせのため以上のことを主唱するのやむなきにいたるであろう。

その時は、イギリスはなるべく早いうちに地位を退いた方がいい。それはイギリスが早いうちに身を引いてヨーロッパ大陸諸国の友誼を獲得し、早いうちに自分が同等の国々のなかのひとつにすぎないということに慣れなければならないのからである。」

フリードリヒ・リストのイギリスに関する見解は心理的研究、とくにドイツ人心理の興味ある研究課題である。リストは非常にイギリスとその自由主義的法令を賞讃し、かつこれを羨望していた。そしてナショナリストでリストのように雄弁にイギリスに賛辞を呈したものはない。しかし一方リストはイギリスを恐れ、かつ嫌っていた。リストはドイツ官憲の些々たる迫害による被害妄想になやんでいた。それだからリストがイギリスが積極的に関税同盟を無効にするために行動をおこし、ドイツ統一のために別の手を打ってくると信じたのも別に異とするに足りない。リストはイギリス人、とくに長い間病んでいるアダム・スミスとその追随者たちとの辛辣な論争に巻きこまれて、いつでも意地の悪い言葉をもてあそんだ。一方リストの生涯の終わりには、リストはイギリスとドイツの同盟の道を開こうという空しい希望を抱いてイギリスに渡った。リストはこの問題に関する詳細な覚書を用意して、アルバート公、ロバート・ピール卿（首相）、クラレンドン伯（外務大臣）およびプロイセン王に提出した。彼はロンドンのプロイセン大使ブンゼンや数名のイギリス人に激励されたが、ピールはその計画に同意するにいたらず、リストはその秋に健康と心を傷つけられてほとんど自殺せんばかりになってドイツに帰った。そして一八四六年一一月三〇日についに自殺してしまったのであった。

イギリスとドイツの同盟の価値と条件に関するリストの覚書には空想的な点もあった。しかしそれにもかかわらず、一九世紀の中期にこの両国が直面していた戦略的現実のあるものについては鋭い洞察がなされていた。まずリストは半世紀以上も後になってハルフォード・マッキンダー卿が明らかにしたように、イギリスの海上優越は決して永久的ではないということを予見していた。蒸気機関車と汽船の発達は当時これをもっていなかったイギリスに比し大陸国を有利にするかもしれないと考えた。他の国家、とくにアメリカの興隆しつつある国力は、イギリスの海上支配権が脅威されるかもしれぬ可能性がある。海上支配権を失ったならば、イギリスの島国という地位によってえている独特の利益は一挙に重大な事態に陥る。リストはまたラテン民族とスラブ民族の同盟が、フランスとロシアの同盟を通じて実現することを予見し、イギリスとドイツはかかる結びつきに対してゲルマン民族の先頭に立って平衡をとらねばならないと信じた。フランスとロシアの同盟の力はただにヨーロッパ東方におけるイギリスの権益を脅かすのみならず、ほとんど確実にドイツを破滅させるにいたるかもしれぬ。イギリスは大陸国の援助を利用できるし、ドイツは島国イギリスの海軍力の増援を歓迎するであろう。ドイツがイギリスに求めるところは、統一ドイツにおける適当な保護関税に対する同情的理解と支持であった。このことについて、リストはイギリスにとってはドイツの友情に対する代償としては安いものだと考えたのである。リストはかかる譲歩もイギリス産業の既得の利益によって反対されることを予見していた。しかしその反対を抑えて、イギリスは世界の強国としての地位を強固にし、拡大することを実現する準備をしなければならぬと考えた。

リストは多くの先人と同様にイギリスとドイツを結束に導く方法の発見に失敗した。なぜならば、よかれ悪しかれ両国間に真に共通の利害というものはなく、またあまりにも多くの精神的心理的要素が相互の理解を妨げていたからである。リストの失敗は多年の反イギリスの宣伝の弊害がわずか数ヵ月では解消できなかったことにもよる。

Ⅷ

近代戦略に与えたリストの唯一最大の貢献は、彼が軍事力の均衡の変化に及ぼす鉄道の影響力について熱心に論じたことである。リストはアメリカ在住中に鉄道に興味をもつようになり、現在のレディング・システム社の前身であるシュイルキル航海鉄道石炭会社の発起人のひとりとなった。その後、鉄道はリストの生涯の情熱を注ぐもののひとつになった。リストの鉄道に関する著述は全集で二巻となり、目次だけでも二頁ある。一八三五年と一八三六年にドイツの鉄道建設の推進を目的とする雑誌『鉄道』を発刊した。リストは鉄道網を国家組織のなかに取り入れることはドイツの統一の原動力になることを正しく認識し、絶大な献身と努力をつくした。

リストが鉄道の経済的効果に対して抱いていた興味は、同時代の多くの人よりは先を見ていたけれども特別驚くにあたらない。しかし鉄道輸送のドイツに及ぼす戦略的意義の理解については誠に驚くべきもので、あらゆる客観的見地から特筆に値するものである。鉄道の出現以前はドイツの戦略的地位はヨーロッパで最も弱いもので、全大陸諸国の伝統的な戦場であった。

リストは誰よりも早く、鉄道はドイツの今までの軍事的弱点のひとつであった地理的条件を逆に大きな力の源泉に変えるものであることを見抜いた。政治的に統一され国中に広がった鉄道輸送網で強化されれば、ドイツはヨーロッパの中心部で防衛の要塞になることができる。動員の迅速、国の中心から周辺への迅速な軍隊輸送、鉄道輸送による内線の利は他のヨーロッパ諸国に比してドイツの大きな利点となる。簡単に述べれば、リストは完全な鉄道組織は国の全領土をひとつの大要塞と化し、最小限の費用で、国民経済生活の混乱を最小限度に制限して全戦闘力をもって迅速に防衛にあたることができると論じたのである。そして戦いが終わったら、軍隊の家郷への帰還も同じように容易かつ迅速に実施できる。以上の理由などから一八三三年にリストが予見したドイツの鉄道網――それは実質的に現在の国鉄(Reichsbahnen)だが――は、侵略を受けた時に統一ドイツの軍隊を国内のいかなる地点からも前線に輸送し、防御力を数倍にもして、二〇〇年以上にわたって幾度も繰り返された侵略を防止することができる。防御力で一〇倍も強くなったドイツは、攻勢作戦を企てた時には攻撃にも一〇倍の強さを発揮する。(もっともリストは攻勢のことは考えていないようであったが)。ドイツの鉄道建設の急務を説いたリストのノートがある。「隣国がわれわれより早く完成する鉄道の一マイルごとに、また余分にもっている鉄道の一マイルごとに、彼らはわれわれよりも有利になる。ゆえにわれわれが進歩によってえられる防御兵器を使うことは、ちょうどわれわれの先祖が弓矢をやめて、そのかわりに小銃を担うことに決めたように、しごく当然のことなのである。」

前記のことはアメリカ南北戦争前に書かれたものであり、しかもこれが鉄道の軍事的価値を立証していることを思う時、まことに特筆すべき先見の明を示しているといえよう。

リストは鉄道はヨーロッパ各国の兵力規模を減少させると考えたが、これは間違っていた。その反対に普仏戦争に見るごとく、誰も考えおよばなかった軍需補給品の天文学的数量を運べるようになるとともに兵站を簡単にし、大軍の移動を許すようになった。またリストは鉄道の建設は攻撃軍にとっては、攻撃を非常に高価なものにするから戦争の危険が回避されると考えたが、これも間違っていた。しかしリストが鉄道線路は他の永久施設に比較して軍事的破壊に対して脆弱性が少ないと考えたことは正しかった。この事実は最近のイギリスに対するドイツの爆撃および英米連合空軍の大陸航空攻撃によって明らかにされている。

ドイツ自身が鉄道組織をもつ前に、リストの夢は遠く国境を越えて他のヨーロッパ、アジアにも延びていった。リストは実際バクダッド鉄道の着想の創始者であった。リストのイギリスとドイツの同盟の提案のなかにインドおよび極東にいたるイギリスの連絡路はアラビア海に延びる鉄道によって改善されるだろうと提言している。リストはナイル川と紅海はナポレオン時代のライン川のようにイギリス諸島に近接させねばならぬと書いている。ボンベイとカルカッタは、リスボンとカディズのように近くならねばならぬというのである。これは計画中のベルギー――ドイツ鉄道組織をヴェネツィアに延ばし、それからバルカンとアナトリアを経てユーフラテス峡谷とペルシア湾に、最後にボンベイに達することによって成就される。シリアの突出部はカイロとスーダンで幹線に接続する。鉄道と平行に電話線を敷設してダウニング街はジャージーやガーンジーと同じように東インドと容易に連絡されねばならぬ。リストはモスクワから中国にいたる大陸横断鉄道までも目に見えるように書いている。これらの提案のいずれもリストにとっては当時アメリカで論議されていた大西洋から太平洋へいたる鉄道に比してなんら野心的でも、大胆でもなかったのである。

この提案の鉄道の通る地方の政治的安全を確保するために、ドイツとイギリスは勢力圏をきめた有効な同盟を結ばなければならない。ドイツの支配がヨーロッパ・トルコに拡がることは、イギリスに対するいかなる強国の干渉をも排除することができる。しばしばリストは「七〇〇〇万から八〇〇〇万のドイツ人は状況によっては喜んで保証に立つであろう。」と主張した。一方イギリス帝国は小アジア、エジプト、中央アジアとインドの全部を支配し、この広大な領土によって、台頭するアメリカ勢力圏の脅威に対抗してあまりがあるであろう。

リストがドイツの支配力をヨーロッパ・トルコまで延ばそうと提案したのは、もちろん、リストのドナウ流域およびバルカンへの大規模移住の要望と結びついている。実際リストの鉄道建設計画のすべては、何かのかたちで統一大ドイツという情熱と結びついている。リストは次のように書いている。「ドイツ鉄道組織と関税同盟はシャム双生児である。生まれた時から肉体的に密着しており、ひとつの精神とひとつの魂を持ち、相互に助け合って同じ大目的に向かって努力する。すなわちドイツ民族を統一してひとつの偉大な文化のある、富裕にして強力な侵すことのできないドイツ国家とすることである。関税同盟がなければドイツ鉄道組織は今まで論議もされないだろうし、単独で建設されもしないだろう。ドイツ鉄道の助けによってのみドイツの社会経済は国家的偉大さに成長するであろう。そしてかかる偉大な国家にして始めて完全な力をもつ鉄道組織を実現しうるであろう。」と。

IX

リストが一九四六年に死んだ時、彼の生涯を打ちこんだ主張のなかで、実現の可能性のあるものはほとんどなかった。一八四六年にイギリスは穀物条例を撤廃し、アメリカはウォーカー関税法を採用し、真剣に絶対主権の原則と保護貿易主義に妥協し、自由貿易の方向に実際に第一歩を踏み出していた。ドイツの産業化は進んでいたがその速度は遅く、ドイツ鉄道はまだ青写真として存在しているにすぎなかった。ライン川の東では保守主義と分離主義が支配していて、ドイツの国家的統一は到底近いうちに達成されそうもなかった。このことは、リストが成就すれば大きな利益があると正しく主張をしていた関税同盟の楽しみを別なところにもっていってしまったようなものであった。しかし、歴史家のなかには後にドイツ帝国の出現で関税同盟の重要性は充分評価されて残っていたのである。

リストの魂は前進をつづけた。その悲劇的な死の二年後、革命運動がドイツ全土を席捲し、ドイツ民族が自由主義のもとにひとつの国家となる野望が生まれた。これはリストが心から歓迎することだった。なぜならば、リストは各個人の自由に適正な保証を与える自由主義の中産階級による立憲的政府に対する熱心な信者であったからである。しかし一八四八年の自由主義革命は失敗に帰し、血と鉄の政策に道を譲った。保守と伝統主義のスタンプをおされたドイツ国家主義者はリストの政治的勧告（自由主義と個人の権利）を排撃したが、その経済的勧告のみは受け入れた。そしてドイツ産業人の激増はナショナリストだろうと、政治的偏見をもっていようと、リストの国家計画におけるイギリスの競争相手として育っていった。自由主義よりは国家主義のもとに成長した自由主義的国家主義者でさえ次第にリストの議論に賛成するようになってきた。

一八八〇年までにドイツ国民国家はビスマルクの指導の名のもとにフリードリヒ・リストの光り輝く経済的な道を実際にたどりつつあった。

実際ビスマルクとその後継者はリストの予期した以上に経済的国家主義と絶対主権の方向に進んでいった。リストは常に食料の輸入税に反対していた。しかしドイツ関税組織は、帝国治下でユンカーや工業家を保護する計画をとり、経済的国家主義、軍国主義、海軍主義、植民主義の支持者にかわった。リストが穀物の関税についてどう考えていたにせよ、一八九一年一二月一〇日のドイツ帝国議会におけるカプリヴィ首相の声明の精神と目的に対して反対することはできなかったであろう。「国家の存立は自国の補給源に依存しえない時は危うくなる。私は危急の時、たとえば戦争時において増加する人口を養うに穀物の国内生産がなくて済ませるとは信じられない。私は戦争時に第三国の不確実な援助をあてにするよりは、自国内の農業にたよる方がより良い政策であると見ている。将来戦争で軍隊と国民に対する補給が決定的役割をもつだろうということは私の不動の信念である。」

第二帝政の経済政策の大部分は、早晩ドイツは国土防衛の戦いに巻きこまれる、そして世界に認められる地位につく、という仮定に基礎をおいていた。かかる不測の事件に備えるために、ドイツの政治家は隣国の善意や不確実な海上交通に依存することなくドイツ固有の力にたよろうとした。ドイツ皇帝陛下の政治家はリストの構想を歪曲した犯人だろうか。しかしもしリストが生きていたら、彼らの言葉を充分理解したであろう。そしてリストはいかにヒトラーの急進的観念やヒムラーの人権無視を否定したとしても、ナチスの国家経済の絶対主義的動機は理解したであろう。

リストはまだ不幸にも、汎ゲルマン主義および国家社会主義、「生存圏」のような「東方への衝動」、海軍と植民地の拡張、国境の非永続性、祖国に対する海外ドイツ人の永久的忠誠、アングロアメリカ勢力に対する大陸ブロックの要求等の基本構想の基礎を造ったのであった。

リストはハミルトンと同じように、近代世界における重商主義の復活の指導的人物であった。一七世紀、一八世紀の重商主義の価値はともあれ現代では、高度に燃えやすく、爆発しやすい世界の点火薬であった新しい重商主義が、われわれの高度に組織され密接に統合された社会で行動する時ははなはだ危険である。昔の重商主義者も顔負けするほどさらに国力を増大せんがために国力を利用せんとするものであるからである。

昔の使い慣れた手段は、割当、ボイコット、交換(両替)統制、貯蔵、補助金等の新しい方法で強化された。一八七〇年に始まった五〇年間の経済国家主義から全体主義経済、全体主義国家(totalitarian state)、全体主義戦争(totalitarian war)が生まれた。そしてこれらは内部的にしっかり結びついていていずれが原因で、いずれが結果か区分しがたいものになっていた。国家安全の名のもとに、政治権力は人間活動のほとんど全分野を覆うにいたった。

これらすべての免れがたい結果として一九一四年と一九三九年の戦争が起こった。これらを理解するには一九世紀のヨーロッパの力の概念を考察しなければ不可能である。アダム・スミス、アレクサンダー・ハミルトン、フリードリヒ・リストの思想は彼らがそれぞれイギリス人、アメリカ人、ドイツ人だった事実によって特徴づけられている。しかし国策のある基本条件については、彼らの見解は驚くほど似ている。彼らは皆軍事力は経済的基礎の上に築きあげられるべきことを理解し、各自が自分の国の要求に最もよく合致した経済の国家組織を主張している。世界が新しい重商主義の結果として悲惨な目に遭ったことは必ずしも彼らの罪ではない。諸国民が、拘束されざる国家主義と無制限の主権を信仰する限り、彼らは自分の判断でいかなる方法であろうと、自国の独立と安全の最良の保証となると思う手段に頼り続けるであろう。

（山田積昭訳）

第7章

社会革命の軍事的概念

マルクス エンゲルス

ジクムント・ノイマン　ウエズレー大学行政法、社会学教授。ライプチヒ大学哲学博士。「革命」「全体主義」専攻。

I

「哲学者は世界をさまざまな方法で解釈しているだけである。しかし世界を変革することが重要である。」この信条はカール・マルクスが彼の文筆歴の初期に『フォイエルバッハ論』(一八四五)に述べた言葉であるが、この信条こそマルクス主義理論の原動力を理解する鍵であろう〔訳者注・フォイエルバッハはドイツの哲学者。一八〇四〜七二年〕。この信条は行動を意味する。理論分析は単に基礎工作で、最後の革命的強襲の準備にすぎない。それゆえマルクスとエンゲルスは、世界革命を実現するためには、まず戦略的考慮が必要で、これが基礎となるといい、マルクスとエンゲルスの著述のすべてにわたって戦術問題や、軍事的考慮事項についてたゆまざる注意を払っている。

しかしマルクスとエンゲルスのこの真意が、マルクス主義の各種文献においてことごとく無視されているのは、まことに変な事である。

その理由の一半は、戦略問題に関する事項が、マルクスとエンゲルス二人の書いたものの全般に分散してしまっていて、マルクスの経済理論の基本的研究資料である不朽の著述『資本論』のように一冊にまとまった本として利用しえないという事情にもとづくものと考えられる。したがって戦略家としてのマルクスとエンゲルスの包括的な分析をするためには、豊富な彼ら二人の通信文や広汎な雑誌記事等がとくに大切となってくる。

これらの資料研究は、まだ大部分手がつけられておらず、組織的収集と研究を待つ状態にあるが、これらは、確かに熱心に研究すべきものである。

しかし如上のマルクスの戦略方面事項にまったく無関心であるということは、単に方法的の困難性だけの問題ではなく、マルクスとエンゲルスの教条に関する基本的な誤解がもっと大きく影響しているように思われてならない。皮相なマルクス主義者の観察者の頭には、マルクスやエンゲルスのような過激な思想家の抱く戦略・戦術の概念というようなものは、無縁なものと思われるのかもしれない。確かにマルクス主義者の宣言した政策は、軍事機構、軍階級制度、軍事国家等に対立するものであったし、マルクス主義者の予言した社会主義秩序は、平和主義者の黄金時代にぴったりくるものであった。またマルクス主義者は局外者としての地位におり、軍事力の現実的決定や特別な戦争計画に従事する立場になかったが、彼ら国際的階級闘争を牛耳っている人たちを平和主義者で非現実的な理想家ときめつけることはまったくの誤解である。これらマルクス主義の軍事観念について、ここに新たな見解を強調することは、従来の一般概念を必然的に修正することになるであろう。

マルクス主義は、初期の空想的理論から、単に社会進歩に対し科学的に思考するのみでなく、政治力に対する現実的価値判断をするまでに発展している。新しい教条は、大変実際的でいわゆる応用科学としての性格を持たせようとする意図を感じさせる。後世のものが何よりもカール・マルクスとフリードリヒ・エンゲルスが残した理論的な大著述に深い感銘をうけるのであるが、彼ら二人のマルクス主義創始者にとって歴史的問題の具体的分析は、やはり興味ある問題であったことは事実のようである。エンゲルスの国際社会主義と誇称した第六勢力が世界の六分の一を支配するソヴィエト社会主義共和国連邦という現実の結晶になった(当初の概念と異なったものとはいえ)時に革命教条は実行面において新しい意味をもつようになったのである。一九世紀中期の革命家にとって、戦略的考察は、政治原則の核心であった。

二〇世紀の戦争の様式と問題点が明らかになり、それが充分に実った今日、マルクス、エンゲルスの書きものは最初から、その意義と見通しを述べていたといっても過言ではない。マルクスとエンゲルスは、まさしく現代の総合戦争の父(the father of morden tofal war)と呼ぶことができる。ブラウ博士――国家社会主義の戦略家――の輝かしい発見といわれている、「近代戦争の四重の性格(fourfold nature)、外交・経済・心理および最後の手段としての軍事力」は、マルクス、エンゲルスにとってはすでに常識となっていた。マルクスとエンゲルスは、軍事作戦は、第一弾が発射される以前に敗れていることがあること、また作戦はその前の経済と心理戦の戦線ですでに勝敗が決しているということがあることを充分知っていた。また多数の戦線のある戦争もひとつのもので分けて考えることができないものであり、国際的戦線で勝敗が決まると同様に国内闘争あるいは国民の魂のなかで決まるということも認めていたと思われる。

戦争と革命は、われわれの時代においてはまぎれもなく一対の運動になったが、この初期の時代にすでに、世界革命のこれら鋭敏な戦略家によって、両者の基本的で永続的な相互関係が見出されていたのである。

このような見通しは、彼らに軍事と近代革命の性格について前人がいまだかつて充分に把握しえなかった新しいものを洞察させるにいたった。マルクスとエンゲルスが歴史的現象の弁証法的解訳と呼んだものは、近代世界で動いている社会政治勢力の総合的力学的見解にすぎない。しかしかかる包括的見解はマルクス、エンゲルスの書物に固有の戦略面をはっきりと選び出すことを不可能ならしめている。マルクスとエンゲルスにとっては戦争は変わった方法で変わった場所において行われたものである。故人になった好戦的なサンディカリスト、ジョルジュ・ソレルの言によれば、「クリミア戦争が大きな国際的都市争議の序幕とみなしうるようにゼネストはちょうどナポレオン戦争になりうる。」という。

一八五七年の〈絶好の危機〉の間にエンゲルスはマルクスに書面を送って、「打ちつづく経済界の不景気は、機敏な革命的戦略によって人民を煽動し、長期にわたる圧力を加える武器として利用することができる。それはあたかも騎兵の攻撃で馬が敵に対して襲撃距離に入る前にまず五〇〇歩の早足をやっておけば、より大きな衝撃を与えることができるようなものだ。」といっている。近代社会主義のこの本質的に好戦的で行動主義者的性格を認識すれば、その指導者たちの役目も少し違った意義をもつものになってくることを誰でも感ずる。エンゲルスは理論家の雄マルクスと行動をともにするにふさわしい人物であった。エンゲルスは（最近の研究者によって示されたごとく）これまでマルクスが書いたものだとされていた歴史的研究の相当部分を書いただけでなく、将来の革命の（ラザール・）カルノーとして、世界に働きつつあった実際の力に対し、偉大な洞察をしていた。それは将来の傾向を予見し、間接的なものであったが爾後《じご》一〇年間の軍事戦略の考え方と実行方法について貢献している。

マルクスとエンゲルスは性格も気性も多くの点で反対でありながら、その友情はほとんど模範的である。これはマルクスは人間的に冷たくて孤立していたとしばしばいわれていることを反駁する根拠となる。マルクスとエンゲルスの仕事は自然的な分業であった。自らの深く徹底した仕事のなかで厳格な遺伝的理性を発揮したマルクスは、誰が見ても優れた組織的な思索をする人であった。マルクスがいなかったら、エンゲルスの書き物は指導力と総合性を欠いていたであろう。マルクスはまた確実な情勢判断力（とくに革命の時）を備えた優れた政治的戦略家であった。この素質はマルクスの生涯の協力者がしばしば結論を急ぎすぎるのをいましめていた。一方真に慎しみ深いエンゲルスは、甘んじて脇役を勤めていたが、マルクスとエンゲルスの仕事全体に対するエンゲルスの貢献は重要度において同等に評価されてしかるべきものである。イギリスでのエンゲルスの初期の研究、とくにエンゲルスの新境地を啓いた『イギリス労働者階級の状態』（The condition of the working class in England）を発表してから、エンゲルスは社会主義の大理論の基礎の確立に大きな貢献をした。エンゲルスは全生涯を通じて疲れを知らぬ人のように貴重な材料を集め、それを確かな手腕と豊富な常識で、選択し組み立てた。エンゲルスはどれが役に立つか、民衆が何を望んでいるか、またそのなかでどれがよい結果を生むかということを知る直感力をもっていた。彼は実業家で、ライン地方の工業家の息子として生まれ、生涯の大部分イギリス中部の富裕な町マンチェスターで独立して企業の経営に当たっていた。（彼自身の傾向には反していたが）エンゲルスは子供の時から、勃興してきた産業組織の本当の性質を知っており、また何よりも行動的な人間であった。

熱心な騎士であり、狩人であったエンゲルスは、抽象的思想の高いさくを飛びこすような時でも気軽に自己の仕事をすすめていった。陰気なマルクスは、「エンゲルスは、ヤコブが天使の誘惑と戦ったように彼の時代の風潮と戦いつつ徐々に仕事を成就させていった。彼は一日中いつでも、満腹していても断食していても働きつづけることができ、比類のない流暢さで書き、著述を続けていった。」とエンゲルスの力を賞讃している。エンゲルスは、「大砲のように各論説が目標に命中して弾丸のように炸裂する。」という形容があてはまるような自分の文体を自覚していたようである。エンゲルスの使用する好戦的用語は、単なる言葉の遊戯ではなかった。エンゲルスは、性格が軍人的戦士的であったので、エンゲルスの著作中最も抽象的なものといわれる『反デューリング論』(Anti-Dühring)においてさえ軍事用語と経験を大いに使っている。

エンゲルスは青年時代の軍事体験、とくに一八四八年ドイツ革命の時にバーデン暴動の一参加者としての体験に誇りを感じていたので、イギリス亡命の長い年月に来たるべき革命に備えて主として軍事学の研究に熱中していた。将軍というのはエンゲルスの友人が冗談につけたあだ名だったが、エンゲルスの気概を示す機会のなかったことを残念に思っていた人もいたであろう。しかしロシア革命の戦術戦略に及ぼしたエンゲルスの影響はよく知られている。エンゲルスと同時代の軍事専門家中の彼の対立者さえもエンゲルスの判断には敬意を払っている。アメリカのスコット将軍(この人は、当時大統領選挙戦に出馬していた)が書いたことになっているクリミア戦争に関する論文(『ニューヨーク・トリビューン』にのせたもの)は、エンゲルスの論説である。またプロイセンのフォン・プフュール将軍の仕事と考えられているパンフレット『ポーとライン』(Po and Rhine)はエンゲルスの書いたものであろう。軍事科学の分野におけるエンゲルスの著述は、他の分野のものに比しその数が多い。これらの分散している文献を一巻ないし数巻の書冊にまとめたならば、ちょうどマルクスの『資本論』が、博学の反対者の研究対象になったように世の軍事専門家にとって重要な研究対象物となったであろう。

エンゲルスは、軍事作戦、軍事技術の詳細な研究に関する論文、将帥の簡潔な伝記的描写、軍事学の分野における著述の鋭い評論等を書いている。エンゲルスの著述の全部を通じてエンゲルスがいかに史上の軍事的大戦略家の行動や著述に精通していたかがうかがわれる。これと同時にエンゲルスの独創力は驚嘆すべきものがある。特別の軍事的事件の分析でエンゲルスは多くの有名な軍事専門家よりはるかに先見の明のあることを示しており、軍事をジャーナリステックに取り扱ったものでさえも今なお価値がある。

エンゲルスの軍事著述については、ある批評家がかつてクラウゼヴィッツについていったと同様に、「彼は批評の天才である。彼の判断は明瞭でかつ重要なことは金のようだ。彼は戦略思想には簡明ということがいかに偉大なものかということを明らかにした。」ということができるだろう。実際ドイツの軍事戦略の指導精神に深い影響を及ぼしたクラウゼヴィッツは、同様にエンゲルスにも大きな印象を与えた。一八五七年九月二五日にエンゲルスはマルクスに手紙を書いて、「私は今クラウゼヴィッツの『戦争論』を読んでいる。変わった手法による哲学的研究だが、彼の主題の表現は大変上手だ。戦争は、技術と呼ぶべきか、科学と呼ぶべきかとの問に対しては、戦争は、商取引きに一番似ている。戦争に対する戦闘の関係は、商取引きにおける現金支払いの関係のようなものである。なんとなれば、戦闘が実際に起きる必然性がいかにまれであるにしても、戦闘は準備しておかなくてはならないし、またそれが決定的なものでなければならない。しかも戦争はやはり起こるものであるからであるとの答えが出てくると述べている。」と。

決戦のみならず防勢においても戦術的攻撃を重視することが革命戦略の常套手段になっている。これは赤軍の長い間の国内戦に充分に適用されただけでなく、第二次世界大戦で、ドイツの国家社会主義者の強襲に対する赤軍の英雄的戦闘においても同じように適用されている。闘志ならびに攻撃行動の決意はこの革命戦士にとって公理となったが、マルクスもエンゲルスの影響で生涯を通じて同じ考えをもつようになった。しかしこれらの基本的概念の上に、これらの社会革命主義者の軍事思想には明瞭な進歩があって、マルクスとエンゲルスは当時の軍事史と政治史についてますます現実的で細心なそしてより動的な解釈をするようになった。そこでマルクスとエンゲルスの思想の展開に三段階を画することができるであろう。一八四八年の国内戦争の戦術の分析と五〇年代と六〇年代の大国の戦略の詳細な研究に始まり、ついで革命状態の特色と革命概念に対する独特の研究に進み、ついに国内戦における革命戦術の体験と国際間の戦争の戦略とを総合して現代の総力戦争の方式に接近していった。

II

史上ではまったく成功の見込みのない運動がしばしばそうであったように、一八四八年の革命は精神的にも実行的にも誤断されかつ過小評価されてきた。ナポレオン以後の反動時代における中産階級の平和主義は、革命を非常におそれていたのに反し、戦場で発生し盛んになってきた一八四八年の急進主義は大変戦闘的なものであった。これは一七九三年の偉大な伝統によるものである。

マルクスは一九世紀中期のヨーロッパの本質的な闘争精神を、たとえそれが平和な装いをしていても、誤解してはいけないとして、一八五三年一月二八日に『ニューヨーク・トリビューン』に次のように書いている。「マンチェスター流の平和の福音が何か哲学的な重要な意義をもっていると考えるのは大きな間違いである。それが示しているのは、戦争技術における封建的方法が商業的に代わっただけで、いわば砲のかわりに資本をもってきたようなものだ。」と。大陸では一八四八年の運動がひどい敗北に終わったことは確かである。はじめの間はうまくいったが、希望を失った諸師団はじきにばらばらな革命勢力となってしまい、また政治的にまだ成熟していなかった中産階級は経験を積んだ支配階級に屈服した。かくて革命的動力は明らかな成果を見ないまま消えてしまった。しかしこのヨーロッパの国内戦争は重要な軍事的事件であった。ドイツではバリケードのうえや戦場で戦われ、プロイセンやオーストリアの軍隊も二〇世紀のいわゆるボリシェヴィキといわれるものの影響を免れえず、反乱軍はしばしば革命党に寝返った熟練した将校によって指揮され活躍した。

革命の傭兵の隊長のなかには冒険好きなオットー・フォン・コルビンのようないろいろな毛色のものがいて、そのなかには後に軍事的能力を発揮したものもあった。G・ウエデマイヤーはマルクスとエンゲルスの最初の信奉者のひとりで、プロイセンの砲兵将校であった。アメリカに亡命した後、アメリカ南北戦争の北軍の大佐として勇名をとどろかせた。ヴィルヘルム・リュストウはプロイセンの参謀将校で革命軍に身を投じた人である。後にスイス軍の陸軍大佐となり、陸軍士官学校の教官や著述家として専門家の間に名声があった。そして後にガリバルディの参謀長としてシチリア征服やナポリ進軍をやった。実際当時の軍事文献によると職業軍人にとって、バリケードによる戦士はいかにその数が少なくても優れた不屈の力を持ちまた手こずらせるものとの印象を深くしている。これは二〇世紀の植民地軍にとって、モロッコの山岳地帯のリフが同じような威力をもっていたのと同様である。

一八四八年の運動はその失敗にかかわらず、あるいは失敗したためかもしれないが、科学的社会主義の出発点となりまたその指導理論家たちの偉大な遺産となった。その意義すなわち軍事的戦略とその歴史的背景の探究は、マルクス、エンゲルスの亡命第一年における彼らの著述の中心問題であった。この失敗の教訓は将校の暴動戦略の法則を明らかにした。この法則はエンゲルスが書いてマルクスが編集した『中欧における一八四八~四九年の革命』と題する論文の見事な分析によって初めて明らかにされたのである。そしてマルクスの名でこの一連の論文は一八五一年から一八五二年の『ニューヨーク・トリビューン』で公表された。また『ドイツの革命と反革命』は鋭い現実的研究を書いた著名な論文であるが、一九一七年の革命前夜フィンランドのレーニンがペテログラードのボリシェヴィキに送った書簡で再び注目を浴びるようになった。「暴動は戦争と同様にひとつの技術である。…(中略)…そしてその手続きにはある規則がある。第一にその行動の結果に対する充分な準備がなくては暴動を起こしてはならない。…(中略)…第二に革命の成功は、一度暴動を始めたら最大の決意をもって攻勢的に行動するにある。防勢はすべての武装蜂起の死を意味する。…(中略)…敵の意表をつけ。…(中略)…今までに知られている成功の第一の秘訣は士気の作興に努めることである。革命戦略の最高権威ジョルジュ・ダントンのいったとおり、「大胆に進め、大胆に、そして重ねて大胆に。」革命戦術に関するマルクス、エンゲルスの考え方は、唯物史観を基礎とする彼らの哲学的思考体系と、社会政治の原動力を理解する鍵となるべき一般経済状態の重要性を背景とすることにより、その完全な意義を理解することができる。

一八四八年の民衆運動の生起と失敗はこの解釈に照らして見ると、結局は経済的理由によって決定され、左右されたこととなる。エンゲルスの言に「一八四七年の世界の経済恐慌が二月および三月革命の真の原因である。また一八四八年中期から徐々に進み、一八四九年と一八五〇年に全盛に達した産業の繁栄が復興したヨーロッパの反動勢力に生気をとりもどさしたことは事実であった。」とエンゲルスは述べ、さらに、「新しい革命は、ただ新しい危機の結果によって起こる。そして危機が必ず起こると同じように革命もまた確実に起こる。」と述べている。

マルクスとエンゲルスにとっては新しい経済危機の近接は革命を呼び起こすラッパの声であった。ゆえに一八五七年の不景気をマルクスとエンゲルスはさし迫った革命的情勢の兆候と判断した。エンゲルスはすぐに取引所を去って戦場に赴き、腰掛を馬にとりかえられると考えて喜んだ。「さあ、われわれの時代がやがてこようとしている。生か死かの戦いが、私の軍事研究はただちに一層実際的になるだろう。私はただちにプロイセン、オーストリア、バイエルン、フランス軍の戦術と組織のなかに身を投じよう。それ以外には騎馬すなわち狩猟のほかは何もやるまい。狩猟はよい騎馬学校だ。」しかし慢性的危機は革命にも戦争にもならなかった。

戦略の大家たちが確かに、作用している実際の力の評価をしそこなったが、同時に彼らが将来の革命計画の重要な要素を発見することにもなった。それは、タイミングであり、爾後巧みな戦略の原則となった。マルクス、エンゲルスの弟子はロシア革命時この教訓を充分に適用した。

革命の情勢がすぎさった時に、マルクスとエンゲルスは革命を遊び半分にするいかなる計画も無駄で危険だと強く指摘し、小さな暴動の計画に反対してそんなことをすれば反動勢力の手に乗るだけだと労働者たちに警告した。無謀な蜂起のかわりにマルクスとエンゲルスは、この見せかけの平和の間を利用し長期的準備を実施するという戦略を打ち出した。エンゲルスは資本家とプロレタリアの死の大闘争に赴くために再び馬に跨る時のくるのをじりじりして待っていたが、彼はこのような企てに対する最大の危険は行動意欲——はやる心——にあることをよく知っていた。タイミングと忍耐は堅実な戦略の重要な要求となった。このようにしてマルクスとエンゲルスは亡命生活者がよく陥るわなに用心しながら、亡命中に困難だがやり甲斐のある、豊かな経験を積むことに努力した。ロンドン亡命の初めの一〇年間はマルクス主義の世界政治の学習時代となった。ここでマルクスとエンゲルスは一九世紀の世界的問題である中産階級の開眼ということに足をふみ入れた。かくて小さなドイツの諸国家やフランスの小さな政略というような地方的、党派的な局部から離れて、この二人の鋭い思想家は広い視野を得ることができた。

ナポレオン三世の手によるフランスの革命の大敗北の戦術的教訓から、マルクスは、「農民の民主主義的エネルギー」の進歩の必要を感じている。エンゲルスもその時代に『ドイツ農民戦争』(German Peasant war)という研究で同じ結論に達した。

「ドイツにおけるすべての問題は第二版『ドイツ農民戦争』によって、プロレタリア革命が推進できるか否かにかかっている。」とマルクスはエンゲルスに書き送っている。この時から来たるべき社会革命の同盟者または推進力としての農夫がマルクスとエンゲルスの考察の主要部分になってきた。とくにロシア社会の見通しについてはほとんど農民が運命を決するという観察がなされた。農奴解放は政治史の転機を形成するものであり農奴は、また革命勢力の新しい顔ぶれとして登場してきた。ロンドンの破れ屋から世界革命の総司令官としてナポレオン式に命令していたマルクスは、「次の革命にはロシアは喜んで反乱に加わるだろう。」と書いている。それ以来ロシア革命はマルクスとエンゲルスの政治的思索の永久的問題となった。これから一直線に一九一七年のソヴィエトの騒動が導かれたのである。主として農民から徴募された軍隊によって一八四八年の革命はいたるところで撃破されたが、革命的農民との提携が国内戦の時にはソヴィエト・ロシアを救った。

社会主義の父たちが全般的な国際事情の研究に向かったことは、これよりもさらに革命思想の進歩にとって重要なことであった。マルクスとエンゲルスはすぐに、一八四八年の革命の失敗は主としてその国際的な係わり合いによるものであったということをさとり始めた。実際『新ライン新聞』(Neue Rheinische Zeitung)――この新聞にマルクスは第一次ドイツ革命の最も急進的で精神的かつ特色のあるジャーナリスト的な企画をするために編集者として招かれた――の初期時代以来この二人の友人は外交政策と国内問題がいかに密接な関係があるかを知った。マルクスとエンゲルスは将来のヨーロッパ革命は一国の単独の努力だけではきまらないこと、このようなことを実現するには社会主義や外交政策の問題に対する綿密な注意と、現実的な革命戦略の真剣な考察が必要だということを知った。

当時の社会勢力がばらばらな一揆の暴動的段階から世界政治の段階にまで暴動を引き上げたことは、マルクスとエンゲルスの特筆すべき功績であり、この点はしばしばマルクスとエンゲルスの解説者に看過されているところである。

Ⅲ

マルクス主義者の戦略は一八五〇年代の初期にその第二段階に達した。マルクスとエンゲルスがこの亡命の時期に彼らの祖国との連係を見出したということは奇妙に見えるかもしれない。エンゲルスの方が深い忠誠と真面目な愛国主義を一層率直に表現していることは疑いないが、マルクスも政治的反対者を攻撃している文中にしばしば気がつかないで明らかに国家への偏執を見せている。一層注目すべきことは、この社会主義の指導者たちが今や国家の個性とその国際関係の重要性を研究し始めたことである。マルクスとエンゲルスは、中央ヨーロッパおよび東ヨーロッパに目ざめつつあるナショナリズムに注目し、これらの独立運動から、一九世紀半ばのヨーロッパにおける政治的無関心を破砕する革命的衝動の再起を期待した。この願望の最たるものはコシュート・ラヨシュの指導のもとに起こったハンガリーの革命で、これはエンゲルスの大きな期待であった。いかなる国で起こった政治行動もより大きいヨーロッパ問題という観点から観察された。このような国際的な方向をとることは当初ははなはだしく独断的で、現実化への接近方法も粗雑だったことは確かである。政治的分類も単にふたつのヨーロッパという考えに基づいて行われていた。すなわち反動対革命、帝政主義対進歩的西欧主義といった調子で、長い間フランスは革命の祖国と見られていた。ロシアと戦う西欧同盟、フランスのジャコバン（Jacobin France――フランス革命時代の過激共和主義者）と神聖同盟との戦争、それは一八四八年にマルクスとエンゲルスが大いに期待した国際的政策であった。予期された東西の衝突はついにクリミアで起こったが、この戦争はロシア皇帝と簒奪者ナポレオン三世の戦いで、イギリスはフランスを支持していた。マルクス主義者の戦略家はその当時、やがて戦争中に革命勢力が台頭してくることに希望をいだいていた。

クリミア戦争はエンゲルスにとって当時の軍事問題を詳細に分析する最初の機会だった。エンゲルスは軍事科学の研究を生涯の職業にしようとさえ考えたが、ロンドンの『デイリーニュース』にその地位を得ようという希望はかなえられなかった。エンゲルスの非凡な知識の唯一のはけ口は、マルクスが（エンゲルスの知識をもとにして）定期的に『ニューヨーク・トリビューン』に投稿している論文であった。これらは軍用器材の技術に精通し、鋭い戦略判断を示していたので、アメリカの大家には専門家の手になった驚くべき投稿だとして好評を博した。

戦争の初めには、エンゲルスは黒海とバルト海（スウェーデンとデンマークとの連合により）に対する連合軍側の迅速で強力な作戦に強い希望を抱いて、それはロシア海軍と全海軍の要塞を破壊してしまうと考えていた。

交戦国の軍隊の組織と戦術能力を慎重に検討した結果、エンゲルスは連合国の優勢をいささかも疑ってはいなかった。インケルマンの戦いまで連合国の砲兵と騎兵の優越は立証されていたが、ロシアの歩兵は兵力の大量使用で勝利をおさめた。局部的には連合軍の近代軍事技術と戦術行動にはロシアは対抗できないことが分かった。その後エンゲルスはロシア経済学者ダニエルソンにクリミア戦争の特色を、「原始的生産技術の国が近代的な国と戦った勝利の望みなき戦争」だといった。連合軍の戦勝を信じてはいたが、エンゲルスはイギリス陸軍の編成に鋭い批判を浴せることを止めなかった。食料、衣服、医療品の言語に絶する欠乏がイギリスの民衆の怒りの的になった。マルクス主義信者の歴史観に忠実なエンゲルスは主として支配階級を非難した。

クリミア戦争の重要な特色は築城と攻囲戦の重視であった。皮相な観察者の目にはこの事実は、ナポレオン時代からフリードリヒ大王時代への後もどりのように見えたかもしれない。「これくらい間違ったことはない。」とエンゲルスはセバストポリ要塞陥落の後にいっている。「今日では要塞は野戦軍の移動を掩護する集結地点以上の重要性をもっていない。その価値は相対的である。最後まで守り通すことが賢明なこともあれば、そうでない場合もある。」とにかくエンゲルスは、クリミア戦争の時にはナポレオン以来の大戦略家ジョミニ、ヴィリゼン、クラウゼヴィッツなどの著書を読んだだけでなく、ロシアにおけるナポレオンの作戦を綿密に研究した。そしてエンゲルスはクリミア征服の後に連合軍がロシアと戦うためにぶつかった困難が何であったかを知った。広い面積を有する地域での兵站の問題は越えがたい障害であって、連合国が速やかに戦争の終結を望んだことが、これで了解できるのであった。

この行きづまりに対するエンゲルスの答えは革命戦略に訴えることであった。エンゲルスにとっては革命戦争が連合国にもロシアにもともに解決策のように思われた。一方では勃興した国家主義のドイツ、ポーランド、フィンランド、ハンガリー、イタリアの革命勢力に訴え、他は汎スラブ主義に訴える。かくのごときイデオロギー戦争の可能性は正しい情勢判断であった。ナポレオン三世も後にヴィクトリア女王に戦争を継続するためには独立を求めて戦っている諸国民を軍隊に入れるほかはなかったろうと告白している。一八五六年にクリミア戦争が終わって、エンゲルスのさらに大きな革命的動乱に対する望みは打ち砕かれてしまった。

エンゲルスはナポレオン的野心の軍事的意義を優れた二冊のパンフレット、『ポーとライン』と『サヴォイア・ニースとライン』（一八六〇）で詳細に研究している。最初の論文で、エンゲルスは彼の時代の軍事専門家の間に流行していた通俗的理論、（たとえばフォン・ヴィリゼン将軍の『一八四八年イタリア戦役』のようなもの）すなわちラインはドイツの一部とみなされていたポーで守らねばならないという理論を攻撃した。

イタリアの河川の上流地域とイタリア要塞の戦略的位置を分析して、エンゲルスはポー谷地の制圧はドイツ南部国境の防御にとって軍事的必要性がないことを立証した。そのうえエンゲルスは、いわゆる軍事的議論の影にかくれている真の戦略の動機は、神聖ローマ帝国再興の政治的野心とヨーロッパの仲裁人になろうというドイツの主張にあることを指摘した。エンゲルスはとくに大ドイツの併合政策を警告して、その弱い隣国の解放はドイツをヨーロッパで一番嫌われものの国にするといっている。

このようにローマ－ベルリンの枢軸とヒトラー・ドイツの新秩序はその発足の八〇年前からすでに拒否されていたのである。さらに驚くべきことは西方作戦における戦略に関するエンゲルスの議論である。ここでは彼はパリを要塞化することによりフランスは、ライン左岸に対する伝統的要求を放棄してもいいということを立証しようと試みた。フランスの会戦のための戦略は元来パリ防衛を目指して指導されてきた。フランスの中央集権がパリをその国の鍵にしていたので、それはもっともなことであった。首都の降伏は帝国の滅亡を意味していた。しかし最近のパリの築城でヴォーバンの三重要塞は余計なことで、ただ兵力の無用の分散を意味するのみであった。エンゲルスはフランスの真の危険はベルギー国境の弱い前線にあると見ていた。何となれば、ヨーロッパ条約はあるけれども、戦争になればベルギーの中立は紙くずよりましなくらいのものだということを歴史が示すことだろう。このような現実的評価を基礎としてエンゲルスは軍事作戦に成功するための精巧な計画を作りあげた。要塞化されたパリを基礎として、フランスはベルギー国境で攻勢的に守る。もしこの攻勢が撃退されたら、軍はオワーズ－エーヌの線で踏みとどまらねばならない。敵にとってはこれ以上進むことは無用である。なんとなればベルギーから侵入した軍隊は単独でパリに対して作戦するにはあまりにも困難だからである。エーヌの背後でパリとの間に誰も切断できない兵站線を保ちつつ——最悪の場合パリに左翼を托して——マルヌの背後でフランスの北方軍は攻勢をとって友軍の来着を待つことができる。五五年後にフランスの軍人は、マルヌの奇跡についてエンゲルスの先見の明ある予言を実行して、自動車で戦線に到着した。

一〇年後の普仏戦争の時に、エンゲルスは彼が会戦戦略に精通していたことを再び証明してみせた。ロンドンの『ペル・メル・ガセット』(Pall Mall Gazette) のために書いた一連の論文で、エンゲルスはプロイセン軍がシャロンに向かい前進中、突如ベルギー国境に対し急旋回することを詳細な解説で示した。そしてこれはモルトケのセダンの決勝をもたらした戦略を予見したヨーロッパでただひとりの観察者であった。

アメリカ南北戦争に際し当時の公式の軍事権威者の大多数はこの長い苛烈な戦争に何の興味も示さなかったが、(たとえばモルトケは、武装した暴徒の運動を研究しようとは考えないといったと伝えられている) ——エンゲルスはそれを軍事史上比肩すべきもののないドラマとみた。それは広漠たる全戦場に鉄道と装甲船が最初に戦略的に使用されたというだけでなく、「奴隷解放という世界的変革」というひとつの革命的戦争であった。マルクスは、「一八世紀にアメリカ独立戦争が警鐘のごとくヨーロッパ中産階級の間に鳴り響いたと同様に、一九世紀のアメリカ南北戦争はヨーロッパの労働階級に鳴り響いた。」と『資本論』序文に書いている。

エンゲルスは決定的に北軍に好意をもっていたが、南軍の非常な熱意と対照的に北軍がだらしない管理をしているのを見てびっくりしてしまった。一八六二年一一月五日マルクスにあてた手紙にエンゲルスは、「かかる重大な事件で人口の四分の一しかない敵に常に負け続けているような人たちに力瘤を入れることができなくなった。」と書いている。彼は戦争の結果について疑問さえもっていた。エンゲルスに軍事的な面に対して一方的な注意によって偏見に陥らないように正当な注意を与えたのはマルクスであった。エンゲルスが感心した卓越した戦略家、リーが包囲されて、グラントがナポレオンのように敵の全軍を捕虜にした時に、エンゲルスは始めてねむそうに、そしていやいや戦いを始めた北軍の訓練と士気を認めたのであった。

ビスマルクの指導でプロイセンが勃興した時に、革命主義者の頭は再びヨーロッパ戦場にもどった。エンゲルスは短期のデンマーク戦争でドイツ歩兵がデンマーク歩兵に優っていて、プロイセンの火器が小銃も大砲も世界で最良のものであることを確認した。エンゲルスはそれでもなおプロイセンの軍事的攻撃力を軽視していた。実際ケーニヒグレーツ（サドワ）の戦いの直前に『マンチェスター・ガーディアン』に書いた論文では戦争進捗中にプロイセンの敗北を予言さえした。エンゲルスはモルトケの作戦計画を鋭く攻撃したが、その翌日プロイセン軍は戦争の重大原則を犯したにもかかわらず、その結果は悪くなかったことを認めた。エンゲルスの驚くべき見込み違いは、主としてプロイセンの内部情勢の誤った評価に原因している。六〇年代の初期の陸軍の改革に関するはげしい憲法闘争をエンゲルスは、多くの通俗的反対論者と同様に、軍隊の崩壊と革命の序幕と誤解したのであった。「もしこのチャンスを利用せずに逸するならば…（中略）…われわれは革命の一杯つまっている袋をしまいこんで、純理論の研究に転職するほかはない。」とエンゲルスは告白していた。エンゲルスはプロイセン軍隊を無条件に尊敬するとともに、その勝利の政治的影響をも確認した。エンゲルスはマルクスに書簡を送って、「プロイセンが五〇万丁の撃針付の元込め銃をもっているのに残りの世界の全部をあわせても五〇〇丁もないということは事実である。」といっている。どの軍隊も二、三年おそらく五年以内に元込銃で軍隊を装備することはできない。それまではプロイセンはどこにもひけはとらない。ビスマルクがこの機会を利用しないと考えられるだろうか。もちろん彼はそれを利用するだろう。」と。この偉大な革命家は、今やビスマルクがナポレオン三世よりも危険な真のナポレオン一世支持者であることを認識し、またドイツの統一がプロイセン主義の流れに一時的に押し流されているのを悲しんでいたが、エンゲルスはこれと同時にヴィルヘルム・リープクネヒトのような社会主義指導者たちが、事実を見ることを非現実的に拒んでいることには反対であった。彼らの暗愚な反対を排し、エンゲルスはプロイセンの成功によって作られた現実の基礎のうえでプロイセン貴族との闘争を開始した。

マルクスとエンゲルスの壮大な弁証法的見解は今や試験台にあがることとなったのである。亡命という困難な学校で、彼らは彼らのヨーロッパの情勢のなかで階級や国家の特別な発達を見、また、「社会の自然な発達についての現実的な知識」に基づいて彼ら自身の革命的統率力を発揮することを学んだ。かくてマルクスとエンゲルスは戦略の第三段階、革命政府の構想へ近接したのである。

Ⅳ

企図した革命政府樹立の戦略は、マルクスとくにエンゲルスが想像したように当初確かに断片的なものであった。マルクスとエンゲルスが代弁者になっている社会主義運動の現状は、彼らの思想の完全な具体化も社会主義の秩序樹立のために実際に適用することもできない状態であった。そのうえ当時の社会主義団体の指導者でさえも、エンゲルスの思想に対して反対しないまでも明らかに保留的態度を示していた。しかしエンゲルスの軍事的戦略に関する生涯の研究が報いられ、ヨーロッパの民主主義的急進主義の将来の発展形態が形づくられるにおよんで、エンゲルスの方略は明らかなものになってきた。

エンゲルスの積極的軍事方略の基底には、民主主義軍隊の教義、国民の武装とそれを漸進的に実現させうる確信があった。エンゲルスのパンフレット『軍事問題とドイツ労働者階級』(一八六五年)のなかには実際この夢がすでにあらわれている。これがその後の三〇年間のエンゲルスの指導原理であった。

『プロイセンの軍事問題の研究』が、封建的支配階級と新興の自由主義中産階級との憲法闘争の真最中に出版された。これは本来労働者組合の入門書として書かれたものである。自身の政治的解放のために戦っているプロレタリアートに対するエンゲルスの忠告は、反動勢力に対して戦っているブルジョア(商工業)階級を支持しろということであった。(この反動勢力は新しくボナパルト主義国家の形態をとり、労働者からも資本家からも政治力のあらゆる名残までもとり去ってしまおうというものであった。)この論文の特色は、中産階級の抵抗力と弱点についての鋭い評価、ナポレオン戦争以後のプロイセン陸軍の軍事機構についてその専門的細部事項のくわしい展望のみではなく、プロイセンの人口と富の増加ととくに隣国の潜在戦力から見て軍事改革を当然として現実的に支持していることである。

エンゲルスは緊要な数年間に自分自身の戦略的利益を失ってしまっていて、軍隊に勝つことのできなかったブルジョア階級を攻撃している。エンゲルスはこの根本的失敗が一八七〇年以後ドイツにおける民主主義の発展を停滞させてしまった理由だと主張した。エンゲルスの判断によると、陸軍の発達は社会の成長の欠くべからざる部分である。

マルクスとエンゲルスは、『新アメリカ百科辞典』(一八六〇~一八六二年)に書いた論文のような初期の研究では、過去と現在の軍事組織の社会的基礎とその前提条件を強調していた。今やマルクスとエンゲルスは軍隊それ自身が社会の第一級の代表機関のようなもので、軍隊は民主主義社会が生まれ出る主要通路のような役目をつとめるものだということを悟った。その方程式は簡単で、明らかにフランス革命によって引き出された歴史的傾向によるものである。中産階級や農民の解放は近代の大軍への道を開いた。一般兵役義務はもし変わらずに実施されれば、外国の侵略に対する国防上、最高でかつ最も効率のいい軍隊を保持する保証になる。同じようにそれは軍隊の内部性格を必然的に変形せしめて、下層階級の数がふえるために人民の軍隊に変わった。

エンゲルスは誇らしげに一八九一年に宣言している。「ドイツの社会的民主主義の真の力はその選挙有権者の数によるものではなくて、その兵数によるものである。人は選挙有権者には二五歳でなるが、兵隊には二〇歳でなる。何より大事なことは政党が後継者を補充するのに青年からこれを求めることである。一九〇〇年までのプロイセン陸軍は、プロイセンで最も反動的要素であるが、やがてその大部は社会主義者とならざるをえない運命をもっている。」と。

エンゲルスは民兵組織を最後の目標と見ていたので、エンゲルスは性急にマルクスにこういっている。「ただ共産主義社会においてのみ真に民兵組織に近づくことができるが、それでもその実行は徐々に行わなければならない。」と。

エンゲルスの生涯の終わりに新しく編集された『フランスにおける階級闘争』の序論で、革命戦略の必要な変更について、「一八四八年の戦闘法は今日ではあらゆる点で旧式である。」とのべている。バリケードの時代、街角の革命の時代はすぎさった。エンゲルスは、「実際市街戦の古典的な時期においてさえ、バリケードは実質的効果よりも精神的効果の方が大であったのだ。」と指摘した。もし軍隊の自信をゆり動かすまで、それを守り通せれば、勝利は得られた。そうでない時は敗北であった。一八四九年においてさえ成功の機会はむしろ少なかった。「バリケードはその魅力を失った。兵士はその背後にいるのはもはや民衆ではなく謀反人であろうと思った。…（中略）…将校は時がたつにしたがって市街戦の戦術に慣れてきた。間もなく彼は急造の胸壁を掩護物として利用するとともに、目標に直進することなく、花園や庭や家を通って翼側を包囲するようになった。」とのべているとおり、その頃から非常な変化がきて、すべては軍隊に有利になり、暴徒の方はすべての状態が悪くなった。新しい兵器と、比較にならぬくらい有効な弾薬は大工業の産物で、暴徒の急造ではできなくなった。エンゲルスはさらに、「革命が無自覚な大衆の先頭に立った少数者によって成就される時期はすぎた。社会組織の完全な変革が当面の目標となった時に、大衆自身が自発的に加担し、何があやうくなっているかを了解しなければならなかった。これらは最後の五〇年間に歴史がわれわれに教えてくれたことである。」と述べている。

〈国民皆兵〉は軍事戦略家としてエンゲルスが宣言した理想であった。現在の社会状態において軍国主義の打破をねらうことをエンゲルスは無駄な観念論だとした。その代わりエンゲルスは、封建的伝統の根絶と一般兵役義務につきものの民主主義的傾向を喚起することが唯一の有望な政策だと思ったのである。二〇世紀のエンゲルスの追随者は多数で、エンゲルスの影響は党派を超越したものであった。〈国民皆兵〉は現代のソヴィエト・ロシアで完全に実現された。

エンゲルスが彼の優れた弟子のひとりであるフランス社会主義者ジャン・ジョレスと全然同意見であることは疑いない。ジョレスは彼の『新しい軍隊』(Armeé Nouvelle)で、「もし政府が軍隊に国民そのものを動員しないならば、冒険的政策を執る準備は全然できていないといっていい。…(中略)…もし平和を望む一国家が、何か大きな略奪をする目的か、内憂外転のために略奪的かつ冒険的な政府に攻撃されたら、その時こそ本当の国民戦争になるだろう。…(中略)…〈国民皆兵〉は国家の防衛を最上のそして完全な形で実現するために最適の組織である。武器を取った国民は必然的に正義によって立ちあがった国民である。それはヨーロッパに新時代を画する。それは正義と平和の希望をもたらすであろう。」といっている。

（山田積昭訳）

第8章

プロイセン流ドイツ兵学
モルトケ
シュリーフェン

ハーヨ・ホルボーン　エール大学歴史学教授。ベルリン大学哲学博士。ビスマルクの対ヨーロッパ・対トルコ政策を研究。

I

ウィーン会議後、半世紀間、プロイセンは積極的にヨーロッパの戦争に参加することはなかった。六〇年の間にプロイセンの軍隊は大陸で最強のものとなったが、国民はすでに二世代にわたってほとんど戦争の体験をもたなかった。一八四八年から一八四九年の革命の間に小規模な作戦が企図され、また一八三〇年から一八五九年の間に戦争を予想してしばしば動員しかかったが実施はされなかった。この同時代にロシア、オーストリア、フランス、イギリスの軍隊は戦争を行っている。六〇年間にえたプロイセン軍の優越はその編制、訓練、戦争の理論的研究（サドワの戦い、セダンの戦いの五〇年も前に完成していた理論的研究）によって、初めてできあがったのである。

一九世紀のプロイセン軍隊は四人の人物によって育成された。それはフリードリヒ大王、ナポレオン、シャルンホルストおよびグナイゼナウであった。

フリードリヒは勝利への伝統的精神を鼓吹し、逆境に耐える忍耐力を教えたが、これは軍隊の誇りと自信のために貴重なものである。フリードリヒは平和の時でも軍隊生活は激働のうえに成り立ち、戦闘の決は平和の時の練兵場の訓練ですでに決しているということを軍の後継者たちの頭に焼きつけた。確かにプロイセン軍隊にはつまらぬことにこだわる点があったが、それはフリードリヒ大王の戦略的天才によって救われたのであった。

しかしフリードリヒは若い戦略家を育成しなかった。そのためプロイセン人に戦略が戦争で果たす役割を教えたのは、ひとりの外国の征服者であった。

プロイセン生まれでない若い二人の将校、シャルンホルストとグナイゼナウがプロイセン軍の再編にあたって、その範を主として近代フランス軍にとるようになったのは、ナポレオンがプロイセン軍の第二の教師となったからである。シャルンホルストとグナイゼナウは、イエナの戦いの後、プロイセン軍を新しい戦争形態に適合するように改革した。

プロイセン軍隊の再編者たちは新しい戦争方式はフランス革命が生み出した深刻な社会的および政治的変革の結果であることを知っていた。

フリードリヒ大王の軍隊は国民社会から孤立した傭兵の軍隊であった。兵士は野蛮な訓練で結びつけられている一方、貴族出身の士官は名誉心と忠誠心を賛美していた。プロイセン軍隊の二人の改革者はこのプロイセン軍隊を国民軍にかえようと試みた。この目的で彼らは今までかつて企図されたことのない急進的な徴兵制を採用した。ナポレオンのティルジット条約は、シャルンホルストの構想の即時実現を妨げたが、その弟子ヘルマン・フォン・ボイエンの作った一八一四年のプロイセン陸軍法ではじめてその構想はプロイセンの軍事組織の恒久的なものとなったのである。

徴兵制は実際に大陸のすべての諸国で採用されることとなったが、プロイセン以外では裕福なものは金で免除されるか、雇った代理人で間にあわせることができたので、単に貧乏人の徴兵にすぎなくなっていた。プロイセンでは全国民が実際に兵役についた。この点ではプロイセン軍は他国に比し、より明確な国民の軍隊であった。不幸にしてプロイセンは民主主義の国ではなく、官僚的独裁主義の国であった。政府や軍隊にプロイセン貴族階級の特権的地位が再び頭をもたげ、青年貴族階級が将校の地位の独占を続けた。アメリカやフランスでは国民的自由思想にもとづく国民兵役は、プロイセンでは専制主義国家の力を強めるための道具になった。

プロイセン陸軍改革者たちの真の国民軍を作ろうという夢は、一八一五年以後の政治的反発で駄目になってしまった。一八四七年のプロイセンの野外教令には一八一二年のシャルンホルストの命令で排除されていたフリードリヒの戦術の復活がはかられた。しかし、シャルンホルストとグナイゼナウの戦略思想もプロイセン軍隊に忘れられたのではなかった。

同時代の人のなかで、ハノーファーとオーストリアの名門の出の二人の将校のみが戦争の技術についてナポレオンと肩を並べることができた。シャルンホルストは一八一三年夏に早死したので戦場で大軍を指揮する機会を得なかった。グナイゼナウは一八一三年秋から一八一五年の夏までプロイセン陸軍の参謀総長で、新しいプロイセン流の兵術思想は単に新しい理論だけでできるものでなく、理論を実現できる能力のある人によってはじめて可能であることを証明した人である。この二人のうちでどちらが偉かったということについては多くの論争がある。クラウゼヴィッツは両方の友人でありました生徒だが、シャルンホルストの方が熟考力と行動に対する情熱を兼ね備えているというので、彼に采配を上げており、シュリーフェンはグナイゼナウの方がより聡明で、戦場における決断力をもっているといっている。しかし歴史的観点より見れば、冷静沈着なシャルンホルストも、熱烈で雅量のあるグナイゼナウも新しい型の将帥を代表している。二人とも指揮官としての天性をもっていて、ひとりは教育者として他は戦場の指揮官として優れていたが、ともに、カントおよびゲーテのドイツ哲学全盛時代の人間で、「思想は行動に翼を与えるものである。」と信じていた。

新しいプロイセン流戦略は元来ナポレオン戦法の研究から生まれてきた。一九世紀の戦術研究者の大部分は、(サドワとセダンの戦い以前には)ジョミニの著述をナポレオン戦略の決定版のように思っていた。ナポレオン自身、このスイス生まれの男が彼の戦略の根底の秘密を見破ったといったほどである。しかしナポレオンはジョミニをほめる一方では天才は身につけた原理原則のもと直感で動くものだ、ともいっている。ジョミニの冷静な合理主義ではナポレオンのように自然に正しい処置ができるという訳にはいかない。ナポレオン戦略の解釈はシャルンホルストが作りあげたもので、グナイゼナウの一八一三年から一八一五年の戦役における作戦指導を大いに力づけた。それは歴史と帰納法にもとづいて指揮官の創意と彼の軍隊の精神力に全幅の信頼を置くものである。クラウゼヴィッツの『戦争論』ではこの新しい思想を格調高く古典文学的に表現している。

新しいプロイセン流戦略はプロイセンの参謀本部内にその芽を育てていった。それは軍隊の頭脳となり、神経中枢になった。参謀本部の起源は一八〇六年の一〇年間に溯るが、シャルンホルストの時代までは特別の地位を与えられていなかった。一八〇六年シャルンホルストが陸軍省を再組織した時、彼は特別の部を作り、陸軍の編成、動員ならびに平和時の教育訓練の計画を担任せしめた。この部の権限に情報と兵要地誌が加えられ、後にさらに戦略戦術の計画と指導が加えられた。シャルンホルストは陸軍大臣としてこの部の指揮をとり、部員たる将校を兵棋演習と参謀演習で訓練してその戦術、戦略的思想に強い影響を与えた。

そしてこれらの将校を各軍の副官に任命するのが慣例になり、この慣例は、やがて各将軍の参謀長を監督するところまで拡大されたのである。ズボンに緋色の筋をつけた若い将校が陸軍の各部門に戦略思想を持ちこんだ［訳者注・ドイツの参謀はズボンに赤い側章をつけた］。

シャルンホルストのもとで参謀本部は依然として陸軍省の一部局であって、もしプロイセン議会が容認するならば依然として陸軍省の管轄下におかれていたであろう。しかしプロイセン政府の絶対主義的性格によって、軍事的責任は国王の直率下に移されることになった。一八二一年に参謀総長は軍事に関して国王の最高顧問となり、陸軍大臣は政治的ならびに行政的監督にその権限を制限されたのである。この決定は甚大な影響を生じた。なぜならば単に開戦後のみではなく、戦争の準備とその初期段階においても参謀本部に軍事の指導権が与えられたからである。

II

モルトケは、解放戦争の間に培われた伝統的思想と制度の利益を全部受け継ぐような運命を背負っていた。シャルンホルストやグナイゼナウと同様にモルトケもまたプロイセンの生まれではなかった。隣国のメクレンブルクの出身である。モルトケの父はデンマーク王の将校だったが、当時デンマーク王はシュレスヴィヒ公とホルシュタイン公のごとく、ドイツの一王族であった。モルトケはデンマークの士官候補生となり一八一九年には少尉になった。しかし彼のデンマークでの体験は幸福なものではなかった。父との関係は密接でなく、デンマーク陸軍での勤務はたいして将来の見込みのあるものでもなかった。そこで、一八二二年になってモルトケは、父がデンマーク陸軍に移ってくる以前、父がかつて軍人生活の第一歩を踏み出したプロイセン陸軍に将校として勤務したい旨を願い出た。

プロイセン人はこの若い少尉を難しい試験の結果採用し、一番下の階級からやり直すことを命じた。しかし一年後モルトケはクラウゼヴィッツが校長をしていた陸軍士官学校に入学を許された。しかしクラウゼヴィッツは講義を担当しなかったので、モルトケは一八三一年になるまでは彼の魅力を感ずるにはいたらなかった。この年にクラウゼヴィッツの著作が死後出版された。陸軍士官学校での勉強で、モルトケは学校で教えられた地理、物理学、戦史に対し甚大な興味を感じた。一八二六年モルトケは二年間彼の連隊にもどって勤務したが、モルトケの時間の大部分は頭を使う任務である師団の将校教育に費やされた。一八二八年にモルトケは参謀本部勤務を命ぜられ、ここで六〇年以上を過ごしたのであった。

デンマーク陸軍とプロイセン陸軍の少尉時代を送った五年間を除いて、モルトケは部隊勤務をしたことはない。モルトケは六五歳の時オーストリアとの戦争にプロイセン陸軍の実質的な部隊指揮をとるまでは中隊以上の部隊の指揮をとったことがまったくない。一八三五年から一八三九年まで、モルトケはトルコ政府の軍事顧問としてトルコで暮らしたが、その間にエジプトのムハンマド・アリーとの小戦闘で実戦の体験を得た。トルコ軍の指揮官は若い大尉モルトケの適切な助言を馬耳東風と聞き流したので、モルトケは敗戦のなかでも最もみじめな戦いを見ることができた。

モルトケがベルリンに帰った時をもってその生涯の一番苦難な時代は終わった。当時モルトケは無駄遣いする金をまったくもっていなかった。やむをえずモルトケは大衆雑誌に短い論評や歴史論文を書いた。馬がなくては参謀本部勤務を許されないので、乗馬を買うためにギボンの歴史六巻を翻訳したが、その結果は出版社に支払能力のないことを発見しただけのこともあった。若い時代のモルトケがかかる経済的問題と戦いながら、苦しいスパルタ的環境のなかでなお高雅な教養を身につけたということは印象深い話である。モルトケの青年時代の主な仕事は地形学に関するものであったが、モルトケは地理のすべての問題に踏み込むとともに、歴史を深く研究した。モルトケの学識教養は充分に円熟し、それとともに表現力も進歩した。モルトケはドイツの散文体筆者としては一流の大家であった。

モルトケは政治家でもなければ、またもともと政治思想家でもなかった。シャルンホルストとグナイゼナウは将帥の資質と同じくらいに政治家の資質をもっていて、彼らの軍事改革はまた直接国民の全生活の変革を目的としていた。これがプロイセンの保守的雰囲気のなかにおいて、またロシアやオーストリアの宮廷で嫌疑をかけられる原因となった。フランス革命とナポレオンの敗戦が明らかになるや否や、彼らはジャコバン党とみなされ、グナイゼナウと若い改革者たちは引退させられた。モルトケは将帥と政治家の性格の本質的関係に気がついていて、個人的には政治に非常な興味をもっていたが、政治問題に積極的に手を出すことをしなかった。そのため、その方面で疑われたことはなかった。一八四八年から一八四九年の革命と、その後六〇年間におけるドイツ自由主義の衰退をモルトケは非常に喜んでいた。彼の物静かな態度と政治的見解、そしてその広い学識は宮廷の好感をうけることになった。一八五五年フリードリヒ・ヴィルヘルム四世はその甥のフリードリヒ・ヴィルヘルム皇子、すなわち後の皇帝フリードリヒ三世の侍従武官（aide-de-camp）に任命した。この任命でモルトケは皇子の父、軍人皇子として知られていたヴィルヘルム一世と接触することになり、モルトケの手腕を認めたヴィルヘルム一世は彼を参謀総長に抜擢するにいたった。

一八五七年ヴィルヘルムがプロイセンの摂政となるや否や、モルトケは参謀総長に任命された。そしてヴィルヘルムは、陸軍の政治的技術的再編成に一層の関心を示すようになった。当時国会においては、陸軍大臣アルブレヒト・フォン・ローンが派手な人柄であったため、〈沈黙将軍〉モルトケの影は薄かった。ローンとヴィルヘルムの提案は陸軍の効率性を抜本的に改善することで、同時に、陸軍からいまだ自由主義的思想を多分にただよわす国民軍的色彩を徹底的に除去してしまうことであった。民衆的な国土防衛軍は常備軍の大拡張の結果削減されてしまい、これが職業的な王党の将校団をして国家の全軍事機構に無類の権力を振るわせる要因となった。プロイセン議会はこの方法に反対したが、軍制改革はビスマルクのもとで、議会の承認なしで着々として進められていった。その結果惹起された憲法闘争は、サドワの戦闘が起こった時にもいまだ盛んに行われていた。だが議会の反対は、ビスマルクの政策、モルトケによる戦勝で待望のドイツ国家の統一ができた時をもって終止符を打った。モルトケによる戦略の成功はふたつのことを決定的にした。その第一は、ヨーロッパ諸国の間に統一ドイツが勃興したこと、第二はドイツ国内の自由主義的、民主主義的反対論に対して、プロイセン軍隊への独裁的態勢を維持することによりプロイセンの王権が勝利を収めたことである。ローンは陸軍大臣として政治的紛争の数年の間に占めていた役割により、一八六六年以前の陸軍で最も勢力のある人物となっていた。ヴィルヘルム一世があまり彼の軍事的勧告をいれるので、参謀総長はほとんど忘れられた状態だった。飾気のないモルトケは陸軍のなかでもあまり知られていなかった。サドワの戦いのさなかでさえ、ある将校が命令を師団長に伝えた時に師団長が、「これは非常によい。だがモルトケ将軍というのは誰だ。」といったという話がある。モルトケが国王の補弼として有名になったのは、シャルンホルスト、グナイゼナウの時代を引きついだ陸軍のなりゆきで当然の帰結かもしれぬが、まことに突然予期しない時にやってきたのであった。モルトケは一八五七年から一八六六年の間の政治的舞台から遠ざかっていたので、彼は将来の陸戦の準備に没頭することができた。一八四八年から一八四九年の革命でフランス第二帝政が勃興し、クリミア戦争でヨーロッパの歴史に新しい時代が開かれ、軍事力を自由に駆使する時代がきたことが明らかになった。モルトケはただちにプロイセン参謀本部の計画を全部再検討することに着手した。彼の前任者カール・フォン・ライヘル将軍は偶然にも兵卒のなかから身を起こした数少ないプロイセン将軍のひとりで、大きなビジョンを持ち、かつ、戦略のすばらしい教師だった。モルトケは戦争の戦術方面の諸問題の根本的解決法を見出すことについては、プロイセン将校の能力を充分信頼していた。実際彼らは一八六六年にベーメンの国境を越えるとただちに一八四七年の戦闘教令を捨てて、主として彼ら自身の戦術思想にしたがって行動した。

プロイセン陸軍の平時編制は他のどの国よりもはるかに進歩していた。近衛を除いては、連隊は補充をその所在地域で実施した。ハプスブルク王国はその国民性の関係でこのような組織をとることはできなかった。そのうえ一八一五年以後プロイセン軍は、ナポレオンが戦争中に創始し、その後ブルボン王朝になってから放棄されたフランス式の軍団編制を維持していた。プロイセン以外では軍団は戦争時に編成されることになっていたが、このことは迅速な動員を害するのみならず、これになれていなければ大規模作戦になった時、部隊の行動や指揮が付け焼刃でうまくいかないようになるのである。

プロイセン軍の比較的迅速な動員速度は、モルトケによってさらに拍車をかけられた。この時期のプロイセン王国の位置の地理的不利は、エクス・ラ・シャペル（ドイツ名アーヘン）からティルジットに東南に伸び広がった国土がハノーファーで分断されている状態とともにプロイセン軍事問題の荷を重くしていた。モルトケは鉄道を全幅利用することによって多少この困難を緩和した。モルトケはドイツに単線鉄道の敷設せられる前から鉄道を研究していた。モルトケは明らかに鉄道の将来性を信じていて、鉄道建設がいまだ緒についていない時代に、彼はその貯蓄をベルリン、ハンブルク鉄道に投資する冒険さえ行ったのであった。モルトケのこの特別の関心は結婚問題によって一層強められた。モルトケの若い花嫁はホルシュタインにいて、彼から遠く引き離されていたからである。一八四七年から一八五〇年に諸国の軍隊が初めて鉄道で動き始めた。一八五九年、イタリア戦争で、プロイセンの動員がいまだ決定しない時に、モルトケは全軍の鉄道輸送の可能性をテストし、重要な改善を施すことができた。

鉄道は新しい戦略的考慮事項を生み出した。軍隊はナポレオンの進軍速度の六倍の速度で移動することができた。そして全戦略の基本である〈時間と場所〉の要素は新しい脚光を浴びて登場した。高度に発達した鉄道輸送をもっている国は戦争の時に、重要かつ決定的な利点をもつものである。動員速度と軍隊の集中速度は戦略計画の重要要素になった。実際動員と集中の時間表は最初の開進命令〈戦略的基礎配置〉と同様、来たるべき戦争を予期して作られた参謀の戦略計画の核心となったのである。

モルトケは近代的鉄道の利用とともに濃密な道路網の建設を提案したが、それは産業革命の間に完成した。ナポレオンは軍隊に道路を割りあてて進軍することに着目し、一八〇五年の作戦でウルムでオーストリア軍を降伏させ、分離した行軍縦隊の戦略的活用法について先例を残した。しかし戦闘準備のできていない縦隊は三万人の軍団の展開に丸一日を要する。したがって行軍から戦闘隊形に転換する時に時間がかかるのである。それゆえに軍隊は戦闘前日に集結させなければならなかった。

一八一五年以後道路の状態が非常に改善せられて新戦術の適用が可能になった。一八六五年にモルトケは次のように書いている。

「機動の困難は部隊の大きさとともに増加する。ひとつの道路は一日に一軍団以上を輸送することはできない。しかも使用可能な道路の数に制限があるので、目的地に到達する部隊の数もそれに比例するようになる。したがって軍隊は通常、各軍団ごとに分置しておくことが必要であり、特定の目的もなしに無闇に多数の軍隊を集めることは誤りである。単に補給上の便のために常に部隊を結集しておくことは、困難であるし、しばしば不可能になる。結集した軍隊はもはや行軍はできず、それはただ野原にうごめいているにすぎない。行軍をするには、まず軍隊を分散しなければならない。それは敵の前面では危険なことであるが、戦闘に際してはすべての軍隊を集中することが絶対的に必要であるから、戦略の要訣は適時これを集中できるような分散行軍を行うことである。」モルトケはすでに軍隊の集中は戦場においてのみ実施すべきものであるということに気がついており、戦闘開始のずっと前に集中すべきだというナポレオン流の考えを放棄したことを示している。しかしサドワの戦い以前の数週間のモルトケの作戦指導をみると、最初から彼はナポレオン流のやり方を無視しているのではなかった。モルトケは軍隊を戦闘前に集結しえたが、分離の態勢を続行して、戦場において後で集中することを決心したのである。

サドワの戦いの後に、モルトケはその着想を総合して、「もし部隊が分離した位置から、戦闘当日に戦場に集中できたら一層いい。換言すれば、最後の短い行軍で違った方向から敵の正面と翼側に軍隊を導くように作戦を指導することができたら、それは大きな戦果を得ることができ、その戦略は最良ということになる。分離した軍隊で作戦する方式をとっている場合には、このような最後の結果をぴったりあてることはできない。これは単に計算可能な要素、すなわち場所と時間等によるだけのものでなく、それまでに起こる小戦闘の結果とか天候とか、あるいは誤った情報とかいう人生の〈偶然・幸運〉というものに支配されることがあるからである。戦争では大勝は大きな冒険を断行しなければえられるものではない。」

この最後の言葉によりモルトケの戦争哲学を伺い知ることができる。クラウゼヴィッツの忠実な弟子として、モルトケは戦争にあたってできるだけ合理的な指導をしようと苦心していた。しかしモルトケは戦争の問題は計算だけで究めることのできないことを知りすぎていた。戦争は政治の手段である。そしてモルトケは指揮官が軍事作戦の実際の指揮にあたっては自由でなければならぬと信じていたが、一方では動揺する政治目的や状況によって戦略は常に変更を余儀なくされるものであることをも認めていた。

戦略に及ぼす政治の影響により、将帥は不確実な要素に直面することがあるが、モルトケは動員と最初の軍隊の集中は、開戦のずっと前から準備できるものだから充分計画すべきものだという考えをもっていた。モルトケは、「初期の軍隊の集中段階において犯した過誤は全作戦期間を通じて修正することはできない。」といっている。軍隊の戦争準備ができていて、輸送手段が適当に組織されておれば、必ず所望の成果が得られるものである。

この段階をすぎると戦争は果敢と計算の組み合わせになる。実際戦闘が開始されると、「われわれの意志は、ただちに敵の独立した意志とぶつかる。もしわれわれが、準備ができ先制の利をおさめようと決心していればわれわれは敵の意志を拘束できる。しかしわれわれは戦術以外の、いいかえれば戦闘以外の方法では敵を破ることはできない。大きな交戦の形而上下の影響は、波及力が大きくその結果まったく違った状況がでてきて、それがまた新しい手段を生む。いかなる作戦計画もはじめから敵の主力にぶつかった後のことを正確に計画することはできない。…（中略）…指揮官は会戦期間中、常に、不確定な状況を基礎として決心しなければならなくなる。ゆえに戦争中の連続するすべての行動はあらかじめ作成した計画の実行ではなくて、軍事的機眼によって導かれる自然発生的な行動である。問題は、多くのそれぞれの場合に、不確実なもやにつつまれている事実を把握し、これを正確に評価し、未知の要素を推察し、迅速に決心し、これを強力にそして不断に実行することにある。…（中略）…明らかに理論的知識だけでは充分でない。ここでは頭脳と資質が自由に働いて、軍事訓練で教えられ、戦史あるいは体験に導かれて、応用的で巧妙な方式を見つけ出すのである。」とモルトケはいっている。

モルトケは、戦略は科学で作戦計画が理論的に導き出されるような一般原理原則をうち立てることは可能であるという考えを否定した。内線作戦の利とか翼側防護の利とかいう原則でさえも、モルトケは単に比較的有効なものにすぎないと見ている。あらゆる状況がそれ自身の環境により意義づけられるものであり、そしてその解決には訓練、知識、洞察力、勇気の結合が必要である。モルトケの意見では、これは戦史から導き出される主要な教訓であるという。モルトケによれば戦史研究は、将来を担う指揮官に軍事行動の生起する複雑な状況を知らせるのに極めて有効である。モルトケはいかなる参謀演習でも、また部隊演習でも、参謀の訓練に欠くべからざるものではあるが、それらは戦史のように、実戦の機微な点を彼らの眼前に描き出すことはできないと信じていた。

戦史研究は、プロイセン参謀本部の重要な責任のひとつになっており、決して補助的な部局に委任されることはなかった。モルトケは、一八六二年にはじめて出版された一八五九年のイタリア戦役に関するその古い論文で、戦史研究の様式を打ち出したが、その目的は事実の客観的叙述によって正しい実際的結論を導き出すにあった。一八六六年の戦史も一八七〇年から七一年の戦史も後に同じ流儀で彼の指導下に編集された。

モルトケは、もし、正しく背景を考察して研究するなら、戦略は歴史研究から多大な利益を得ることができるという見解をもっていた。

モルトケ自身の行為が歴史研究によってえた利点を明らかに示している。もちろんモルトケはナポレオンがときどき支隊を使って敵の翼側や後方を攻撃したことを知っている。しかしかかる小部隊の作戦はナポレオンの、「多くの軍隊を徹底的に集中する。」という大原則や、中央突破の圧倒的威力に対する彼の確信に対してはなんらの影響も与えてはいない。この戦略の利はナポレオンの時代には大きかったが彼の究極の敗退を防ぐことはできなかった。

シャルンホルストは、軍を目的もなく集結させてはならぬ。闘う場合には常に戦力を結集せよということを事前に助言していたが、ライプチヒの戦闘により個々の軍の求心的集中の可能性が立証された。モルトケは、技術と輸送の進歩により半世紀前に比し、はるかに大規模な求心的作戦を計画することが可能になったと考えた。

モルトケは歴史は将校にとって重要なものではあるが、それは戦略と同一のものを意味するものではないことを指摘している。

「戦略とは特別な方策を体系づけたものである。すなわちそれは知識以上のものであり、またそれは知識を実社会に応用するものである。また不断に変化する状況に適応して、基本的概念が進歩することである。それは最も困難な状況下で行う行動の芸術で（art of action）である。」と。

したがって指揮組織はモルトケの戦争観では重要な地位を占めている。モルトケはこの問題を彼のイタリア戦役後の戦史で極めて明確に取り扱っている。戦争委員会も軍を指揮することはできない。そして参謀総長も作戦計画に関する軍司令官の助言者にすぎない。次等案の計画でも確実にこれを実行するならば、最良案が不徹底な計画に終わるよりはましである。これと反対に最良の作戦計画も戦争のなりゆきを予知することはできない。個々の戦術的決断はそれぞれ現地で行われるべきものである。モルトケの見解では作戦計画を専断的に強制することは恐ろしい罪であり、各級指揮官の独断（initiative）を大いに推奨しなければならないとする。誤ったプロイセンの訓練とはまったく対照的に、全将校の独立した判断力に優先が与えられたのである。

モルトケは極めて大事な命令以外はむやみに命令を出すことを差し控えた。「命令には部下指揮官が自分自身では遂行できぬすべてのことを包含させなければならぬ。しかしそれ以外のことは何も書いてはいけない。」これは指揮官は通常部下指揮官の戦術的処置に干渉してはいけないということを意味している。しかしモルトケはそれ以上のことをやった。モルトケは部下の将軍が重要な戦術的勝利を得るために、彼の作戦計画から逸脱した行動をとった時、これを大目に見る用意があった。なぜならばモルトケがいったように、「戦術的勝利の場合には戦略はこれに従う。」からである。モルトケは普仏戦争の第一週に一部の将軍たちが有利な企図ではあったが、無鉄砲にも彼の作戦計画全部を無視した時にも動じなかった。モルトケは軍隊の戦意を麻痺させたり、下級指揮官の独断行動を禁止したりすることを好まなかった。近世の要求は彼らに、さらに大きな責任を負わしめるにいたった。ナポレオンがその軍隊を緊縮した態勢に置いた主な理由のひとつは、彼が全軍を彼の直接命令の到達距離内に置くことを望んだからであった。モルトケの横広に部隊を配置する方式は戦闘前の進軍は電信で容易に統制したものの、戦闘中の統一指揮を非常に困難にした。モルトケは一八六六年戦争中、大部分の部隊の行動をベルリンの彼の部屋から指導し、戦場にはサドワの戦闘のちょうど四日前に到着した。モルトケは賢明にも包括的な戦略的命令を出すにとどめた。戦略意図の適切な具現をはかるため軍隊の指揮においては戦術上の権限が軍団長、または師団長にあるように改められた。モルトケの戦略思想とその実行は一八六六年のオーストリアとの会戦で初めて大きな試練にあった。一八六四年のデンマークに対するオーストリアとプロイセン連合軍の戦争におけるモルトケの役割は目立たないものであったが、その戦いの最後の段階で彼は迅速に老ウランゲル元帥時代の弊風を改め、その危急の時の適切な助言によって、モルトケは慎重な戦略家としてヴィルヘルムの目にとまったのであった。

　オーストリアに対する戦争計画の討議を通じて、モルトケは次第にその傑出した才能をあらわすにいたり、ついにヴィルヘルム一世は一八六六年六月二日、陸軍に対するすべての命令は彼を通じて発令すべきことを指示するにいたった。それ以来国王はモルトケの意見具申をほとんど無条件に受けいれるようになり、退役を考えていた六五歳の老将軍はとうとうプロイセン陸軍の事実上の総司令官に

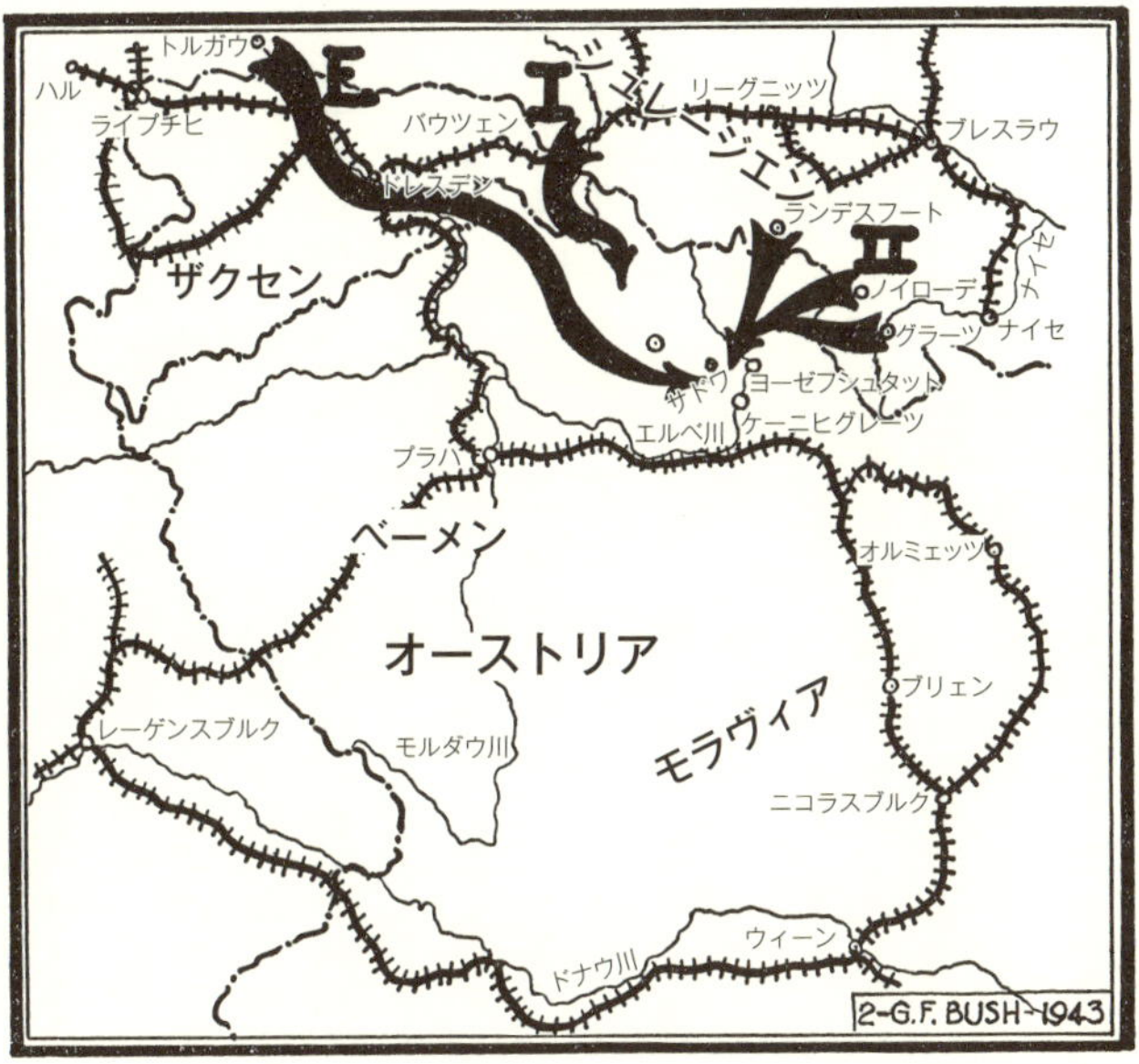

ベーメン会戦（1866）。Ⅰは第1シュレージエン軍。Ⅱは第2シュレージエン軍。Eはエルベ軍。主要鉄道幹線とプロイセン軍の進撃状況図。

なってしまったのである。

モルトケの将帥としての最初の試練は、同時に彼の生涯の最大な試練となった。兵力は後の普仏戦争時と伯仲しており、モルトケは一層難しい地理的政治的問題を克服せねばならなかった。一八六六年の戦争、とくにベーメン会戦は、戦争の戦略的な面を普仏戦争やその他の戦争よりもうきぼりにしている。

プロイセン国王ヴィルヘルム一世はオーストリアとの戦争を回避することを望んだが、ビスマルクは終始国王を鞭撻し続けた。かくてプロイセン軍はオーストリア軍よりはるかに遅れて動員を始めた。しかしはたして国王を説得して宣戦を布告しても、はたして陸軍が攻勢にでられるか否かについてはなお疑問が残っていた。

したがって根本的な戦略上の問題には極めて微妙なものがあった。オーストリア軍はまず北部ベーメンかザクセンでバイエルン軍と合同した後、ベーメンとモラヴィアから、上部シュレージエンか中央シュレージエンに対し作戦するか、あるいはベルリンを脅威するためにザクセンに侵入が可能である。そのいずれが実現するかはひとえに開戦の時期にかかっていた。モルトケがビスマルクを支持して国王に即刻開戦を迫ったのも無理からぬ話であった。しかしモルトケは軍事的理由を用いて政治的行為に介入することを避けた。これと対照的なのはモルトケの甥である。小モルトケは、一九一四年八月一四日に参謀総長として参謀本部の戦略計画はすでに政府がその行動の自由を云々することを許さない状態にあることを、ヴィルヘルム二世に報告している。

大モルトケの行動はまずプロイセン軍の動員開始の遅れにより生じた不利をとりもどすことであった。加うるにモルトケは上部シュレージエンを無防備のまま残しておいて、ザクセンおよびベルリンに対する進撃、あるいは中央シュレージエンのブレスラウに対するオーストリア軍の進撃に対応したいと考えていた。オーストリア軍はモラヴィア内の機動にはただ一本の鉄道を使用しうるに対し、モルトケはプロイセン全土から戦場付近にプロイセン軍隊を輸送するのに五本の鉄道を使用することができた。その結果一八六六年六月五日にはプロイセン軍は、ハレおよびトルガウからゲルリッツとランデスフートにいたる延長二七五マイルの半円に拡がった。プロイセン軍の開進（基礎配置）はオーストリア軍が南方遠く離れている間は安全であった。当時、モルトケはオーストリア軍がベーメンに在ると判断していたが、実際はオーストリア軍はまだモラヴィアにいたのだった。モルトケはもちろんその軍隊をその開進地域に留めておこうとは考えておらず、ただちにその軍隊をゲルリッツ周辺に向かわせようとした。しかしモルトケは大部分のプロイセン将軍、時には参謀本部の幕僚さえも主張したような小地域への全部隊の集結については終始拒否し続けた。

モルトケがオーストリア軍の主力がモラヴィアに集結しつつあって、ベーメンにはいないことを知った時には、何か心安からぬ思いがした。この事実は、注意してきたオーストリア軍の攻勢がシュレージエン高原に指向されているように見えたからである。モルトケは渋々ながらその左翼（東側）をナイセ河に伸ばすことを許した。かくてプロイセン軍は再びトルガウからナイセまで二七〇マイル以上の距離に拡がった。モルトケの躊躇は主としてヴィルヘルム一世の不安定の政策に起因しているもので、軍事的考慮のためではなかった。モルトケの見解では、彼が最短経路で行うプロイセン軍の最終的合流地域への到達が適時に実施される限り、すべてうまくいくと思われた。すなわちこれはベーメンへの前進を意味する。

モルトケはギッチンを合流点に選んだ。その理由はギッチンが戦略的要点ということではなく、単に距離的関係にもとづくものである。ギッチンはプロイセン軍の主力である二個軍、すなわちシュレージエンで左翼軍になっている皇太子フリードリヒ・ヴィルヘルムの指揮する第二軍、ゲルリッツ周辺を基地とするフリードリヒ・カール王子指揮の第一軍からほとんど等距離にあった。ギッチンは同時にトルガウとオルミュッツからも等距離に、すなわちプロイセンのエルベ軍からも、オーストリア軍主力からも等距離にあったのである。もしオーストリア軍がモラヴィアを出発した日にプロイセン軍が前進を開始しても、その合流はオーストリア軍のギッチン到着前に完了するであろう。

プロイセン軍の前衛の将校がオーストリア軍の将校にプロイセンの宣戦布告通告を渡したのはやっと六月二二日であったが、プロイセンは六月一六日には他のドイツ国家に対して敵対行動を開始した。かくてエルベ軍がザクセンの占領を開始した同じ日にオーストリア軍はオルミュッツからエルベ河上流のヨゼフシュタットに向かって前進を開始した。

当時のオーストリア陸軍はオーストリアの軍事史上最良であり、伝統に恥じない軍隊であった。その士気と意気込みは盛んであった。その将校――そのうちの数名はこの時代の最良の将軍だった――は優れた能力と実戦の体験をもっていた。ある種の兵科、とくに騎兵と砲兵はプロイセン軍のそれよりは決定的に優れていた。プロイセン軍の方は歩兵が、その戦術でも兵器でも敵に勝っていた。オーストリア歩兵の時代遅れの戦術はその旧式銃とともにオーストリア軍を致命的な不利な立場に導いたのである。しかも、オーストリア軍の最高統帥の戦略的能力の貧弱さは形勢を一変させてしまった。ベネデクはハプスブルク帝国の軍務で顕著な功績を立てている立派な軍人であった。彼は戦闘においてとくに優れていた。サドワの戦場では撃破された部隊の退却さえも、勇敢かつ立派に指揮した。しかしベネデクは旧式な戦略思想の持ち主で、その最高戦略助言者クリスマニック将軍も主として一八世紀の作戦思想をもっていた。これらの古い思想がオーストリア最高統帥部の戦略を支配していた。彼らは縦方向に集中し、かつ地形上の要域にかじりつくことを重視していた。これに対しモルトケの方では地域獲得の問題は時間の経過とともに解決してしまうものと見なしていた。

オーストリア軍は、モラヴィアから三縦隊を併列して前進した。この行軍は統制的に非常に困難なものであったが、その目的地に迅速かつ秩序正しく到着することができた。しかし前衛が六月二六日にヨゼフシュタットに到着した後、全部隊の集結にはほぼ三日間を必要とした。この時間の損失がプロイセン軍を救ったのである。

モルトケが絶えず注意をうながしていたにもかかわらず、フリードリヒ・カール王子の第一軍はエルベ軍の前進を待つことを望んでいたため前進は遅々としていた。エルベ軍はザクセンを占領した後、第一軍に合流するはずであった。これがベネデクに内線作戦の好機を与えた。兵力ほぼ同等のこれらプロイセンの二個軍のなかでどちらをベネデクは攻撃すべきかは、戦史研究家にとってまことに興味のある問題である。ベネデクが第一軍を攻撃しようと判断したのはおそらく正当であったろう。

しかしベネデクは、プロイセン軍の他の二軍による背後の脅威を避けつつひとつに対して攻撃をとるためには、たった一日ないし二日の余裕しかないことを的確に判断すべきであった。オーストリア最高統帥部は、要域の戦術的価値を時間の価値よりも重要視したことと、開進の適切を欠き爾後の機動を遅らせたため戦機を把握しそこなってしまった。ベネデクがその過失に気がついた時にはヨゼフシュタットとケーニヒグレーツでエルベ河を渡河して後方に退却するにはすでに遅すぎ、いたしかたなくベネデクは河を背にして戦闘に応じなければならなかった。

オーストリア軍がプロイセンの二個軍のいずれかひとつに対して攻撃する危険は去ったので、モルトケは、両軍の合流が遅れてもこれを容易にするため両軍を一日行程離すこととした。七月二日夜最後の命令が与えられた。モルトケの企図は第二軍の左翼と第一軍の右翼は単に敵の翼側に対して作戦するにとどまらず、さらに敵の背後に対しても作戦することにあった。すなわちモルトケはサドワでの敵の包囲を考えていた。しかしプロイセンの将軍たちがその命令に従わなかったので、オーストリア軍はその全兵力の四分の一を失ったが退却に成功した〔訳者注・右翼とは敵に対しわが部隊の右をいう〕。ただちに追撃を開始することができなかったのは、第二軍の部隊が第一軍の戦線に混入し、それにより惹起された混乱を容易に整理できなかったためである。四年後のセダンの戦闘では劣勢なフランス軍との戦いではあったが、プロイセン軍はこの戦いから学んだ教訓を立派に活用することができた。

モルトケは誇大に宣伝されている内線作戦の利は、単に相関的意義をもっているにすぎないことをその戦略によって示した。モルトケはその体験を次の言葉で要約している。「内線の利は、敵が横に広い数縦隊に分離していて、そのひとつを撃破する地域的余裕がある場合に獲得できる。すなわちその敵を撃破し、追撃して殲滅するまでの時間的余裕と、この間これを座視した敵に反転攻撃を加える時間的余裕がある場合に成立する。

もしこの地域がせまく、わが側背に迫る敵と交戦する危険を感じつつ、撃破目標の敵を攻撃することになったならば、その時は内線作戦の利はたちまち喪失し、かえってわれが戦闘中に被包囲に陥る戦術的な誤りをおかしたことになる。」と。

この言葉はしばしば内線作戦の徹底的非難と求心的運動の推奨をあらわすと解釈されているがこれはモルトケの真意ではない。一八七〇年から一八七一年の普仏戦争の間に、モルトケは敵の行動に即応してこのふたつの考え方を自由かつ見事に使いわけた。モルトケの戦略はその頭脳の柔軟性と、形にとらわれない変転自在性にその特色を発見する。

モルトケの戦略は当時のプロイセンの優勢な軍事力のためだとみるものがあるが、この意見は偏見である。一八六六年にモルトケはベーメンでオーストリア軍に対し、わずかでも優勢を保持しなければならなかったが、これは極めて困難と思われる状態であった。モルトケはプロイセンの各地を裸にして軍隊を集めた。わずかな残置部隊でドイツの他の国家とオーストリアの連合軍に対処させせようとする危険を冒してまでしてそれを行った。もしベーメン会戦が長引くか、いきづまるようなことがあったら、ナポレオン三世はおそらくラインラントを占領し、大陸の運命を決定的にする機会をつかんだであろう。

一八七九年以降、フランスとロシアの提携の可能性は参謀本部の頭のなかにボンヤリながら大きく拡がっていった。九〇年代初期に露仏同盟ができたらどうするかというのが、重要な戦略問題になった。

モルトケのこの情勢に対処する計画はその過去の戦略の線に沿ったもので、一方の敵をできるだけ少ない兵力で対処させ、有力な兵力をもって他の敵を撃破するというものであった。モルトケの意見は、西方で防勢に立ち、ロシアに対して攻勢に出ようという西守東攻の方針であった。ドイツはアルザス、ロレーヌをもっているので、西方国境は小兵力で防御はできるが、決戦をもってフランスの増強されている要塞線に対して迅速な戦勝を得る望みはなかった。見通しとしてはロシアの方に決戦の見込みがあった。

参謀総長としてモルトケから二代目の後継者シュリーフェン伯は、一八九四年にその構想を反対に修正した。この時以後ドイツの二正面作戦計画は、まず西方に第一次攻勢をとることを考えるようになったのである。

III

アルフレート・フォン・シュリーフェン伯は一八三三年に生まれた。シュリーフェンはプロイセン専制君主時代に多数の優れた官吏や将校を輩出した名門の後裔であった。シュリーフェンの無口なこと、限られた視野、研究心の旺盛なことは、シュリーフェンが軍人よりはむしろ文官としての運命を背負って生まれてきたかと思われた。そして軍隊に入る年になるまでは、将校となる決心がつかなかった。一八五八年から一八六一年までシュリーフェンは陸軍大学校に学んだ。そしてその後のシュリーフェンの昇進はその上官がシュリーフェンを将来高級幕僚の位置につけようと目星をつけたことを明らかに示していた。しばらくして、シュリーフェンは参謀本部の職務から部隊参謀に転出し、一八七六年からシュリーフェンは七年間ポツダムの近衛槍騎兵第一連隊長をつとめた。一八八三年から一九〇六年に引退するまでシュリーフェンは再び参謀本部にもどり、始めはいろいろの部局の長を勤め、一八九一年以降は参謀総長として勤務した。

シュリーフェンは後の一五年間の参謀本部勤務に先立ち、モルトケに比して、多くの部隊経験をもっていた。シュリーフェンはまたモルトケが一八六四年以前にもっていた実戦の体験に比し、さらに多くの実戦の体験をもっていた。一八六六年の戦役中はシュリーフェンは騎兵軍団の一参謀であった。この地位でシュリーフェンはサドワの戦闘を見て非常な感銘を受けた。シュリーフェンは普仏戦争の時、国境会戦に参加しえなかったことを残念に思っていた。しかしシュリーフェンはロワール会戦の時には軍参謀として彼の手腕を示す好機を得て、戦争と統帥についていろいろな印象と考えを得ることができた。

モルトケの青年時代の苦労に比し、シュリーフェンは有名になるのにまことに坦々とした道を歩んでいた。シュリーフェンは参謀総長としての意見が受理されるかどうかということについて別に心配したことはなかった。一八六六年前には参謀本部の影響力は絶大とはいえず、サドワとセダン会戦以後参謀本部がえた絶大な権威は、モルトケの衣鉢とともにシュリーフェンにうけつがれた。それでモルトケより以上に軍事問題に没頭し、政治問題を無視することができた。一九世紀の生活の特徴であった専門化の流行は、ドイツ陸軍の歴史にも反映している。シュリーフェンが陸軍大学校に学んだ時代には、専門家と技術者たちにとっては、モルトケの精神の糧であり、その荘重な冷静さと落着きの主因となっていた古い哲学的、歴史的普遍主義は古くさいものとなっていた。シュリーフェンはプロメテウスのような性格で不可能を克服しようとして止むことを知らぬ情熱に駆り立てられていたが、それはその職業の範囲内に限られていた。戦争の政治的原因と結果についてはシュリーフェンはあまり思索していなかった。モルトケもまた政治に関与することを避けたが政治についてはよく知っており、その戦略を政治に適応させるように努めた。シュリーフェンの全生涯と思索はすべて軍事問題に没頭することで終始した。短い結婚生活の後、その若い妻の急死により、シュリーフェンは参謀総長としてのその職責以外のことはすべて忘れてしまったようであった。シュリーフェンが軍務に禁欲的に没頭している姿はその忠実な弟子には超人的に見えたが、何か冷酷なものを感じさせるところがあった。しかし、近代統帥の秘密を洞察しようとするものには、シュリーフェンの精神は魅力を感ぜずにはおられなかった。

プロイセン参謀本部の部員と部局は一八九一年以降拡張せられたが、全般的に制度はそのままであった。その機能は依然として戦争時に処する軍の教育と作戦準備であった。シュリーフェンが技術的に貢献した主なことは、鉄道輸送を一層発展せしめたこと、野戦重砲隊の創設、——陸軍の保守主義者の頑強な抵抗を排して実施された——鉄道工兵や航空隊のような新兵科の創設であった。シュリーフェンは近代技術の進歩に鋭い関心をもっていたが、半封建的将校団に新発明品の全面利用の必要を説得することにはあまり成功しなかった。将校は近代技術に極端な疑惑を抱いていて、科学者や技師が軍事を処する重要な役職に用いられることを喜ばなかった。第一次世界大戦中は重砲隊と鉄道工兵隊の技師のみが彼らと同等の任務を与えられたのみであった。ドイツ航空部隊と通信部隊は不遇であった。さらに悪いことには、陸軍統帥部に新しい技術を利用する準備ができていなかったことである。一九一八年の戦車戦は彼らを変心させたが、その成果はヒトラーの軍隊における軍事と技術の一体的協力で実るにいたったのである。

シュリーフェンは近代技術に深い関心をもっていた。シュリーフェンは技術が戦略をその王座から引きおろすとは考えておらず、彼はそのなかに軍隊の統帥に新しく挑戦する何ものかがあることを認めていた。シュリーフェンは皮肉な調子で、近代技術の進歩についてのべている。「その貴重な恩恵をすべてに平均に分け与えたので、その結果は、すべてに非常な困難と著しい不利をもたらすにいたった。」と。産業時代のふたつの主要な成果、速力と大量生産のなかで後者のみが戦争に影響を与えるように見えた。近代の大部隊は、その驚くほど増大した火力をもってナポレオンやモルトケが進歩させた機動戦略を抹殺するにいたった。しかしシュリーフェンは、機動喪失の意見を無批判に受け入れて防御陣地と正面攻撃以外の他の解決法を考えることのできぬ将校を批判して次のように書いている。「日露戦争は、非常な困難性はあったが、正面攻撃のみでもなお、戦勝の得られないことはないことを実証した。しかしその戦果は最良の場合でさえも極めて小さかった。敵が撃退されたことは確かだが、またすぐに敵は抵抗を続行することができた。そして戦争は長引いた。しかしかかる戦争は国家の存立が商業および産業の間断ない発達に依存している時は不可能である。……消耗戦略は数百万の人を維持するに数億の人を要するならば成立しない。」シュリーフェンの意見では殲滅戦略のみが、現在の社会状態を維持することができるというのであった。

シュリーフェンは総力戦を予期していなかったが、長期戦の途中で社会の根本的変革が起こるかもしれぬということを心配していた。同時代の戦略家たちが無関心だったこの心配が彼の思想と教義に暗い影を投げかけていた。シュリーフェンは歴史上では戦略の思索家であり教師であるといわれる。シュリーフェンが戦争時における偉大な指揮官であるかどうかは分からない。しかしシュリーフェンは戦争時における高等統帥に最適任と思われる卓越した資質をもっていた。シュリーフェンの思想は些細な事で混乱したり、攪乱されたりすることはなかった。そしてシュリーフェンの態度は冷たく超然としていたが、その人格は周囲のものすべてに電撃を与えるほどの非常に強い力をもっていた。シュリーフェンの弟子たちは彼が地図を拡げたテーブルにおけると同様に戦場においても大指揮官になるということ、第一次世界大戦当時の将帥でシュリーフェンの偉大さに匹敵するものはないということを信じていた。シャルンホルストと同時にシュリーフェンはドイツの軍事問題解決の大事業に取り組みながら一九一三年一月に死んだ。シュリーフェンは第一次世界大戦のみならず、第二次世界大戦にまでもその影響を投げかけ、ドイツの軍事思想に及ぼしたその影響は甚大なものがあった。一九三八年頃ドイツ再軍備時代の参謀総長ルートヴィヒ・ベック将軍は、シュリーフェンを、「過去において戦略に関する優秀な教師のなかの第一人者」と呼んだ。もっともフォン・フリッチュは彼の賛辞に次の警告をつけ加えている。「シュリーフェン死後の科学技術のすばらしい進歩は彼の樹立した原則の一部を無効にしているようにも見える。…（後略）…」と。

一八九三年の露仏同盟はヨーロッパ戦争が始まったらドイツは二正面作戦を強いられることを確実にした。ドイツは数においてはフランスとロシアのブロックと対抗しうる望みはないように思われた。政治的理由によりオーストリア＝ハンガリーは軍備を大規模に拡張することは不可能であった。イタリアは同盟国としてあてにすることはできなかった。時がたつにしたがって、イギリスは潜在敵国の色彩をますます露骨にしてきた。しかし、一方、ドイツはなお大陸で中心位置の利をもっており、もしドイツが兵力部署の徹底から、あえて危険を冒すつもりなら、緒戦には戦場で敵より優勢な打撃力を集中できる利をもっていた。シュリーフェンの意見では、このドイツの一時的優勢は単に戦闘で勝つというだけでなく、戦争を迅速に決するために利用されなければならなかった。モルトケはフランスに対して防勢、ロシアに対して攻勢を採ることを進言していたが、これは成功の見込みはなさそうにみえた。東方の広漠とした平原はロシア軍に撤退作戦を可能ならしめるから東方作戦はきっと時間がかかるだろう。西ではいきづまり、東では長期戦となるとイギリスをヨーロッパの全権裁決者にしてしまう。イギリスの干渉を予期しないとしてもモルトケは一八五九年、一八六四年、一八七〇年から一八七一年の戦争にくらべて将来戦は数年にわたるにいたるだろうという警告を発している。そこで長期戦の危険に打ち勝つため、戦争が起こったならば、攻勢はまずフランスに対して実施すべきことをシュリーフェンは一八九四年に決定したのである。

シュリーフェンの理由とするところは、フランスは軍事的にドイツより一段と有力であり、その主力に対して、まず戦争初期においてこれを処理しなければならないという現実を根拠としている。フランスを制圧してしまえばイギリスの干渉も起こらないだろうし、起こってもその効果はない。しかし対フランス作戦によってヨーロッパ戦争に最終的決を与えるためには、フランス軍を自国内に退却せしめたり、あるいはパリを占領するだけでは不充分であろう。すなわち、ドイツは西方の敵（フランス軍）の全野戦軍の殲滅を必要とする。

一八九四年に計画されたシュリーフェンの最初の対フランス攻勢計画は、以上の超セダン会戦を達成するには適当ではなかった。それはロレーヌからのほとんど完全な正面攻撃で、フランス軍備の増強から見てそれは高価な危険な計画であった。一八九七年から一九〇五年の間に、シュリーフェンはドイツの壮大な攻勢計画を展開したが、これは強力なドイツ軍右翼のルクセンブルク、ベルギー、オランダ南部を通過する大旋回の衝力で抵抗すべからざる戦勢を得ようとするものであった。一九〇五年の有名な覚書は西方会戦の戦略概念を卓然たる形式で書きあらわしているが、シュリーフェンは死にいたるまでこの問題を再検討し、改訂を加えたのであった。二正面作戦をフランスに対する電撃的攻勢で始めようという決定はベルギー、オランダの中立侵犯という重大な政治的冒険であるにもかかわらず、ドイツ参謀本部と政府はこれを承認したのであった。東方はわずかの小兵力で防衛にあたり、ドイツ軍の九分の八に達する兵力はフランス野戦軍の殲滅に使用されることになっていた。しかし東方のドイツ軍は、シュリーフェンの希望ではただちにヴィスツラ要塞に退却するのではなくて、ロシア軍が東プロイセン侵入に当たり、マズール湖で兵力を分離せざるを得なくなる機に乗じ、攻撃を計画しなければならぬ。包囲作戦と組み合わされた内線作戦が数的に劣勢な軍隊に勝利を獲得せしめるであろう。

東方における勝利の夢は一九一四年八月二八日タンネンベルクの戦闘で実現せられレンネンカンプ軍は殲滅された［訳者注・殲滅されたのはレンネンカンプ軍ではなくサムソノフ軍である］。かかる作戦計画は元来シュリーフェンの着想で、しばしばその部下の将校によって試験済みであった（兵棋演習等によっての意）。一九一四年にホフマンとルーデンドルフは、しばしば提示されたシュリーフェンの兵棋演習の問題をその戦術の教師を喜ばせるような意図にあったやり方で実行したのであった。シュリーフェンはこの種の東方作戦が戦略用語のいわゆる殲滅戦になろうとは決して予期していなかった。シュリーフェンはただかくのごとき勝利によって西方の大作戦を完了するまでの時を稼ぐことを望んでいたにすぎない。

さだめし戦略的にみて、東方作戦、すなわちタンネンベルク式の作戦はシュリーフェンにとっては最高の統帥成果と思われたことであろう。ハンス・デルブリュックは『戦争術の歴史』で古代の戦略を論じているが、デルブリュックはこの型の戦いの原型をカンネーにおけるカルタゴ軍の戦勝に見出している。紀元前二一六年にハンニバルは戦線の中央で大胆にも一時的に退却し、敵をその両翼で撃破し、かつ包囲するに足る強力な兵力を結集して数において著しく優勢なローマ軍を殲滅した。シュリーフェンは、史上の大指揮官はすべてカンネー方式の作戦を企図したと判断していた。フリードリヒ大王はこのような殲滅的打撃を完遂するに足る有力な兵力をもっていなかった。が、シュリーフェンは次の意見をもっていた。フリードリヒの主要な数々の戦勝はすべて不完全ながらカンネーであった。ナポレオンは、その生涯の最盛期にやった、たとえばマック軍を捕獲してしまった一八〇五年のウルム大会戦でやはりハンニバル式戦法をやっている。またナポレオンの敗戦、とくにライプチヒとワーテルローの戦闘のごときはまたカンネー戦略の結果である。

これと同じことはサドワの場合にも真実であった。これもよく考えた戦いだったが、しかし実行はあまりうまくいかなかった。もっと近い時代ではセダンの戦いはカンネーの戦いにそっくりであるという。

シュリーフェンは戦史を単純化する癖があった。シュリーフェンはその思想を近代戦術の研究で形成して、そして近代的思想をあまりに安易に歴史的過去にあてはめようとした。ナポレオンの中央突破の戦略が、その軍事的天才の劣っていることを示しているかどうかは疑問である。近代火力の発達の結果として正面攻撃が著しく困難で効果の少ないことを強調するのは正しい。これはすでにモルトケの時代にあらわれている現象である。サドワの戦いの後の半世紀の間に軍事技術の発達により戦術的に防御は一層強力なものになった。弾薬が近代の大軍の戦闘能力を維持するために極めて重要になってきたために近代軍の後方連絡線は一層攻撃されやすいものになってきた。そこで敵の背後に対する突進が包囲攻撃の真の目的となった。敵の翼をその陣地の中心に向かって席捲するだけでは充分でない。この席捲方法をシュリーフェンはナポレオンの表現を借りて〈平凡な勝利〉と呼んでおり、背後への突進が殲滅を意味するものであるとした。

シュリーフェンは敵に対する両翼包囲が戦略の最高の成功だと信じていた。かかる戦略問題を極めることは数的に劣勢な軍隊にとっては緊要な課題であった。なぜならばそこにのみ戦勝の望みがあるからである。「優勢な敵と相対しても、将帥が兵力部署を適切にし、わが劣勢を補うことさえできるならば、いささかも失望することはない。」というフリードリヒ大王の言はそのままシュリーフェンの確信をあらわすもので、彼はそれをドイツ将校団に注入しようと努力していた。大軍の出現と近代火器の発達の結果、必要となってきた戦場の広さがこの構想をヨーロッパの西方戦場に適用できないものにした。数百万の軍隊はドイツ－フランス国境に沿って使用しうる地積のすべてにひろがり、戦線はドーヴァー海峡からスイスまで延びることになろう。フランス軍の右翼はベルフォールとスイスのユラの要塞地帯で防衛されているので、フランス軍の両翼に対する同時攻勢は不可能であった。ただベルギーを通過してフランス軍の左翼に対して行う攻勢にのみ、敵の背後に対する突進の機会があった。シュリーフェンは一時的にドイツ東部諸州に対するロシア軍の脅威を我慢することによって、殲滅戦に必要かつ充分な戦力を集めることができた。

一九〇五年のシュリーフェンの覚書によるとフランスに対し、ドイツは八個軍、すなわち七二個師団、一一個騎兵師団、および二六・五個国境守備旅団を使用することができた。そのうえシュリーフェンは八個の予備軍団を動員完了とともにただちに使用する考えであった。この圧倒的大軍は、メッツとエ・ラ・シャペルの間に集中して右翼に最大の兵力を充当することとなる。わずか九個師団、三個騎兵師団および一個国境守備旅団よりなる一軍をメッツとストラスブルクの間に置き、南部アルザスはわずか三・五個国境守備旅団でライン川上流の右岸を掩護させる予定であった。右翼と左翼の兵力比は約七対一であった。

攻勢の第一段階はメッツを軸として旋回し、ヴェルダンからダンケルクの線に達する。動員後三一日目にはソンム川の線に達し、アブヴィルとアミアンを通過する。次の決定的段階にはセーヌ川下流に対して作戦し、これを渡河して、戦闘を最終段階に導くにある。ここでドイツの右翼は東方に旋回し、パリの南からセーヌ川上流に向かって作戦し、フランス軍をその要塞とスイス国境に向けて圧倒殲滅する。

シュリーフェンの計画はドイツ軍右翼に非常に優勢な兵力を集めるためにあえて危険を冒そうとする放胆なものである。この右翼はベルギーを通過するにあたっていかなる抵抗をも一蹴するに足るほど強力なだけでなく、北に西に手を拡げながら五週ないし七週にわたって連続的に前進運動を維持することができなければならない。フランス軍とドイツの戦力はほぼ同等と見積もられていたため、アルザスを裸にし、フランス軍にライン川上流渡河のチャンスを与えることによってのみ、彼の野心的な計画に必要かつ充分な兵力を集めることが可能であった。

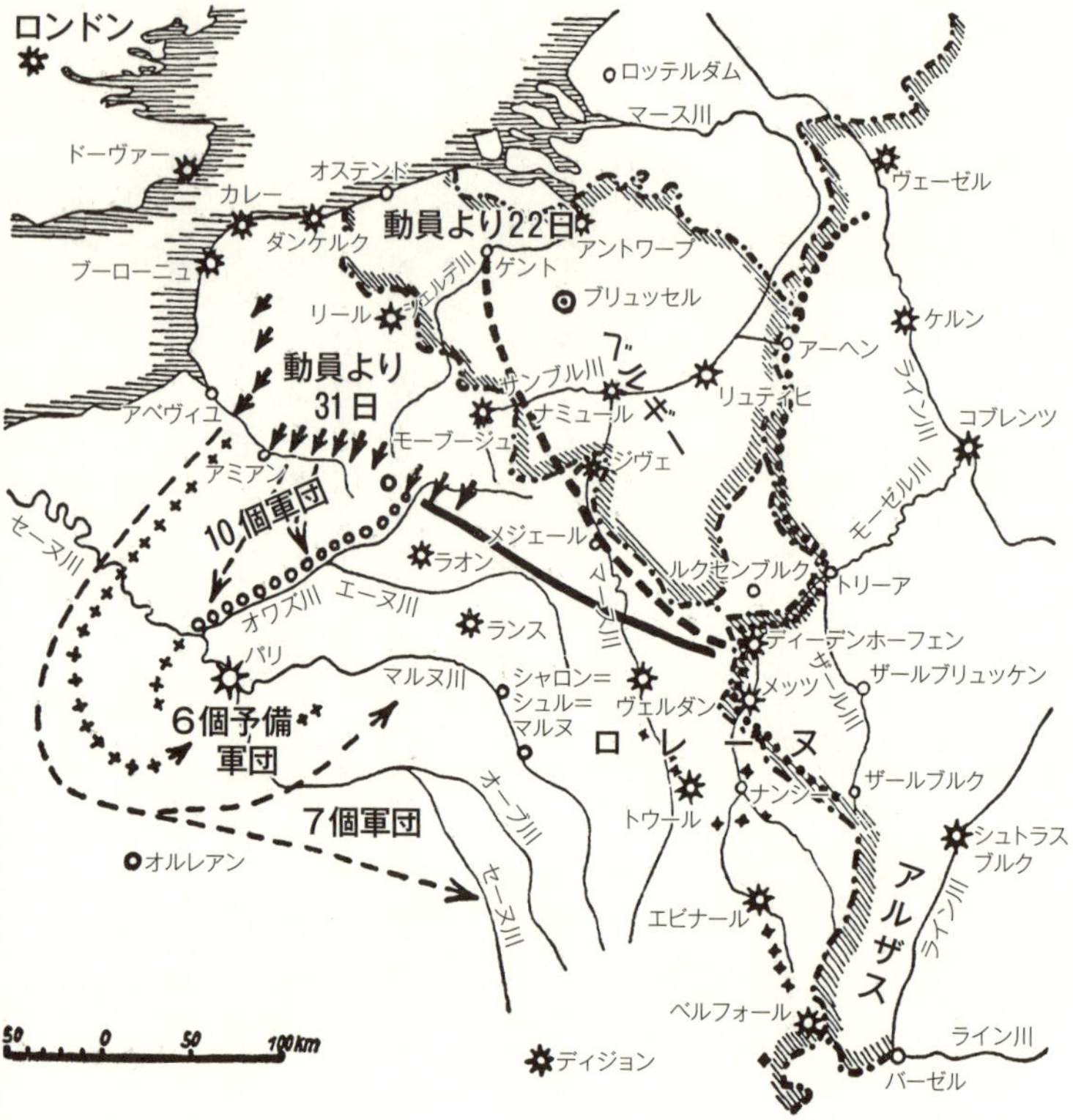

シュリーフェンの作戦計画（1905）

シュリーフェンは、フランス軍はその要塞を大挙して離れることはないと判断し、またアルザスあるいは南ドイツに侵入したフランス軍はドイツ軍右翼の旋回の脅威により、磁力で引きつけられるようにただちに引き戻されると判断していた。しかしフランス軍はそのようになれば、多分この戦役における決戦に間に合わなくなるであろう。

一九〇一年の兵棋演習の講評でシュリーフェンは、彼とモルトケの戦略思想の差異を次のように指摘している。

「一八七〇年頃にはわれわれは敵に正面攻撃を加えることができた。われわれの数的優越は、敵と接触した後敵の伸び切った翼を旋回して、側面攻撃を加えることもできた。現在ではわれわれは決して数的に優勢を得ることはできず、最良の場合でもせいぜい同等になるにすぎない。通常われわれは著しい劣勢で戦わねばならない。そこで作戦の要求から、われわれは劣勢の兵力をもって勝利を得る道を考える必要が生ずる。そこには万能薬はないが、まだ計画とはいえないまでも、ひとつのいい着想ができかけている。全体を攻撃するにはあまり劣勢だとすれば、その一部を攻撃すればよい。敵軍の一部とはその翼のことである。つまり、敵の一翼を攻撃せねばならぬ。これは一個中隊、一個大隊または一支隊の場合はむしろ難しいものであるが、敵が強大であればあるほど、それは簡単になる。戦線が拡大されるにつれて、攻撃された一翼に対し、他の一翼が増援するには時間がかかる。では敵の翼の攻撃はどうしたらいいか。一、二個軍団でやるのではない。一個軍またはそれ以上の軍でやる。そしてこの軍の進攻は敵の側面に対して指向するのではなくて、敵の退路に指向されねばならぬ。

すなわち、一八〇七年の冬期会戦におけるウルムの会戦またセダンの会戦で実証されたところを見習わなければならない。これはただちに敵の退路を攪乱し、それによって無秩序と混乱を惹起し、反転した戦線での戦闘や殲滅戦や敵をして障害地を背にした戦闘を余儀なくさせるところの好機を生むものである。」と。

この言葉は、強敵に対していかにして短期決戦を指導するかという問題と取り組んだシュリーフェンの戦略思想の要諦をしめしている。シュリーフェンは陸軍の拡張を強調した。そして陸軍の拡張は一八九一年から一九〇六年にいたる時機に実施されたが、シュリーフェンが辞職した時にはフランスの七八パーセントに対してドイツは兵籍に登録された青年の五四パーセントが訓練されたにすぎなかった。しかしシュリーフェンはドイツ男子の全部の動員を奨めたのではなくて、計画中の作戦に必要な軍隊要員の確保を求めたにすぎなかった。シュリーフェンにとっては、戦略構想と作戦能力は単なる数量の優越以上のものと思われたのであった。

シュリーフェンが多年にわたって常に完成を期して参謀本部部員の訓練に努めたのは、以上の精神によるものであった。

一九三七年と一九三八年にドイツ参謀本部から出版したシュリーフェンの公式軍事図書の初めの二巻は、ドイツ陸軍でシュリーフェンがシャルンホルストやモルトケの地位（参謀総長の地位）にいた、一五年間のシュリーフェンの戦略思想と教義の進歩の跡を知る好資料である。シュリーフェンの思想の大部はフリードリヒ、ナポレオンおよびモルトケの遺産の理論的継承であり、近代戦の環境への適用であった。そしてシュリーフェンはその偉大な前任者より一歩前進して、単に動員、輸送、開進および主決戦方面に関する事前計画のみにとどまらず、会戦それ自身の内容までも計画したのである。これが戦略の歴史に一九〇五年のいわゆるシュリーフェン計画の名を残すにいたったのである。しかし、この書類は、ドイツ最高統帥部がまだ使用しえない兵力を勘定にいれた単なる計画腹案にすぎないので、これを一九〇五年のシュリーフェン計画と呼ぶのは必ずしも正当とはいえないということを知らなければならない。

ナポレオンはしばしば事前にその作戦の全過程を計画したと自慢している。しかし、これと反対の意見があるし、彼の指揮統帥の実行はこれと矛盾したものがある。総じてモルトケが、〈敵の独立した意志〉が戦争の過程を事前に決定することを不可能にすると述べたことに一致する。

これに反しシュリーフェンは、敵の意志は最初から敵を受動に追いこむことによって拘束してしまうことができると信じていた。これは軍事史上別に新しいことではないが、これをやるには最も速い速度を必要とする。高度の機動性は常に戦勝の基本的前提条件のひとつである。シュリーフェンはこの昔からの原則を高度に発達した輸送、通信組織をもつ国家で適用したにすぎない。シュリーフェンはそれに加うるに、この作戦が成功するためには、敵の作戦発起を拘束するために、敵の作戦発起に際し利用すべき全地域をわが手中に収めなければならないと主張している。シュリーフェンがベルギーとオランダを通ってフランス北部に侵入する計画は、主としてフランス軍を海峡とスイスのアルプス間で設想可能な、しかも脱出困難な地域で捕捉しようという希望によるものである。シュリーフェンは繰り返しドイツ軍は海峡とアブヴィルに到達することが大事だと警告している。そうしないと敵のわれわれに対する包囲運動を回避することは難しいからである。右翼とフランス沿岸によって安全に防護されているドイツ軍に対して、フランス軍がドイツ軍の攻勢を阻止するため適時、かつ充分な兵力をもってフランス軍が左翼を延ばすことは極めて困難であろう。フランス軍の中央部が同時に戦闘にまきこまれてしまった時においてはとくにしかりである。

シュリーフェンの計画はフランス軍にとって戦略的に選択しうるたったひとつの道しか残っていない。それもフランス軍にとっては非常な困難性をもっている。すなわちフランス軍はアルザス、ロレーヌに対して攻勢をとることができるが、これによっては決定的戦果をあげることはできない。むしろ反対に彼らは軍隊をフランス北部の要域から一層遠くに離さねばならなくなるであろう。シュリーフェンは彼が好んで敵の〈好意〉（Liebesdienst）と呼んでいたかかる相手の失策をあてにすることを好まなかった［訳者注・好意とは敵の過失をいう］。シュリーフェンは、敵の過失によって戦勝を容易ならしめることをもとより望んだことは当然であり、シュリーフェンは、この過失は予期せぬドイツ軍の部置に対して急いで対応行動を起こした結果として生起することを期待もしていた。シュリーフェンは危険を冒す大胆さをもっていたが、彼は博徒でなかったので、シュリーフェン自身の戦略的青写真を描くにあたり、フランス軍の誤った計画をあらかじめ設想することを避けた。もしシュリーフェンが軍の動員、輸送、開進計画を同時に計画し、全戦役を通じ戦闘を主宰する計画を作ろうと思えば、シュリーフェンは統帥指揮組織を完全に統合したものにする必要があった。

前にシュリーフェンは第一次世界大戦が起こった時の総司令官を仮想していっている。「現代の総司令官は立派な軍服を着て丘の上に立つナポレオンではない。最良の双眼鏡をもっていても多くのものを見ることはできなくなるであろう。またその白い馬は有力な砲兵にとって格好の目標になるであろう。今や総司令官ははるか後方の家のなかに指揮所をもっている。そこには電話、電信、電報、信号の器械が手元にある。多数の自動車やオートバイが遠距離への出発を待機している。そこでは、大きなテーブルの前の安楽椅子に腰をかけて、現代のアレクサンドロスは全戦場を地図の上で見ている。ここから彼は電話で激励し、軍司令官や軍団長からの、あるいは敵の動きと位置を監視している気球や飛行船からの報告を受ける。」と。

シュリーフェンはその部下に説明している。「特定状況に処し適時に適切な命令を出すことは不可能である。いかなる場合でも総前進命令をもって攻撃命令と心得ねばならぬ。この前進命令は直接戦場に誘導する移動的行軍命令ではなく、軍隊が戦略開進後の行動を発起し、ついに敵と遭遇するような戦闘的な行軍命令を意味している。通常の場合、各軍団は、敵に遭遇したら、まず戦闘部署をとり攻撃を開始するだろう。前進命令の示すところに従い包囲、突破などを実施することになるが、これらはとりも直さず、総司令官の意図するものと合致している必要がある。戦闘においては万事予期しないことが起こるのですべてこのような簡単な方法がよい。いろいろな事件が発生して当初の計画はあちこちで変更を余儀なくされるだろう。この場合は電話とか他の通信方法での連絡が不可能かもしれぬから上官に命令を求めることもできないだろう。部隊指揮官は彼自身で決心しなければならなくなる。この決心が総司令官の意図に合致するためには、総司令官は各軍団長に充分な情報を与え、軍団長は常に全作戦の基本構想を念頭に置き、総司令官の意図と合致するように行動を必要とする。」と。モルトケが柔軟性のある作戦計画で実行にあたってかなりの錯誤もやむをえぬとする余裕をもっていたのにくらべて、シュリーフェンの戦略は極度の正確さを求めていた。モルトケがその幸運な後継者のように自己の意志を強制できる立場にいなかったことは確かである。しかしいかなる場合でも現代の大軍は機動作戦において掌握可能な限り、とくに機動力をもって劣勢を補おうとする状況においては一層正確な調整を必要とする。

ゆえに、シュリーフェンは各参謀本部部員の訓練では、戦略にとくに厳しく力を入れたのである。多くの将校は、参謀本部の最下級の参謀でさえ大軍の戦略行動に対し指示することを許されているのを見ておどろいた。これはドイツに広く浸透していた戦術的知識を無視したのではないが、これがしばしば最新の戦略的知識の源泉から遠く離れている年長の第一線司令官に対し、尊敬を失わせるようになったことは否むことができない［訳者注・若手参謀は、各軍司令官の戦術能力は一応認めていたが、参謀本部の新戦略構想の真意を知らない各軍司令官に対し傲慢であったとの意］。マルヌの戦闘中、第一軍司令官やその参謀長の適切な判断に対して、ドイツ軍右翼の退却を命令したヘンチュ中佐の宿命的な役割はこの点を明瞭にしている。もっともシュリーフェンの後継者小モルトケの時代におけるドイツ参謀本部の状態は比較ができないくらいにまったく変わっていた。シュリーフェンは将来の作戦指揮を語る時は、常に軍が理想的な軍司令官により指揮されることを前提として論じており、彼の戦略構想がぐらつき、危急な時に若い参謀に自分に代わって歴史に残る重要決定をやらせるようなことを考えていたのではない。

一九一四年夏の対フランス会戦はシュリーフェン計画の実験にはならなかった。一九一四年の情勢はシュリーフェンが彼の覚書で解決を考えていた一九〇五年の情勢とは違っていた。一九〇五年以後ロシアは新式軍を作りあげだし、フランスではグランメゾン大佐が教えた攻勢作戦の思想の影響が参謀本部にかたく根をおろした。小モルトケはシュリーフェンの計画に従った。しかし西の攻勢作戦ではシュリーフェンの右翼旋回の構想は大きく変更された。シュリーフェンはドイツ軍の右翼と左翼の兵力比を七対一の基準としていたのに、小モルトケは三対一の比率とした。小モルトケはアルザス、ロレーヌに対して予期されるフランス軍の侵入を心配した。しかし、それが正しかったとしても、強固な築城に拠って防御の利を得ているドイツ軍の南翼を必要以上に強化することは妥当ではない。実際小モルトケ自身も、もしフランス軍の攻勢によりアルザス、ロレーヌに決戦の好機ありと信じなかったならば、きっと違った部署をとったであろう。もしフランス軍が要塞を出てその兵力の半ばをロレーヌに侵入させたならば、フランス軍の南翼をヴォージュ山脈とライン川に向かって撃退することができるし、これを殲滅したならばそれ以上のフランス軍の抵抗に終止符を打つであろう。そのうえロレーヌの戦闘は一九〇五年のシュリーフェンの計画による決戦よりも三週間から四週間以前に行うことができるだろう。

かくてドイツ軍の右翼は小モルトケの見解では違った意味をもつものであった。すなわちその主要任務は、フランス軍をしてロレーヌ攻勢を採らせるにあった。この場合、ドイツ軍は道をベルギーに求めねばならないが、もしドイツ軍左翼がその間に敵を撃破することができれば、パリに向かう前進続行はその意義を失うにいたる。

伯父に対する漠然とした競争心から、小モルトケは彼なりの戦略論を展開したのである。シュリーフェンがドイツ軍の主導により、ドイツ軍の行動方針を判断する可能性をフランス軍に与えないことを望んでいたのに、小モルトケは作戦行動を部分的には〈敵の自由意志〉に追随して決めることにした。このことはドイツ最高統帥の究極の戦略目的追求に不明確な要因を導入することとなった。確実な調整のもとに最終的にその作戦方針を採用するためには、小モルトケは軍隊と常に密接な接触を保ち、その行動を彼の軍事思想の線に沿って規制しておかねばならなかった。もし小モルトケがフランス軍を要塞の外に誘出するために第六軍、第七軍を退却させ、同時にドイツ軍右翼の進撃速度を故意に遅らせるとともに、ロレーヌに主力部隊を転用する計画を強力に推進するならば、彼の夢見たロレーヌの決戦を実現することもできたかもしれない。一九一七年から一九一八年にルーデンドルフの作戦主任参謀だったゲオルグ・ヴェッツエル将軍は一九三九年にもかかる計画を実現しうる状況があったことを明らかにしている。しかるに、小モルトケは、実際には第六軍の正面攻撃による過早の攻勢発起を黙認してしまった。それはむしろフランス軍を要塞という安全地帯に退却せしめたのにすぎなかった。その後も小モルトケはフランス軍戦線に対し、直接強圧を加えることを禁止することもせず、ついには第六軍を非常な苦境に陥れ、右翼増強のための兵力抽出をさえ不可能にしてしまった。これは、小モルトケの温和な性格と決断力の欠如が本当の原因であろう。それとも小モルトケは大モルトケの覚書により、各軍司令官に対する自己の寛大さを正当化するなんらかの理由を見出していたのであろうか。

一九一四年のドイツ軍右翼は開戦当初からシュリーフェンが考えた目的を達成するにはあまりにも弱すぎた。ドイツ軍が海峡に到達し、パリの西方および南方に作戦することはできそうにもなかった。八月二五日、ドイツ軍右翼はベルギーから東プロイセンに二個軍団を移動させたためさらに弱くなった。この軍団はマルヌ会戦には参加せず、またタンネンベルク会戦の時にはちょうど東方に向かって移動中であった。東方の第八軍を増援すべき兵力は当然予備を控置していた左翼方面のドイツ軍から抽出されるべきであったのである。

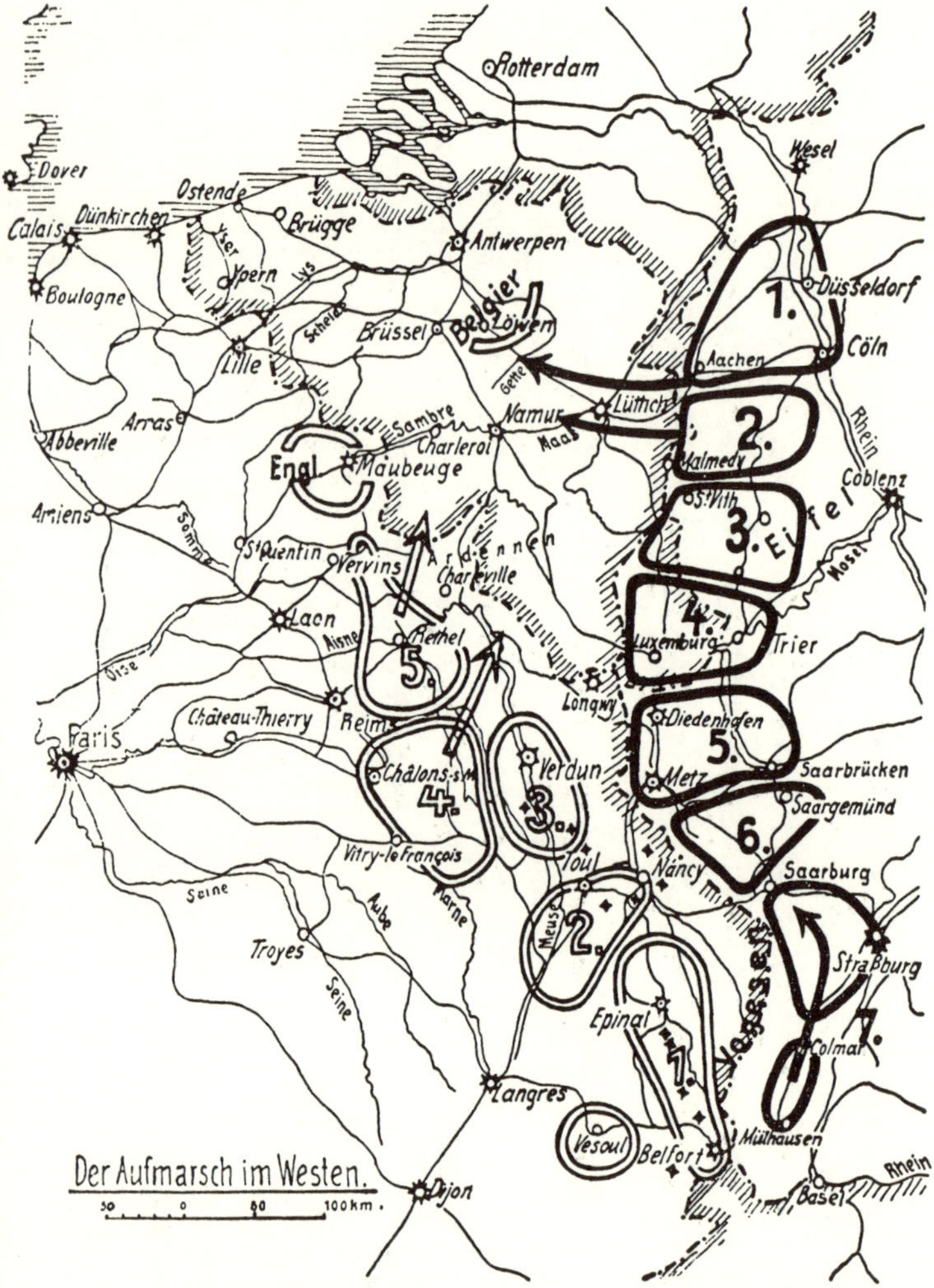

西方戦場における戦略開進（戦略的基礎配置。訳者注：開進とは終結を意味する兵語）

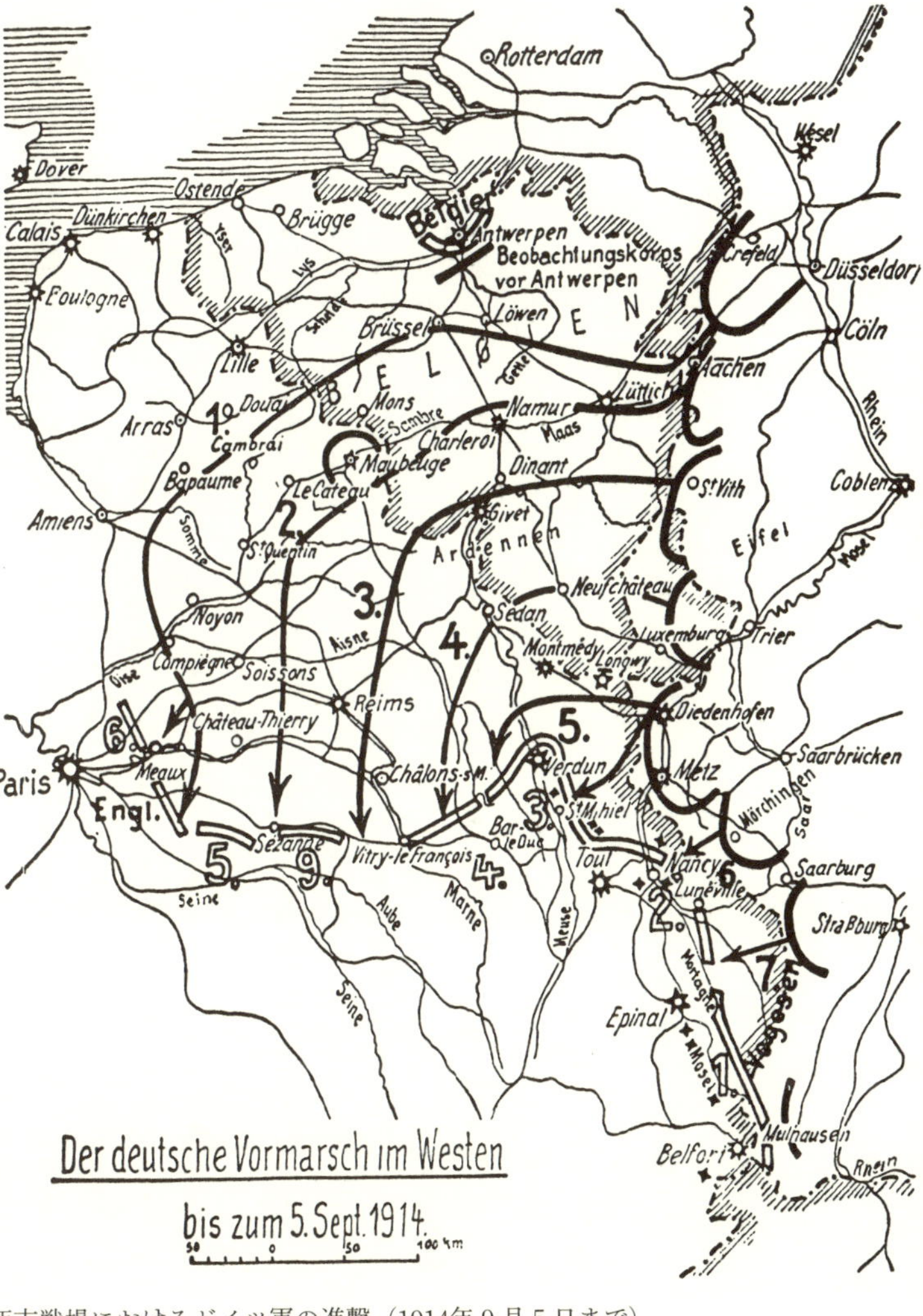

西方戦場におけるドイツ軍の進撃（1914年９月５日まで）

小モルトケは八月二〇日から二三日にロレーヌの戦闘が始まり、そこに大決戦の機会が訪れるという予想のもとに行動を開始した。一方ベルギーを通過するドイツ軍の進撃は極めて堅実で迅速であった。ドイツ軍は最も危険性大な隘路リエージュおよびその次に危険なブリュッセルーナミュールの線をも通過した。しかしドイツ軍は連合軍の士気を破砕することもできなかったし、イギリス派遣軍やフランス第五軍のような個々の部隊の包囲さえも成功しなかった。ドイツ軍の本格的な仕事はようやく始まったばかりであった。強行軍のつど、新鋭部隊の必要性が痛感されるにいたった。

ドイツは二個軍団を東方に転用し、またその少し後でモブージュの攻囲には軍団を不経済に使用したが、なおドイツ最高統帥部は左翼から軍隊を鉄路輸送で右翼方面に転用しうる能力を有しており、少なくとも中央部隊の作戦方向を右に向けるという方法で右翼を増強する手段は残されていた。しかし小モルトケは、ドイツ軍左翼はその本来の戦略任務を遂行することはできないかもしれぬが、強力なフランス軍を拘束してパリ地区への転用を不可能ならしめ、ドイツ軍右翼をしてシュリーフェン計画の目的達成を可能ならしめるだろうと信じ続けていたのであった。

小モルトケが自分で弱め、かつ変更を加えたシュリーフェン計画は、今となってはいくら信仰してみても無駄であった。この段階ではフランス軍左翼に対する強力な攻勢のみがドイツ軍に戦勝をもたらす最後の機会であることは明らかであった。それゆえに決定的打撃を加えるに必要な圧倒的戦力を第一軍、第二軍、第三軍に与えるためにあらゆる手段を講ずべきであった。小モルトケが、来たるべき戦闘に優勢を得るためにあらゆる手段をとろうとすれば、短期間に必要な兵力をこれらの部隊に増強することはできたはずであった。しかし間もなくフランス総司令部は総退却中にもかかわらず、各軍の掌握を確実に回復した。フランスの鉄道組織が、兵力の均衡を回復し、適当な時期に攻勢を行うための準備を推進するため最大限に活用された。一方小モルトケは前線の実情を把握することができなくなった。通信連絡は悪く、鉄道輸送は制限されたり無視された。困難の主因はドイツ最高統帥部の最終的戦略計画の不明確性によるものであった。ドイツ各軍司令官は手抜かりや命令違反の誤りを犯した。しかし最高統帥部が彼らを全般作戦の意義が分からぬままに放置しておいたのだから、彼らを激しく非難することはできないであろう。

最後に第一軍は大胆な行動で非常な危険を脱し、不可能と思われたことをやりとげることができた。その結果、先のシュリーフェン計画で予測された戦果を実際に手中に収める準備ができたかのごとく見えた。その時に、西翼の状況視察に派遣されたヘンチュ中佐により退却命令が与えられたのであった。シュリーフェン計画の堅苦しい綿密な思考と統制を避けようとした小モルトケは、戦争の初期の作戦指導においては一般に軍司令官の独断を容認していたが、今や危機が最高潮に達した時、彼は若い幕僚に権限を与え、各軍の協同連係の回復をはかろうとした。ヘンチュは有能な将校で、後に参謀長として一九一五年のセルビア会戦時には名声をあげた。一九一四年九月八日のヘンチュの指示は、主としてドイツ軍右翼の戦況がルクセンブルクに位置した最高統帥部が考えていたよりは、はるかに重大なのに驚いた結果であった。

シュリーフェン計画は去勢せられ、また、ドイツ統帥部の放漫な作戦指導にもかかわらず、なお一九一四年のドイツ攻勢は非常な威力をもっていた。もしドイツ最高統帥部が東プロイセンの戦闘やロレーヌの決戦の構想に気を散らさないで、初めからこれに全幅の信頼をおいていたら、究極の勝利を失うようなことはなかったであろう。シュリーフェンが、ロレーヌではフランス軍は要塞に撤退できるので〈平凡な勝利〉以上の成功を得ることは極めて困難であると予言したことは正しかった。シュリーフェンは戦争中状況が変化して最高統帥の新しい兵力部署が必要になることがあるかもしれないということは認めていた。しかし右翼への兵力集中はすべての作戦を統一することとなり、最高統帥部は各軍司令官に最終の作戦目的を知らしめるだけで充分な成果をあげたであろう。またもし通信が中絶するようなことがあっても各軍司令官は作戦の基本構想にしたがって行動することができたであろう。

一九〇五年のシュリーフェン計画は、将来戦の問題に関する彼の最終的回答ではなかった。前述のとおり、シュリーフェンは一九〇五年では、フランス軍はその国境要塞から離れないだろうという設想にもとづいていた。これはまったく正しかった。フランスの動員計画第一五号は戦略守勢を採用することを示している。しかしシュリーフェンの隠退する前の数年前には、彼はフランスにナポレオン流攻勢作戦の新しい風潮が成長しつつあることを注意している。シュリーフェンはフランス参謀本部が早期にナミュール—ブリュッセル—アントワープの線を占領し、ベルギーを通過してくるドイツ軍の攻勢に対応策を講ずることを心配していた。しかし、シュリーフェンの心配はまったく外れていた。一九一一年に当時フランスの最高戦争会議によって総司令官に任命を予定されていたミシェル将軍が一九一四年のドイツ軍の作戦を適確に予想した計画を提出したことがある。その実行にあたってはミシェルの計画は一九四〇年の連合軍の作戦に近似したものであった。そしてガムランがそれの影響を受けていたものと想像される。一九一一年にはその計画は受け入れられないで、かわりにジョッフルが総司令官に任命された。第一七号計画が採用されたが、それはドイツ軍はベルギーに侵入するかもしれないが、その兵力はミューズ河を越えて進撃するには充分でないという構想に基づくものであった。今までフランスの軍人も歴史家もこのフランスの軍事情報の大失敗を究明しようと試みたものはいない。

シュリーフェンが隠退の年になるまで敵の〈好意〉を勘定に入れた希望的観測を排除しつづけたことは興味深いことである。シュリーフェンは戦術と科学技術の進歩に遅れないように努力し続けた。

フランス軍のアントワープ-ナミュール線の占領とそれに付随して起こるロレーヌ攻勢を心配しながら、シュリーフェンはドイツ第一線の後方に強力な予備を控置する必要性を強調した。最良の対応行動として、シュリーフェンは最初からこの予備をもってドイツ戦闘部隊を増強し、ベルフォールからリエージュにわたる全線に沿って積極的行動に出ることを提案した。シュリーフェンはなおドイツ軍右翼の作戦進捗のみが大きな戦略的成果をもたらすだろうという確信をもちつづけていた。同時にシュリーフェンは、鉄道輸送の分野に新しい戦略的好機を発見しうると考えていた。大モルトケの「最初の軍の集中の錯誤は全会戦間改めることはできない。」という格言は西部および中部ヨーロッパの現状ではその妥当性を失い始めた。鉄道網の密度は司令官がスイッチを押すだけで軍隊を一翼から他の翼に移すことを可能にした。そして参謀本部の最後の兵棋演習でシュリーフェンはかかる攻勢機動を大規模に指導した。しかし一九一四年のドイツ参謀本部（シュリーフェンの後継者たち）ではこの着想はまだ影響をおよぼすにいたらなかった。フランス軍はこの新しい機動力を利用するのにはるかに優れていることを実証した。さらにフランス軍は他に先がけて自動車輸送の可能性を確信した。すなわち、ガリエニは、パリの自動車を徴発して、散々に打ちのめされたマルヌ陣地に軍隊を自動車輸送し、またフォッシュは後に、（一九一四年九月に）自動車輸送で六万をフランドルに注ぎ込んだ。

マルヌの会戦は、ドイツ将校間にシュリーフェンの名声を失わせなかった。その反対の長い望みのない陣地戦は、それがドイツの社会的、経済的秩序に及ぼした影響とともに彼の軍事的天才を無視した恐ろしい結果のように見えた。東方ではシュリーフェンの教育はタンネンベルクや、一九一四年のマズール湖の冬季作戦、あるいは一九一六年のルーマニア会戦の初めにおけるヘルマンシュタットのような多くの輝かしい戦勝を生んだ。このような勝利でドイツ軍は四年間の長きにわたって世界の連合国と戦い、ほとんど戦勝に手が届きそうになるまで戦うことができたのであった。ゆえに一九一八年のドイツの最終的な敗戦の時も、「シュリーフェンは近代戦の達人だった。」という確信を弱めなかったのみでなく、ドイツが再軍備を始めるとともにこの確信は次第に強固になっていったのである。一九二〇年から一九三九年の戦間期のドイツ軍には、シュリーフェン流の正統派もあったが、国防軍やヒトラーの軍隊の戦略家グレナー、ゼークト、フリッチュ、ベックのような人たちは、シュリーフェンの戦略思想を無批判に取り入れたのではなかった。新しいドイツ陸軍は戦略的先制、機動性および包囲運動の威力に対し、シュリーフェンの確信のようなものがしみこんでいたが、同時に世界大戦の新しい教訓も敗戦によって論じつくされていた。一九一四年九月ドイツ軍のフランスに対する攻勢が行きづまった後、防勢作戦の問題が重要になってきた。東方の果てしない戦線の戦闘の大部分も事実上防勢作戦であった。一九三三年、まだドイツ軍が弱体だった頃は、防御の問題が参謀本部の一番大きな問題であった。現在の参謀本部には、防勢作戦に関し、第二次世界大戦初期よりもさらに進んだ思想があるであろう。フォン・レープ元帥の一九三七年から一九三八年の防御に関する研究はこのことを明らかにしている。また、ドイツ将校が築城に対し、以前よりも大きな確信をよせる傾向のあることも明らかである。

正面攻撃によってえた体験ははるかに重要である。一九一四年から一九一八年の陣地戦はドイツ最高統帥部に決戦に導くように新しい戦略研究を余儀なくさせた。戦術的正面攻撃は、「敵は退却を余儀なくされるが、新陣地で戦闘を再開する自由をもつ。」というシュリーフェンの予言を確認したにすぎなかった。決定的成果を得るには、敵の後方連絡線が危殆に陥り、その行動の自由がなくなるまで敵戦線を突破しなければならない。戦略突破に成功した最初の実例は、一九一五年五月のゴルリッツ—タルノウの戦闘でゼークトによって計画されたものである。その結果はすばらしいものでもしさらに充分に準備されていたら一層大きい戦果がえられたと思われる。一週間後に連合軍はアラスとラバシーのドイツ軍陣地に対して強襲を行った。その後連合軍とドイツ軍はともに突破とこれにともなう戦略的戦果拡張の問題を研究した。最も野心的な企図は一九一八年春のフランスにおけるルーデンドルフの攻勢で、ドイツ軍が戦力を喪失する前に戦争の勝敗を決定せんとする目的で企図されたのであった。しかし戦略的成功はえられなかった。ドイツ軍の深い突出部が連合軍の戦線内に形成されたが致命的破綻は起こらなかったからである。

一九一八年春季攻勢の失敗は一九一四年のシュリーフェン計画の無視とともにドイツにおける一九二〇年以後の軍事研究の主題となった。第二次世界大戦の二年前にルーデンドルフ時代の砲兵の権威、クラフト・フォン・デルメンジンゲンがヒトラー陸軍の参考書として書いた『突破』という本のなかでその論争を記述している。そのなかでデルメンジンゲンはシュリーフェンの「突破は常に決勝を得るに最も困難な作戦方式であって、敵に重大な罰を加えんとするところの準備行動にすぎない。」そして「最後の勝利はそれに付随した包囲作戦によってのみえられる。」という教義を繰り返し述べている。しかしデルメンジンゲンは、これにつけ加えて将来戦では、突破作戦は必然的に避けることができないだろうといっている。「いかなる軍隊ももっぱら包囲理論の採用のみに偏することはないであろう。」この結論は、これ以外の同じようなドイツの研究にも散見するように、「機械化せられ自動車化せられた軍隊による急襲と機動性の復活」ということである。ドイツ陸軍はこのことについては、その多くを敵に学んだのであった。連合軍の戦車が突進して、ソアッソンとアミアンでドイツ軍を撃破した一九一八年七月一八日と八月八日の暗黒の日のことは忘れられない出来事であった。これらの戦車の席捲はその戦略的価値は制限されていたけれども非常な戦術的成功をもたらした。一九三〇年のドイツ参謀本部はかかる戦術的可能性を、航空兵器の使用と組み合わせて拡大しようと企図した。しかもその主目的は一九一四年の九月から一九一八年の陣地戦でその切れ味を失ったと思われた包囲と殲滅のシュリーフェン戦略を復活させた戦術の開発にあった。

この意味で一九四〇年のドイツ軍のフランスに対する攻勢は、シュリーフェンの構想によって活気づけられていたのである。もちろんシュリーフェン計画そのものが復活されたわけではなかった。一九四〇年の計画は連合軍戦線の中央突破と称せられ、一九四〇年五月一四日セダンにおいて遂行されたが、ふたつの包囲作戦がこれに続いて実施されねばならなかった。最初は、北方のイギリス軍とフランス軍をベルギー沿岸から英仏海峡に駆逐せんとするもので、第二の包囲戦はセダン―アブヴィルの線から開始され、南方のフランス軍をマジノ要塞地帯とスイス国境に追いこむ目的をもっていた。ゆえにヒトラーが議会で一九四〇年の作戦と一九一四年のそれとはまったく別のものであると強調したのは正しかった。

フランスに対する戦争の第二段階はシュリーフェン計画とある点で類似しているが、第一段階のベルギーの戦闘は大モルトケがセダンでマクマホンに対して用いた戦略にどこか似たところがある。

対フランス会戦の両段階とも最初は突破に依存している。そしてそれは歴史上の決定的瞬間において、攻撃が防御に比して驚くべき卓越性をもつことにより、初めて可能となったのであった。このことはドイツ軍戦略の全般性格に深刻な影響を及ぼした。しかしドイツ軍事思想界が新しく機動作戦を信ずるにいたったのは、元来シュリーフェンの教育の影響によるものであった。最近の半世紀におけるドイツ軍事史に及ぼしたシュリーフェンの影響は絶大なものというべきである。

ドイツの軍事的発展は軍の潑剌とした活動で新しい水準に達したが、ドイツ流戦略はすでに初期の理想性と現実的威力を失ってきた徴候を見せはじめている。シャルンホルストとグナイセナウは国家改革論者であるとともに軍事改革論者でもあった。彼らはプロイセン軍をナポレオンからの解放戦争のために改革しようとしたのみでなく、プロイセンをより一層自由な国家に再建しようとしたのであった。これら二人の改革者はいかなる軍事組織も社会的に甚大な影響があることを知っていたので、戦争の問題をこれにつづく平和の問題とともに考察したのである。彼らの考えにまったく同調して、クラウゼヴィッツは、戦争は政治の手段であり、政治と戦争は、「違った文法を使用しているが同じ論理をもっている。」と教えた。

ウィーン会議後の反動の時代には、軍隊と新しい社会的、政治的勢力とが密接な接触を保とうとするあらゆる企図は挫折してしまった。

プロイセン貴族は軍隊に対する完全な統制権を奪い返し、それはドイツにおける君主制の存続のための主要な防壁となったのである。現存の君主制の存続と、とくに軍事に対する君主の特権の維持のほかは将校は政治に関与せず、世間の新しい思潮に対して超然たる態度をとっていた。

大モルトケはクラウゼヴィッツの広い知識、思考力に非常な関心をもっていて、一八四八年から一八七一年にいたるヨーロッパ史の動乱期は、とくにその思想を深く刺激した。大モルトケの時代の政治問題に対するその答えはすべて極めて保守的であり、ビスマルクの機会主義的な考え方よりもなお保守的であった。モルトケは軍事専門事項については首相に対して強く主張したが、ビスマルクの政治的指導には従った。ビスマルクの国内、国外における成功により、陸軍や議会や一般民衆から拘束を受ける恐れがまったくなくなってしまったので、軍隊は反動的に無気力となった。そのため軍隊は、一八九〇年以降ヴィルヘルム二世がヴィルヘルム一世およびビスマルクの職権を引き継いだ後においても、盲目的に帝国政府に追従していったのであった。

シュリーフェンは皇帝の最高軍事補弼者として、ヴィルヘルムの政策が作り出したドイツ安全上の脅威に対し、声を大にして警告すべき立場にあった。ヴィルヘルム二世とテルピッツの海軍計画はイギリスを反対陣営に追いやってしまった。シュリーフェンは、ドイツの軍備と戦争計画は国際情勢の脅威を無視することができないにもかかわらず、政府にこのことを警告することをしなかった。シュリーフェンの作戦計画は前述のごとく、フランスの完敗によりイギリスは平和をえらぶであろうという予期に基づいていた。しかしプロイセン参謀本部はイギリス侵攻を考えたことはなかったので、これも単に希望にすぎなかった。もしドイツとロシアの戦争がフランスの敗北以後も続くならば、イギリスは少なくもドイツの通商および産業に大打撃を与えて、シュリーフェンの恐れていたドイツの経済と社会組織に完全な変革を余儀なくさせたであろう。

シュリーフェンが国家の防衛計画におけるドイツ海軍の役割について無関心だったことは、さらに驚くべきことであった。シュリーフェンにとっては、海軍は彼の計画した戦争の形式には何の役にも立たず、かかる海軍を建設することは彼にとって単に金と人力の浪費にすぎないものであった。陸軍はシュリーフェン計画の実行に必要な師団の編成に要する資金や士官候補生を充分手に入れることができないので、以上のようなことを常々感じていたが、シュリーフェンは不平を鳴らしたことはなかった。またシュリーフェンは海軍拡張計画が結局イギリスをして陸軍を大陸に向け、輸送可能にするにいたるという国際的問題についても、心配していたようには思えない。シュリーフェンはドイツ政府の現状の機構上の問題について、とくに陸軍が国家非常時に最高能率を発揮するために、新しい社会的勢力とより密接な接触を必要とするか否かということについてもあまり考えていなかった。

シュリーフェンはヴィルヘルム二世の独裁的統治に全然疑念を抱かなかった。シュリーフェン自身の軍事的所掌についても、皇帝が軍事的に愚かしいことをしでかせば、その結果はフリードリヒ大王の建設した君主制の没落になるかもしれないということをほのめかすことさえもしなかった。ヴィルヘルム二世は、自ら騎兵大集団を指揮して、機動演習を実施し、勝利を収めることが大好きだった。しかも、演習後の皇帝の指揮した幕僚の行動に対する講評は、皇帝の軍事的才能の欠如を暴露していた。このようなことは将校の間に不安と立腹を引き起こした。シュリーフェンは皇帝に対する批判は、プロイセン軍士気の根源である君主制の権威を低下させることになるといって受け流すのが常であった。シュリーフェンの君主制に対する盲目的忠誠は、小モルトケが参謀長に任命された時にも微動だにしなかった。ただシュリーフェンはドイツの戦略的情勢の重大性にかんがみ、軍事的に誤った処置に出ることは許されないという重大な忠告を発したにすぎなかった。

シュリーフェンは君主制に対する盲目的忠誠心のため、戦争の最も深遠な問題は単なる軍事的熟達という領域を超えたものであるということを認識することができなかった。近代の将軍には誰もマールバラ公、オイゲン公、フリードリヒ大王、ナポレオンのように政治的支配と軍の統率とを一緒に行おうと願うようなものはいない。軍事も政治もともに、あまりに複雑になってきた。そしてそれに熟達するには、どの分野でも長い専門的な経験が必要である。しかし戦争が一種の政治的行為だという事実は変わってはいない。戦略の最高の形式は批判的かつ建設的な政治的判断によって指導された軍事的卓抜性から生ずるものである。プロイセン流兵学の創始者の述べたこの真理はシュリーフェンとその弟子たちには忘却されてしまった。

マルヌ会戦につづく西方の機動戦の失敗により、ドイツ第二帝政の軍事指導者は戦争実施にあたり、国際的、国内的に政治の全圧力を受けるにいたった。急に総力戦の動員と戦争時経済を実施しなければならなくなった。戦争の結果は陸上戦略よりも水陸両用戦略に依存することになった。シュリーフェンの弟子たちは世界戦争の現実に対する準備ができていなかった。この戦争は政治的、経済的および心理的武器を歩兵や砲兵と同じように使用して戦わねばならなかった。

ルーデンドルフはこれらの戦力を陸軍と同じように容易に駆使できると考え、また政府を最高統帥の命令に従属せしめたために、ついにドイツは事実上軍事的独裁国家になってしまった。しかし、その軍隊は国境を維持することができなかった。
一九一八年のドイツ革命において、将校は民衆の憤激の的になった。そして陸軍は決してその屈辱を忘れず、また短命なドイツ共和国で反動的で破壊的勢力として残っていたが、ドイツ陸軍の良識ある軍人は、ルーデンドルフの過失は決して繰り返してはならないと確信するにいたった。これは、陸軍が新しい民衆勢力と同盟すべきだということを意味するのではない。それは彼らがシュリーフェンの時代のように専門業務として戦略に、または彼らが好んで使った言葉の〈政治的でない仕事〉に集中しうるように政治運動に協力すべきだということを意味している。この理論がドイツ参謀本部の最も理知的な部員にさえもヒトラーがドイツで勢力を得るのを黙認せしめたのであった。ドイツの将軍たちは、一九一四年から一九一八年にいたる戦争をやり直すに必要なすべての手段をヒトラーから受領した。しかしドイツの将軍たちは今は〈戦争は政治の手段〉だということを再び学びつつある。しかし今度はナチ政治の理論が、彼らを引きずって、輝かしいカンネー戦略の計画を演出した戦争を惨敗に導いていったのであった。シュリーフェンとその後継者たちはカルタゴがハンニバルの戦勝にもかかわらず滅亡したという事実をいつも忘れているのであった。

（山田積昭訳）

第9章 フランス流兵学
ド・ピック フォッシュ

ステファン・T・ポッソニー ウィーン大学哲学博士。『明日の戦争』著。『枢軸国戦略』共著。大戦勃発時、フランス情報省勤務。
エチエンヌ・マントウ リヨン大学法学博士。経済学、法律学専攻。大戦勃発時、フランス空軍中尉として第一線勤務。

ナポレオンの没落からイタリア、ドイツの統一戦争までの長い平和の期間、軍事理論の進歩が停頓したことは極めて自然なことである。ワーテルローとソルフェリーノの間にはフランス軍は大規模の戦闘の経験をしていない(クリミア戦争は大きな要塞攻囲戦だった)。そしてフランス軍は革命と帝国時代に勝ちえた名声に満足していた。アルジェリアの征服は植民地戦争の新理論にある程度の興味を喚起したが、ヨーロッパ大陸に関する限りは、あらゆる研究対象はナポレオンの諸会戦に置かれ、それらはすべてジョミニの著述によく述べられているように思われた。ジョミニの本はすべてのフランス軍将校には必携書のひとつであって、他のすべての理論的研究はなくもがなと思われた。フランス陸軍当局がフランス陸軍の組織と幕僚勤務のあり方に疑念を抱き始めたのは、一八五九年のフランスの戦勝に暗影を投じた、プロイセン軍のサドワでの大勝利（一八六六年の普墺戦争）以前のことであった。急いで改革が始められ、また軍事組織の問題について活発な論争が展開された。この論争に対し最も重要で最も永続的な貢献をしたのは、アルダン・ド・ピックの著作であった。

I

ド・ピックの生涯はあまりよく知られていない。一八三一年一〇月一九日、多くの偉大なフランス人の生誕地であるペリグー（ドルドーニュ）に生まれたこと、ド・ピックがサンシールの陸軍士官学校を卒業して、クリミア戦争に従軍し、セバストポリで捕虜となったこと、後にシリアとアルジェリアで再び軍務について、普仏戦争の第一日（一八七〇年八月一五日）にメッツ付近で連隊長として戦闘指揮中、テュレンヌがザルツバッハで命を失ったのと同じ様子で戦死したということのほかにはほとんど知られていない。ド・ピックが死んだ時、ちょうど彼の研究『古代の戦闘』が出版された。これはド・ピックがただ二、三の同僚将校のために私的に配布しようとして、執筆したものである。新版は一八七六年と一八七七年に軍事雑誌『将校集会所会報』（Bulletin de la Réunion des Officiers）に印制された。一八八〇年にド・ピックの著作の一部が初めて本のかたちで出版され、一九〇二年になってその全部が『戦闘に関する研究』（Etudes sur le Combat）として出版された。しかしド・ピックの残した論文の全部がこの刊行本に見出されるかどうかということには疑問がある。なぜならば、かかる健筆の人物が多少とも同じ主題について、わずか数編の論評しか書いていないということ、また四〇歳を越すまで何も書いていないということも信じられないことだからである。また第一次世界大戦中フランス軍の塹壕のなかで最も広く読まれた本は、トルストイの『戦争と平和』を除いては、彼の『戦闘に関する研究』だったという事実があるにかかわらず、ド・ピックはなお国際的な大百科辞典にはのっていない。

ド・ピック自身がその軍事思索がトマ・ロベール・ブジョー元帥の影響を大いに受けていることを認めている。ブジョー元帥は彼が軍事研究を始めた当時、フランス軍人の一流中の一流の軍人であった。ブジョー元帥は彼と同郷人で、ド・ピックの生まれ故郷のペリグーの代議士であった。ブジョーがド・ピックの軍隊生活中あれこれと故郷の将校生徒を保護し、指導しようとしたことは想像に難くない。ブジョーはナポレオンよりはむしろその麾下《きか》の最も輝かしい元帥のひとりで同時に最も独創的で科学的だったルイ＝ガブリエル・スーシェの影響をより多く受けた。ブジョーの真面目さと客観性は、ド・ピックの全著述にしみ渡っている。ブジョーのド・ピックに及ぼした直接的影響がどれくらいあったにしても、ド・ピックは疑いもなくルイ＝ジュール・トロシュ将軍の『一八六七年のフランス陸軍』という本について深い知識をもっていた。この本の重要な章には戦闘と恐慌（パニック）の問題を取り扱っていて、全般的には戦場心理が書いてある。トロシュはブジョーが信頼しかつ選んだ副官で、またトロシュの本はサドワ以後フランス軍に浸透していた自己批判の産物だったが、ド・ピックが彼の研究を始めた時代のベストセラーのひとつだった。

ド・ピックのインスピレーションによる着想の別の源は、確かに彼自身の軍事勤務の体験である。ド・ピックの陸軍における経歴のなかでふたつの体験がとくに重要である。すなわちそのひとつはクリミア戦争で統帥（指揮）がはなはだ不手際であったこと、その他、軍が非戦闘員を大きい割合で抱えこんでいたので、優勢な兵力を擁している軍隊が実際戦場では弱かったという理論に合わない事実である。ド・ピックはシリアとアフリカの勤務で「大きな大隊という理論はさもしい理論だ。」ということを学んだ。なぜならば勝利は大きい部隊に由来するということは事実でなかったからである。「数学や力学は戦闘原則に応用できない。」ということをアフリカでも学びうる。高度に訓練されたフランス軍はアラブ人の優勢な兵力を幾度も撃破するのに何の困難もなかった。そして何度もナポレオンの格言の、「二人のエジプト騎兵（マムルーク騎兵）は三人のフランス人を支えた。しかし一〇〇人のフランス騎兵は同数のエジプト騎兵を恐れなかった。三〇〇騎となるとフランス軍は同数の敵を撃破した。一〇〇〇名のフランス軍は一五〇〇名のエジプト騎兵を破った。」ことの真実であることを立証した。

ド・ピックはこれにつけ加えて、これは戦術、軍紀、演習の影響であったといっている。ド・ピックはさらにナポレオンの量の理論に挑戦している。ナポレオンの大兵団が敗戦をまぬがれたワグラムの戦いに例をとってみよう［訳者注・ワグラムの戦いは一八〇九年ナポレオンとオーストリア軍との会戦でナポレオンが辛戦した。以下はその緒戦争時の要点確保の戦況を述べたものであろう］。

「二万二〇〇〇の兵員中一五〇〇ないし三〇〇〇人が陣地についた。しかしその陣地を保持しえたのは彼らの力ではなく、一〇〇門の砲兵隊や騎兵等々の物質的・精神的威力によるものであったことは確かである。一万九〇〇〇人のいなくなった兵員は戦闘ができなくなったのであろうか。否である。この時、七〇〇〇人すなわち三分の一にもあたる兵員は敵に撃たれつづけていたのかもしれない。それでは勘定されていない残りの一万二〇〇〇人はどうなったのであろうか。彼らは道路に伏せて、戦闘に参加しなくても済むように死んだ振りをしていたのだ。」

ド・ピックの思想に大きな影響を与えた最後の重要な軍事的事実として、一八六六年の驚くべきプロイセンの勝利の後に起こったフランス陸軍の改革に関する熱烈な論争を述べなければならない。一八六七年アドルフ・ニール元帥は陸軍大臣になって、フランス軍を新しい改良された兵器で装備するだけでなく、有力な予備役兵力を作り上げて、事実上の一般徴兵を実施しフランス軍を強化しようとしたのである。ニールの陸軍改革論は党略（党のための政治活動）の闘争により実現できなかったことは周知の事実である。ボナパルト党は有権者に余分な軍事的負担をかけることを恐れ、またその反対派は陸軍改革がナポレオン三世の治世を安定させることになりはしないかと恐れていた。またフランス陸軍の一部では、ニールの考え方に強く反対していたことはあまりよく知られていない。トロシュの本は陸軍改革の緊要なこと、フランス軍将校の徴兵に対する憎悪との間に妥協点を見出しうることを示す意図をもって書かれていた。ド・ピックはニール元帥に対する確信をもった反対者で、ド・ピックの著書は、少なくともある程度ニール元帥の一般徴兵制度についての考え方への反駁文と解釈することができる。少数の職業的軍隊と大量の徴兵部隊との特質を比較討論してド・ピックは前者を支持することを公言し、この問題の間違った面は歴史が証明するであろうと思った。

ド・ピックは軍事問題を科学的方法で解明しようとした。戦争は結局格闘と戦闘のことだ。いわばその最小のものは彼我の部隊と部隊との格闘だ。驚くべきことには、戦争理論家はこの最小のものの構造を研究しようとさえしない。彼らはもっと抽象的な問題、戦争の一般原則を取り扱うことに満足している。しかし軍事的なことでも他の科学や技術の分野と同様に基礎的事実を明確に確かめて了解しない限り、何事も理解することはできない。ド・ピックが戦闘の基礎的事実を集めようとした時に、ド・ピックはそれらの事実がさっぱりわかっていないことを発見した。

ド・ピックは、自分のさしあたっての仕事はこれらの事実を把握することにあると考えた。ド・ピック自身の体験は限定されているので、彼は質問書を作り、仲間の将校にまわすというその頃先例のなかった方法によった。当時のフランス軍の因習から考えて、この方法は彼の同僚たちにある衝撃を与えたに違いない。そして彼らの多くはこれらを一種の破壊的策動とは見なかったとしても、彼らの大部分は確かにド・ピックという男はうんざりするうるさい男だと考えたらしい。ド・ピックの質問が当時の一般のフランスの参謀将校に答えられないものではないとしても、確かにド・ピックの種々の質問に対して正しい回答を与えることは、おそらくひとまとめの本を書くぐらいの多大の労力を要したことであろう。しかしド・ピックの質問書は独特の文献で、今日においても極めて有用な永続的の価値をもっている。ド・ピックの質問はどんなものであったかをここにあげてみよう。

「問、地形上または戦闘のための前進のため、あるいは両方の影響下で部隊の配備と行軍序列はどうだったか。……（中略）……部隊が敵の砲、もしくは小銃の射程内に入った時いかなる事が起こったか。……（中略）……何発射ったか。何人が伏せてしまったか。突撃の方法はいか。どのくらいの距離で敵は逃げたか。……（中略）……突撃前、突撃中、突撃後における彼我両軍の将校と兵の態度と状態（秩序、混乱、叫喚、沈黙、興奮、沈着）はどうだったか。……（中略）……彼らは常に命令どおりに行動したか。……（中略）……どこでいつ突撃中の軍隊がとまってしまったか。……（後略）……」

ド・ピックの質問書の返答結果は満足すべきものではなかった。ド・ピックはこのような方法にも限界のあることを知って、昔の戦いを古い書物から復元して戦闘の真相を補足しようとした。ギリシャ人の軍事経験のみならずローマ人のそれにも特別に注意した。古代の著者が基礎的な軍事的事実について現代人よりも一層率直に語っているので、古代戦史に眼を転ずることとした。神の導きによって作られたといわれるローマのレギオン（軍団）の秘密はマキアヴェリ時代以来、軍事思索家たちの頭のなかに絶えず去来した問題であった。ド・ピックは質問する、「ローマ人は本来勇敢な民族ではなく、野蛮のガリア人、キンブリ人、チュートン人の勇敢な熱狂性に震えあがっていたことを自認していたのに劣勢な兵力でいつでも最も勇敢な民族を敗って戦勝を得ているのはなぜだろうか［訳者注・キンブリ人は紀元前二世紀チュートン人とともにガリアに侵入した蛮族］」。ポリビウスに基づいてド・ピックは答えて、「ギリシャ人の光栄ある勇気、ガリア人の天性の勇気に対してローマ人は集団の恐るべき訓練によって強化された義務という厳格な観念をもって対抗した。ローマ人とくに政治家には……（中略）……迷いがなかった。彼らは人間の弱点を勘定に入れてそしてレギオンを発見したのである。」と。

古代戦闘の研究によって、ド・ピックは根本的重要性をもつふたつの事実を発見した。第一はモーリス・ド・サックス元帥の次の言葉でいいあらわされている。「心は戦争に関するあらゆることの出発点である。」第二には古代のすべての戦闘では、勝者と敗者の損害に顕著な相違があって敗者の損害がおびただしく大きいことである。

人類の闘争の初めには個人が個人と戦った。誰もが彼自身のために戦った。そこで往々無批判に戦闘は数多い各個の格闘の総計にすぎないと見ている。両軍が相互に先頭と先頭とでぶつかる。各兵士が各々相対する敵と格闘する。かかる各個の闘争の結果として数的に優勢な敵とぶつかった方は最もひどい損害を受けて負けてしまう。かくて戦闘は拡大された戦闘にすぎないと考えられ、その結果は各兵士の能力によって決まる。ゆえに銃剣術に優れた兵や名射手で編成された軍隊は必ず勝つことは疑いないということとなる。しかしガリア人は各個人に関する限り、ローマ人より確かに強かったし、ひとりひとりの兵士は個々のローマ人より優れていたから、もしこの理論が本当ならばガリア人はいつでもローマ軍を撃破したはずで、彼らに撃破されるはずはなかった。そのうえ損害の非常な相違は説明がつかないのである。

ゆえに戦闘の実体はまったく違ったものでなければならない。戦闘の結果がきまるのは格闘の総数ではない。実際は、戦勝は士気の問題である。戦闘では物質的なふたつの力よりも精神的なふたつの力が衝突する。強い方が勝つ。勝者はしばしば敗者より多くの兵を失う。同等か、あるいはむしろ劣勢な破壊力でも、前進を決心した方が、また士気の旺盛の方が勝つ。

換言すればド・ピックは、ギベールやシャルル・ド・リーニュ公のような彼以前の著者と同様に、衝動とか肉体的圧力の存在を否定する。ド・ピックによれば、ふたつの対抗する騎兵隊相互、歩兵隊相互間にも衝撃はないという。また騎兵の襲撃が歩兵の戦線を単に衝撃一掃することはできない。ゆえに戦闘は、肉体的に強いものや物質的によく装備された部隊が必ず勝つところの格闘に耐えることはできない。勝敗を決するものは武器によって引き起こされる肉体的の破壊ではなく、また戦闘で肉体的に殲滅されたものの側が敗北ときまっているものでもない。その精神的団結がくずれてしまった方が、敗北のおそれがあるというのが事実である。武器はそれが敵の士気に影響を及ぼす範囲内においてのみ有効である。戦闘はふたつの相互に反抗する意思の争いであり、ふたつの精神力の衝突であり、肉体的な力の衝突ではない。

突撃はその物質力が敵の反撃の暴力より優れているからといって成功するものではない。突撃は敵が退却するか、敵が確固たる戦意の前に崩れた時に成功する。

戦闘の結果は両軍が肉弾戦に入る前に決する。なぜ装備の良好な軍隊がしばしば並みの兵器しかもたない軍隊に破れるか。またなぜ塹壕中の軍隊や強固な要塞の守備兵がたびたび過早に負けたり降伏したりするか。「物的手段の優越に信頼している場合…(中略)…敵の出方によってはその信頼が崩れることがありうる。もし敵が君の破壊的手段の優越にかかわらず君に迫ってくるならば、君の確信が失われるにつれ、敵の士気は高まってくる。彼の士気は君の士気を圧する。君は逃げ出す。」と。

損害はふたつの部隊の衝突間に起こるものではない。実際には一方の軍が突撃すれば他方は退く。それから大量殺人が起こる。敵に与える損害は衝突間ではなくて追撃中に起こる。

それゆえに、軍事思索の出発点は、高潔な軍人徳目でもないしまた英雄的行為でもない。それは恐怖心である。懐疑的、現実的なローマ人は、「人間の弱点を考えてレギオンを創造した。」何物も人の心を変えることはできない。しかし軍紀は兵士に数分間恐怖を克服せしめる。この数分が戦勝を得るのに必要なものである。ローマの将軍たちは彼らの軍隊の士気を情熱によらず怒りによって高揚させた。「ローマの将軍は…（中略）…彼の兵士の生活を過労と窮乏で悲惨なものにした。彼は軍紀の威力を緊要な瞬間に乱れるか、あるいは敵に向かって指向されるかのぎりぎりのところまで引っぱっていった。戦線にあって、交戦する前ただ戦闘のことを心配ばかりしていては耐えられなくなる限界がある。」ド・ピックは、ブルバキ将軍の、「攻撃は事実、前進による逃避」にすぎないといった真に迫った深刻な言葉に同意している。

これらはド・ピックが古代の戦闘の研究からえた最も重要な教訓であり、彼が集めた当時の資料と経験によれば、それらは近代戦にもまたあてはまるものであった。しかし成功した突撃や戦功について多数の物語が流布されていて、それが人々を盲目にしているとド・ピックは指摘している。有名なアルコレの橋は正面攻撃では決してとれなかったしまたソルフェリーノの戦闘でもそうであった。ソルフェリーノの戦闘では、〈フランス人は、真に熱狂したように銃剣を用いる〉とモルトケがいったように、白兵主義（bayonet worship）の新しい時代を作った。とくにオーストリア軍は時代遅れの衝撃戦術を覚えていて、フランス軍が彼らの銃剣を敵戦線の崩壊後においてのみ使用したことをまったく忘れて、全軍を決戦に際しては、銃剣突撃（bayonet chage）という戦術思考にもとづいて改編した。モルトケは真実をはるかに洞察する聡明な観察者で、この戦闘からプロイセン軍に火力を極度に保持させるべきである、という教訓を引き出したのである。一八六六年のサドワの戦いの結果は、モルトケとオーストリア人がそれぞれソルフェリーノの戦闘から引き出した結論のあらわれであった。

衝撃戦術は概して効果のないものであったが、現在の条件下ではそれ以上に効果があるようにすることはできないということは明らかである。「われわれが敵に近接すればするほど、いよいよ疎開してゆくということは不思議なことだが、本当だ。もし一番さきの列がとまるとその背後のものはそれを押し出すよりは後退を始める。……（中略）……今日では昔以上に後方から逃走が始まる。これは肉体的衝撃の理論の誤りを示している。」現代軍人の主要な理知的な仕事はかような古臭い偏見を脱し、各兵が最大の戦力を発揮して戦うような戦術を発達させるにある。戦法はもちろん絶えず変えねばならない。ナポレオンがまさしく指摘したように、軍隊は一〇年ごとに戦術を変えなければ良質だとはいえない。しかし軍紀と自信が今でも、絶対的な戦術の基礎であり、その本質は不断の変遷にあまり影響されるものではない。これらがド・ピックにとって最も重要な問題のひとつとなっている。

軍紀と自信とは一半は軍事的組織と指導者の資質に、また他の一半はいわゆる軍事社会学と称するものに依存している。将校は敵の行動を判断できるようによく訓練されなければならないが、それよりも大事なものは決意の保持である。上級将校だけが決意で勢いづけられただけでは不充分であり、軍隊のすべての階級のものが強い決意をもっていなければならない。とくに実際戦闘で実兵を指揮する将校がそうでなければならない。ド・ピックは、「部下を圧迫する傾向、たとえばすべてのことについて上級者が意見を押しつけるとか、善意の過失を許さず、彼らの失敗を叱責するとか、下は兵卒にいたるまですべてのものに、自分がたったひとりの過失のない権威者だという感じを押しつけるとかいうことに強く反対している。たとえばある大佐が自分だけが知識と判断力をもつ唯一の権威者だと自認するようなことは、部下の将校からすべての自主性を剝奪し、彼らを自信の欠如と厳罰に対する恐怖から惰性で動くだけの人間に引き下げてしまう。」と。結局、各中隊には断固たる決断力のある将校のみでなく、いわばその部隊の精神的骨格を形成し危機に際して精神的中核となり、弱兵に対し活力と精神的支持を与えうる固い決心をもった下士官や兵をもっていなければならない。

すべてのいろいろな決意はひとつの目的〈個々の闘士を作る〉という一事に集中され団結を作る。「指揮する将校の間にも、指揮官と兵との間にもまた兵相互の間にも統一ができて…（中略）…そして誰ひとり、戦闘から逃れるもののないようにするものは…（中略）…鉄の軍紀である。」「ローマ軍にあっては軍紀は敵前において最も厳格に強要された。しかもそれは兵士たち相互で実施された。今日われわれの中隊の兵員がなにゆえに相互に軍紀を遵守し、また制裁することができないのであろうか。」と。

すでに指摘したようにローマ軍では専ら怒、恐怖および刑罰が軍紀の基礎であった。しかしドラコン（古代アテネの執政官、峻厳苛酷で有名）式の紀律はわれわれの慣習に合わない。それならば現代の軍隊の軍紀の要素は何であろうか。第一に将校たちは充分自信をもっていなければならぬ。彼らは厳格に次の根本的規則を遵守しなければならぬ（それは後にフォッシュが支持している）。すなわち、「立証するためによく観察せよ、表現するためよく試みよく記録せよ、組織するために、団結は軍紀であることを銘記しよく編成せよ。」かくてド・ピックはローマ人の怒りを団結に置きかえた。昔は戦闘離脱は兵卒にとって危険で困難なことだったが、今日ではその誘惑が一層強く、その実現性は大きいし、また危険が少ないという事実によるものである。ゆえに近代戦闘は以前よりも一層強固な精神的団結と一層偉大な統一を要求している。戦闘単位部隊と各個人は長い徹底的な軍事訓練を受けなければならぬ。それは単に武器を使う専門的なことを覚えるだけでなくてまた（多分主として）相互の面識以上のもの、一種の感情的統一、同志愛、そして彼らの間の親睦さえも醸成させるためである。そしてそれは各兵士の個性の価値を薄くし、各兵士を集合体的あるいは団体的な、「熱情…（中略）…宗教的熱狂、国家的矜持、名誉心、征服に対する猛烈な熱情」で元気づける。団結心ができて初めて強固で自覚的な確信ができる。「それらは戦闘の渦中にあっても失われるものでなく、またこれのみが本当の戦士を作りあげるのに役立つのである。そこでわれわれは始めて軍隊をもったということができる。そして死の前にたじろがず、色を失わない。死を前にして実際強い人間でも軍紀や強固な組織をもっていないものは感情でわれを失い、個人的には勇気の点で劣っていても一戦闘単位にかたく結合されたものに脆くも撃破される理由を説明することができる。」

ド・ピックは倦むことを知らず、訓練、軍事教育の重要性および心理的に一体となった軍隊をもつことの必要性を説いている。ド・ピックは、軍隊が一種の人工的社会で、一個の集団的人格であるとし、したがってその維持には尋常ならざる手段が必要だと指摘していることは正しい。団結と確信は即席には作れない。軍隊は即席に作れない。もし急速に編成された部隊を急遽戦闘に投入しなければならぬ必要があるとすれば、英雄的な戦闘はできるかもしれないが、戦勝を得ることは稀だということはほとんど疑う余地がない。フランス革命戦争は全般的にこのことを証明しているし、またガンベッタの経験はド・ピックは生きていてそれを見ることはできなかったが、疑いもなくこのことを確認していた。

ド・ピックは、軍隊社会の伝統的な軍国主義的形式と支配とは、決して本当の軍人精神を作る正しい道でないということを明らかにすることに注意を払った。ド・ピックは、制服、金モール類、前立類、羽毛類、リボン類、旗等に多年数百万の金を浪費することに強く反対した。第一次世界大戦の四五年前に、ド・ピックはフランス兵の赤ズボンを公然と非難した、そしてこの警告はよくわかることであったが、それは一顧だにせられなかった。またド・ピックはいかに立派でも、軍人精神を唯一の基礎とする軍事組織の根本的弱点を看過しなかった。「まったく平和な時に夕食後肉体的にも精神的にも満足しきった人が戦争や戦闘を考えると、彼らは現実とは違った高尚な熱情に鼓舞せられる。しかしそのなかで幾人がかかる場合に生命を危険にさらす準備があるだろうか。そうした人々が戦線に到着するまで何日も何週も行軍をやらなければならないようにしてみよ。また戦闘の日に戦闘を始めるまでに数分または数時間待たねばならなくしてみよ。もしそうした人々が正直だったら、戦闘前の肉体的疲労と精神的苦痛がいかに彼らの士気を低下し、彼が一ヵ月前ゆったりした気持ちで食卓から立ち上がった時に比べて、いかに戦闘に対する熱意を失っているか率直に述べるであろう。」そうした人々は自分たちの大義の正当なことを情熱的に信じている場合においてのみ、この精神的危機を克服できるだろう。ド・ピックはクロムウェルの軍隊をその適例として指摘している。だがそれでも、かかる危機を信条だけではいかにそれが強くても乗り越すことはできない。それには長い間の困難な苦労の結果できあがった軍隊の完全な団結が要求せられる。

量よりも質を強調する点について、ド・ピックはゼークト将軍やド・ゴール将軍の先駆者になった。ド・ピックはナポレオンの大軍の思想から離れることを予見し、そして「長射程の破壊兵器が完成された暁には、優れた思慮や非凡な才能が士気または機械とうまく結びついた小兵力は、同等の装備をもった大軍に英雄的勝利を得ることができるだろう。」と考えた。それは彼が、〈ニール元帥の予備兵の大多数を召集して訓練し、従来の特権的、専門的なフランス軍を民主的にしようという意図から提案された改革〉に反対したのはこの理由からであった。初めからド・ピックは、「民主的社会は軍隊精神と相いれない。」「二〇万の大軍をもっていてもその半分だけが本当に戦って残りの一〇万がいろいろなことでいなくなってしまったら、どこにいい点があるのか。」といっている。これはド・ピックが少なくとも予備兵は原則として戦いをいやがり、一方職業軍人は戦闘を渇望していると信じていたことを意味している。

もちろん一八七〇年以前のフランス軍がニールの固執した単なる数の増加のほかに他の改革をも必要としていたことは事実である。二五年前にブジョー元帥はルイ・フィリップ王にあまりにも多くの無能な将校が陸軍の最高の階級に居すわっており、またこのなげかわしい状況は、いまだかつて改善されたことがないと断固として進言した。これと同時に軍隊でも本当の力になる有為な基幹人物に対し、刷新された教育の必要が痛感されたし、一般に将校自身の軍人精神もいまだ向上の余地が多かった。トロシュ将軍のいうように、ある意味の資本主義思想にそそのかされて、彼らはいい生活や地位に恋々としていたことは確かであったが、それでもやはりド・ピックの結論は正しいとは考えられない。真の軍隊精神を喚起するのに貴族社会がどうしても必要だということはありえない。この両者の間にしばしば密接な関係があったことは否みえないが、民主主義社会でもうまく戦いがやれるということを否定することはできない。またド・ピックが主張したように貴族的軍人だけが戦いが好きだということも真実ではない。多数の実例は、武士階級がしばしば不本意ながら、好戦的な平民大衆のために戦争を強制されたことを示している。近代の状況ではかえって貴族主義の伝統的精神は、しばしば軍事力発展の障害となったことを実証している。ド・ピックは将校に貴族的生活、すなわち金、余裕ある仕事ぶりとレジャーを推奨しているが、今日ひまな将校は悪い将校だということは多言を用いるまでもない。また、歴史の示すところによれば、昔でも出世した将校は彼が高い生活程度を楽しんでいたとしても、多くの場合非常に働く人であった。また兵と非常に違った階層の将校が現代の兵をうまく戦闘に導いていけるかどうかも大いに疑わしい。反対に最も出世している将校が部下から超然としてはいないという事実は、現代の軍国主義的ドイツでさえも充分認められている。明らかにド・ピックが頭にえがいていたのは主として社会の知的劣等者とか水呑百姓から徴収した軍隊であった。ド・ピックは大きな軍事力が現代社会の産業人やインテリ層から作られるということをまったく認識しなかった。

軍隊の価値が主として将校と卒伍から昇進した幹部の価値に依存していることは事実である。だが、兵もまた将校と同様に大切で、将校と同じように注目をしなければならない。もしド・ピックの教えのとおり、ある程度閉鎖的で好戦的な軍事的貴族社会を作ることによって軍人精神を作り出そうとしたら、現代の状況ではこの試みは失敗するに違いない。過去数十年間の戦争は明らかに、統率がある階級の特権となったり、統率適任者が任意に軍籍を去って他の職業に転じた時はいつでも軍事力の低下が必然的にくることを示している。現在の状況では、個人の真価（実力・功績）のみが昇進のもとであり、名誉や富を得る唯一の道である。すべて個人の真価に基礎を置いている軍事組織が勝利を得る条件である。一九一四年のフランス軍の非常な打撃は、もしフランス参謀本部がド・ピックの正しい勧告を守り、その正しからざるものをとらなかったならば避けることができたであろう。予備兵に対する偏見は一九一四年にジョゼフ・ジョッフルが使用しうる兵力のわずかに半数をもってドイツ軍を攻撃したことや、予備兵が守っているから到底守り切れまいと、ジョッフルが考えたために重要な陣地を過早に放棄した事実を以てしても説明することができる。近代の軍隊は合理的な線に沿って作られねばならない。いかなる国家も政治的にも軍事的にも、常備軍の上に防衛に必要な限りの多数の徹底的に訓練された予備兵を使わない訳にはいかないし、また予備兵を質のすぐれた戦闘員に仕上げうる可能性を看過することもできない。

有名なフランスの「攻勢主義」学派（offensive à outrance）は、とくに「前進の決意を有するものは勝つ」というド・ピックの格言からインスピレーションを得たものである。

「攻勢主義」学派は、ド・ピックの格言をいつ、どこでもまたいかなる方法をもってするも攻撃作戦は必ず勝利を得るという意味に解釈した。ド・ピックの教義に対するこの機械的な狭い解釈が間違っていることは説明する必要はあるまい。ド・ピックが真に頭に描いていたのは攻防いずれを問わず機動の優越性であった。ド・グランメゾン大佐が説いた硬直した方式ではなく、ド・ピックは軍事技術の極度の柔軟性を求めていた。さらに敵の意志について忘れてはならない。これを破壊しようとする動作によらなければこれを圧倒することはできないからである。

ド・ピックが述べた主要な思想が、健全なもので看過できないものだということにはほとんど疑う余地がない。人間の心は実に戦争の根本であり、また戦闘と危険の緊張のもとで人間の心は恐怖に支配され、戦争では質は量に先行することも真実である。そして結局今日の非常に有力な兵器も、それが単に敵にぶつける鉄量だけが有効なわけではない。なぜならば、「新兵器は弱い心の兵士の手にあってはその数がいくらあろうと、ほとんど価値がない。」からである。ド・ピックは今日までほとんど解釈はもとより論議もされなかった近代戦の多くの問題に確かに光を投げかけている。もしわれわれが職業的軍隊を常備するということを受けいれることができないことが確実ならば、「ブルジョア」の徴募兵を危機に際して、統一を失わない総合された有力な軍隊に変えるという困難な仕事に直面することとなる。われわれは現在では「テュレンヌの時代には一時間かかってのみこめればよかった恐怖をたった五分間でのみこまねばならない。」ことと、現在の分散戦法では昔よりも有効な統御が必要であるという事実を勘定に入れて新しい訓練の方法を発見しなければならない。

II

もしサドワの戦いの結果がフランス将校団の一部の人々に軍事組織の改革についての疑問を喚起したとすれば、一八七〇年の戦争は全将校に警鐘を乱打したこととなろう。今ではフランスが相続権によって当然自分たちのものであると思っていた軍事科学の首位を失ってしまったことは疑いない。

一八七〇年の不幸の多くの原因のなかで、最高統帥の無能ほど明白なものはなかった。理論的に注意深く訓練され、よく組織した幕僚機構に援助されたプロイセンの将軍たちと対抗したフランス軍の高級指揮官たちはその愚かさと混乱と不注意を暴露し、彼らの軍隊の勇敢さもこれを償うことはできなかった。もしフランス軍が再び第一流の軍事力の地位を回復することを望むならば、改革はまずその首脳部から始められなければならないことは明らかであった。

一八七四年にフランス陸軍参謀本部（l'état major de l'armée）は、プロイセンを範として改組された。しかしこれだけでは充分でなかった。将校が近代参謀将校として職務を遂行できるような教育を受けることが必要だった。フランス参謀将校の無能は、一八七〇年以前には軍事理論の勉強や学識はないがしろにし、馬術のような術科にすぐれたものがいい将校としての決定的な標準とされていた事実によっても明らかである。しかし今では参謀将校に対し、すぐれた理論的基礎事項の必要が認識されるにいたった。一八七八年に高級軍事学校（Ecole Militaire Supérieure）が組織せられ、一八八〇年にその名称が陸軍大学校（Ecole Supérieure de Guerre）に改められ、爾後陸軍の学術的な中枢、高級将校の錬成場になった。

陸軍大学校ではいかなる軍事理論が教えられていたか。どこの陸軍でも、その伝統と過去を放棄しようと望むものはない。しかし伝統的なフランス軍事理論は現代の情勢に合うように改訂せられ、適応されねばならぬことは明らかであった。フランスの軍事思想のルネサンスは、普仏戦争と第一次世界大戦との間に行われたが、親譲りの財産を近代化しただけではなかった。非常に重要な新しい影響力が彼ら自身に感ぜられた。ド・ピックの『戦闘に関する研究』は、一八八〇年に出版され、まったく新しい視野を開いたように感ぜられた。そのうえ彼らは敗因の解明を求めているうちに、フランスはドイツの軍事思想の研究に転ずるようになり、手初めにクラウゼヴィッツの著作を研究すべきことに気づいた。これがフランスの軍事思想にすぐ、有力かつ画期的影響を与えるにいたったのである。

一八八五年に陸軍大学校でリュシアン・カルドーが始めてクラウゼヴィッツの講義を始めた時にフ

エルディナン・フォッシュという若い将校が学校に入ってきた。九年後の一八九四年にフォッシュ自身がその学校の兵学教官になっていた。過去の伝統と自分の学生時代に見つけた新しい、痛快な発想とを混ぜ合わせてかつてない独創的なものを作りあげ、フランス軍事思想の改造者となった。フォッシュは第一次世界大戦前のフランス軍将校の知的見解を作りあげるうえに最も重要で影響力の大きい人物になったのである。

III

その最初の重要な著作『戦争の原則』の第一章でフォッシュは、戦争は戦場においてのみ教えうるものだという意見を反駁している。フォッシュは戦争が戦争によってのみ教えうるという古い金言は嘘だという。なぜならば戦場では研究などはしておられない。そこでは、「知っていることを応用するために単にやれることをやるだけだ。」と。ほんの少しばかりのことをやるためには、たくさんのことをよく知っていなければならない。これがプロイセン軍の成功の教訓で、彼らは一八一五年以後戦争の経験なしに熱烈な理論に立脚する猛訓練だけで、一八五九年の実戦経験をもっているオーストリア軍を一八六六年に撃破している。一八七〇年のフランスの場合はさらにいい例である。ゆえに一定の歴史的事実を基礎とする戦争理論の教育は必要でかつ可能なものである。フォッシュは戦争技術について決して組織的な論文を書かなかった。しかしわれわれにはこの本のなかに、「軍隊の指揮統率に関する基礎的問題と、いかなる状況においても少なくとも合理的な策案を決しうる思考法」の論議を発見することができる。

フォッシュが一九一四年の戦争の前に書いた二冊の本から、彼が他のいかなる軍事理論家よりも、クラウゼヴィッツの影響を大きく受けていることが明らかに看取できる。その結果、フォッシュの歴史的例証の大部分はナポレオン戦争か一八七〇年の戦役からとっているが、それについてフォッシュは、その著書『戦闘の指揮』(De la Conduite de Guerre) で詳述している。リデルハート大尉が述べているように、フォッシュがナポレオンの言葉である「アレクサンドロスからフリードリヒにいたる偉大な指揮者の作戦を何度も繰り返して読め。」という忠告に従ったかどうかははっきりしていない。リデルハートは一九一四年から一九一八年のフォッシュの戦略の欠点のいくらかは上述の歴史的知識が断片的であったせいだとしている。

フォッシュの独創的な点は新しい戦略原則を述べたのではなくて、在来の極めて簡単な概念をしぼってとくに強調した点にあるといえる。これらはフォッシュ自身の性格の二重性を反映している。すなわち理知的要素と合理主義の哲学、精神的要素と意志の高揚がそれである。それは軍事思想の研究者にはしばしば平凡極まる陳述と思われようが、戦略の最高原則はほとんどこれだけでできていることを知らねばならない。フォッシュはその最初の本を、永久的価値のある戦争原則の存在を肯定するところから書きはじめている。しかしフォッシュはこの記述後、すぐにこれらの原則は特殊の場合に適応するために加減されねばならぬことをつけ加えている。なぜならば「戦争には特別の場合でないものは存在しない。あらゆるものは個性をもっている。それは繰り返されることはない。」と。ここに初めてフォッシュの主義の核心を見ることができ、同時にフォッシュの将来の行為の鍵がある。これによってフォッシュの教えたことが戦場の現実に直面した時に不適当なものになることから免れている。すなわち、それは不変な永続的原理と戦争技術の常に変化していく状態との調和である。この信条は(プロイセンの)ヴェルディ・デュ・ヴェルノワ将軍が一八六六年にナーホトの戦場に到着した時の言葉からとられている。

「彼が困難に直面した時に、彼は一瞬の間に彼の記憶の中から行動の基準となってくれるべき教義を考えた。なにものもフォッシュにインスピレーションを与えなかった。フォッシュはいう。歴史も原則も悪魔にやっちまえ。結局何が問題か。(De quoi s'agit-il?)」この格言は以来いやというほど繰返された。それはフォッシュの逆接的表現として役に立つ。非常に抽象的かつ難解な形而上学的な概念と、ありのままの基礎的原理による常識と既成の解決法にとらわれないこととの組み合わせである。結局、多分、この常識的なことが戦略の研究の秘訣であろう。常に先入主的理論にとらわれないことの必要を学生にも、自分自身の頭にも刻みつけたことはフォッシュの功績である。

フォッシュが不断の熟考と戦闘のさなかの、即断適応の必要性を重要視していることは、一八七〇年の対ドイツ戦争についてのその批判のなかに表明されている。ナポレオンの好んだ、またフォッシュが最も多く引用している金言に、「戦争は簡単な技術である。その真髄はそれを遂行することにある。」という言葉がある。フォッシュは慎重な準備を軽視してはいないが、戦争の全成果は、最初の会戦の結果いかに左右されると考えていたようである。フォッシュは最初の会戦以後の作戦計画をある程度の確実性をもって精細に作りあげることは不可能なことと信じていた。再びナポレオンを引用してフォッシュは、「皇帝は決して作戦計画をもっていなかった。しかしこれは彼がどうすればよいかを知らなかったということではない。彼は戦争の計画と最終の目的をもっていた。彼は進軍途上で状況によってこの目的に到達する方法を選んだ。」と述べている。

モルトケはあらかじめ考えられた計画を固執することの不可能なことを認識していたが、フォッシュの見るところでは、一八七〇年のモルトケの会戦指導の欠点は一度作戦計画を将軍たちの独断に委してしまうと、爾後統帥はなんらの指導も行わなくなる点にあるとする。プロイセン軍の計画は、「常にもっぱら合理的」なところに基礎を置いている。敵の対応行為はモルトケにとって最大の利益となるように動くであろうとの論理的考慮に基づいて考えられた。……(中略)……この敵に対しあらかじめ考究された攻撃が実施される［訳者注・この意味はモルトケが計画は第一会戦のみ可能であるとしたこと、会戦にあたり〈主導的にわれわれはかくする。したがって敵をしてかくせしめる。敵を受動的に追随させる。〉主義を貫いたことをさす］。…（中略）…もし敵が計画とおりに動かない時は、最高司令官がその場に居合わせて変化した状況に彼の決心を適応させない限り、その計画は崩れてしまうであろう。「しかし統帥の会戦指導は間接的で盲目で非現実的であった。…（中略）…成功はモルトケの精確な考えと、各軍司令官が命令を厳密に実施したこととの結合からは生まれてきたのではなかった。…（中略）…むしろ軍隊は司令官が予期していなかった時とところで戦勝を獲得した。」とフォッシュは述べている。またフランス軍は欠点のない戦略に敗れたのではなくて（ただしフォッシュはモルトケをほめすぎるくらいほめている）、フランスの統帥が無能で、敵の過失に乗じえなかったこと、その主なものは作戦計画を固執したことと統帥の絶えざる指導がなかったことから破れたのであると、フォッシュは主張している。陸上作戦のあらゆる失策に対して、とくに「もしただ（if only）」という有名な論法を基礎として回顧的批判をやることは容易である。しかしフォッシュの観察には興味がある。なぜならば一九一四年のマルヌにおけるドイツ軍の敗因のひとつは、正しく統帥のこれと同じような冷淡な態度にあったと一般に認められているからである。フォッシュは戦後にいっている。「戦勝のためにドイツ軍は自分たちが犯した過失を自覚することができなかった。その結果それが彼らの過失を固執させる原因になった。…（中略）…シュリーフェンの考えついた計画はすばらしいものだったが、その実施が拙劣であった。ナポレオンが侵略軍の先頭にあったことを想起せよ。ナポレオンは戦線から三〇〇キロや四〇〇キロも後方にいたことはなかったろう。…（中略）…ナポレオンはその部下に独断と決定の責任を負わせはしなかったろう。ナポレオンは事件が起こってくるのに任せておかないで、事件を抑制したであろう。小モルトケは、そのお手本を熱心に真似ようとはしなかった。しかしジョッフルはやった。そしてこれがマルヌの戦いの戦勝の原因である。」

ゆえにフォッシュの戦争の実施に関する考えは合理主義と経験主義の立派な均衡のように見える。一般原則を適用する慣熟性と現状に解決法を適用する能力が戦略成功の秘訣である。一般原則とは何であろうか。そして第一にいかなる形式の戦争にあてはまるだろうか。フォッシュの戦略原則を評論する前にわれわれは一応、彼の戦争の一般概念を検討しなければならない。フォッシュの戦争の概念はほとんどそのままクラウゼヴィッツのそれにしたがっている。しかし注目しなければならないのは、クラウゼヴィッツがフランス革命戦争によってもたらされた限定戦争から国民戦争への転移の結果をまとめていることと、この傾向をフランス革命勃発前にミラボーがすでに予言していたことである。それゆえに絶対戦争の新しい性格はフランス人にとってはとくに目新しいものではなかった。だがこの事実を無視したことが一八七〇年の敗北の根底にある。わが隣接の国々に起こった急進的変革とそれが必然的にもたらす影響を無視したために、国民戦争を創造したわれわれがその犠牲になったという めぐり合わせになってしまった。…（中略）…全ヨーロッパが今は国民的課題として取りあげ、国民皆兵主義をとるにいたったために、歴史に見るように、われわれは今日再び絶対戦争の概念をとらざるを得なくなったのである。これこそフォッシュが引用した史実を限定された時代――、近代の国民戦争時代以降に選んだ理由である。

フォッシュは「絶対」という形容詞を使っていたが、その意味の全部は見抜いていなかったことは明らかである。これは一九一四年以後に自然に感じられるようになったものであったからである。またフォッシュは全体的経済動員の必要についておぼろげな観念をもっていただけであり、また四年間の戦争を経験した後においてさえも海軍作戦（naval operations）の真の重要性をフォッシュに印象づけるにはいたらなかったこともまったく明らかである。この手落ちはおそらく陸上戦闘で訓練せられた軍人にとっては無理のない話でまたこれは同時代の職業軍人にほとんど共通のものであった。

その決定に影響する要素の多様性を無視したことが、戦争における純軍事面を重視したこととあいまって、戦争における戦闘の役割、戦略と戦術との関係についてのフォッシュの理論の特色にあらわれている。一八世紀の「将棋盤」戦略と比較して国民戦争の観念と武力戦闘の必要がクラウゼヴィッツの戦争哲学の支配的な主題であったであろう。ここではフォッシュは、率直にクラウゼヴィッツのいわゆる戦闘は戦争の唯一の解決法だという見解、すなわち一八世紀の〈不安定な理論〉(tottering theory)と〈堕落した形式〉(de-generated forms)に反してナポレオンの方法が支配的なものであるという見解を採用した。クラウゼヴィッツは、「血は勝利の代償である。」といったが、「戦闘なきところ戦勝なし」とフォッシュはこれにつけ加えた。ここでもナポレオンの教訓でプロイセン側は記憶し、フランス第二帝政側は忘れられていたものがあった。というのは当時フランスの将軍たちは良好な陣地の重要性を重視し、それを保持していれば敵と決戦をなしうるであろうし、あるいは少なくとも攻撃軍の成功の可能性を著しく減殺するくらい強力に防御することができると考えていた。フォッシュはいっている、新しい戦争は「その原因と目的においてますます国民的になり、その手段はますます強力となり、ますます熱狂的になってきた。…(中略)…実在するもの、すなわち、地域、陣地、装備、補給など多くのものを基礎として成立する総体系のもとに戦われる。優勢な敵兵力の前で戦闘の厳しい試練を免れるために単に地形の利に依存するのは子供臭い考えである。しかしまた(世界大戦後のフォッシュ自身の言によれば)極端にその反対に飛躍して緒戦期にフランスの統帥がやったような、単に士気のみに頼ることも同時に子供臭い考えである。

以上は必然、戦争が技術の進歩によって極度におし進められて、ナポレオン式戦争の野蛮な状態に帰ることであった。これは、戦術を否定し、危険と即応との交錯となり、それが戦争指導の不可能と野蛮な侵略の混乱状態に後もどりすることとなることがすぐにわかった。それにもかかわらずフォッシュは、この絶対戦争は形式化できると信じていた。またフォッシュは、有名な『戦争の原則』を明らかにすることによって、フォッシュ自身の予言的な洞察力をある意味では無効にするかのように見えた。巻頭に列挙されていたこれらの原則は次のとおりだった。

兵力節約の原則(The Principle of economy of forces)
行動の自由の原則(freedom of action)
兵力配分自由の原則(free disposal of forces)
安全の原則等々(security)

「等々」はフォッシュの本のほかのところにも明瞭にされていない。しかしフォッシュはほかのところでナポレオンの戦争の技術の要点を非常に精確に要約して、不明確な文句の意味をいくらか説明している。フォッシュはレイモン・レクーリーに公言している。「私はその問題を非常に考えた。そして私にはナポレオンの技術は非常に簡単明確ないくつかの原則から成っていると思われる。その軍隊を節約すること、敵の最大の弱点を優勢な兵力で攻撃するように軍隊を正当に使用すること、部下の軍隊が分散している時にも少しの時間で集中できるように御者が手綱を握っているごとく、その掌握を確実にすること、自分が撃破しようとねらっている敵軍の一部分を的確に識別すること、敵の敗北が潰走に変わる戦機を発見すること、その構想と作戦の迅速さで敵を奇襲すること、これらがナポレオンの軍事的天才の重要な素であった。」

フォッシュの原則を詳細に検討しても、われわれは行動自由の原則と兵力配分自由の原則の間にはっきりした区別を見出しえない。フォッシュはこれらを交互に使用して学生たちに、敵の意志からの自由、すなわち主導権の最大の重要性を印象づけようとしているように思われる。その他の原則はさらに重要なものである。すなわち、部隊の節約の原則はフォッシュが唱道した行動の自由の原則から必然的に帰結されるものであり、また、それは安全の原則が適用された条件下になくてはならない。フォッシュによれば、現代戦の状況から起こる混乱混雑の危険状態があるにもかかわらず、「戦争の技術」の存続を可能にするものは、「兵力節約の原則」であるという。フォッシュ自身、この原則を明瞭に定義していないが、われわれはこれに関連した彼の言葉の最も顕著なものを引用することができる。「こういうことわざがある。〈二兎を追うものは一兎をも得ず〉…（中略）…努力は集中されねばならぬ。…（中略）…節約とは自分の兵力を使わずにすますことで自分の努力を分散しないよう注意することだというものがあるが、これは真理の一部を述べたものにすぎない。それを消費する方法、有効にまた有利に使用する方法、手元にある手段資源のすべてを最善に使用する方法を会得する技術になぞらえているものは一層真理に近づいているだろう。」と。フォッシュはその起源をフランス革命戦争に帰している。この点についてフォッシュはジョミニがナポレオンは敵の配備の最弱点に最大限の兵力を使用したことを強調していることに同調している。フォッシュはいう、「多くの立派な将軍はいるが、彼らはあまり多くのことに目をつけすぎる。彼らはすべてを見たり、保持したり、守ろうとする。策源、後方連絡線、背後、かくかくの要点など、かかる手段を用いることは結局兵力の分散となって一時に集中して指揮をし全力攻撃をすることができなくなって、彼らは結局は無能になってしまう。」

それではこの集中の結果、最も予期していない場所で敵の奇襲を受ける危険はないだろうか。安全の原則はかかる危険を除くためにある。一八七〇年の初めにこの原則を無視したことがフランス陸軍の蒙った災厄の主要原因だった。一方フォッシュは、『戦争の指導』（La Conduitede la Guerre）でプロイセンの将軍たちもしばしば同様の過失を犯したことを実証しようとして骨を折っている。しかしプロイセンの将軍は敵の過失をいかに利用するかということを知っていたが、フランスの将軍はかかる利益を引き出したことがない。『原則論』(principles)のほとんど半ばはこの安全の原則の研究に費されている。その趣旨はフォッシュ自身の言葉に最もよく要約されている。

「一言で、われわれがいいあらわしている安全という観念はこれを分類すれば次のようになる。

(1) 物質的安全(material security)は反撃を望まないか、あるいは反撃できない時に敵の攻撃を避けうるようにするものである。これは危険の最中に安全感を得る方法で、遮蔽下に停止または行軍することをいう。

(2) 戦術的安全(Tactical security)は計画、または与えられた命令を、戦争によって引き起こされた不利な状況にかかわらず、また敵がその自由意志によって取るべき手段が未知であるにかかわらず、実行しうるようにするものである。また敵がどう出てこようと自分の行動の自由を守って安全かつ確実に行動することができるようにするものである。」と。

フォッシュは次のように書いている。「状況不明は戦争の常態である。ゆえに状況不明を洞察するため、最も多くの情報を得ることが安全の第一要素である。いかなる戦闘の前でも部隊の主力は分散は避けがたいものである。この情報獲得は前衛に委ねられ、そして軍隊の行動の自由は前衛の活動の成否にかかっている。前衛の三つの任務は次のとおりである。

(1) 情報報告、したがって主力が戦闘に加入する時までの偵察を続ける。
(2) 主力の集中掩護とその戦闘加入を容易にすること。
(3) 攻撃企図を有する敵を拘束すること。」

フォッシュが学生に対して敵の奇襲を警戒させながら同じ程度に奇襲の原則を強調しなかったことは興味あることである。しかしフォッシュはそれを戦勝の大切な要素として指摘し、『原則論』の最後の三章に述べられた戦闘理論で（攻勢作戦上において）その必要を集中的に論じている。

フォッシュの戦闘理論については、フォッシュがあらゆる場合に攻勢作戦のみを説いていなかったことは最初に強調すべきことである。フォッシュの書いたものによると、「当初から攻勢に出るか、あるいは防御の後に攻勢をとるかを問わず、攻勢の形式のみが成果をあげることができる。したがってそれは常に採用を考慮すべきもので結局は攻勢に出なければならぬ。」その教訓は最良の好機に攻勢に出ることを計画するようあらゆる努力をすべきであるということである。「戦闘、決定的攻撃」というのがフォッシュが会戦の最終目的として攻勢作戦の価値を強調している章の題目であった。

フォッシュは現在の情勢では戦闘はふたつの特種の形式のいずれかに属するものと考えた。そのひとつはひとつの最高の努力、ひとつの決定的攻撃、急襲によって戦勝にみちびく運動戦である。いまひとつは平行戦（Parallel battle）または線の戦闘（Battle of lines’ 交綏《こうすい》状態の戦線）で、「この戦いではあちこちで戦闘を始める。そして総司令官は自分が行動すべき場所と時を知らせてくれるような何かよいことが起こらないかと、幸いなインスピレーションによる着想をそれとなく待つものである。もし総司令官がそうしない時は、フォッシュはすべてを部下の決定に委せ、その部下がまたそれを自分の部下に委すという調子で最後に戦闘は兵卒が勝ちとる。すなわち各個人の戦い（無名の戦闘）（an anonymous battle）になってしまう。」

これは、確かに一九一四年から一九一八年戦争の膠着化に対するみごとな予見であった。フォッシュは率直にこのような戦闘形式は総司令官の行動や機動能力を発揮するに足りないので劣等なものとして念頭から去ってしまった。

フォッシュは近代兵器がいかに戦場に影響を及ぼすかほとんど考えていなかったとしばしばいわれている。それは全部が全部正しいとはいえない。なぜならば『原則論』の再刊の彼の緒言に、たとえば、フォッシュは満州の会戦（日露戦争）後、機関銃と鉄条網の効果になんらの印象を受けていないことを示しているが、それにもかかわらず、フォッシュが同時代のフランス人の大部分よりは技術的事項について比較的多大な先見の明を示していることは認めなければならぬ。

フォッシュは新しい条件下では必然的にある程度の改革を必要とするであろうということを認めている。フォッシュは「武器の射程は長くなり、一層致命的となって軍隊としては今までより遠距離、かつ強力な掩蔽下で攻撃配備につかなければならないようになる。」と。一九一四年のフランス側の作戦行動の方法から見てわれわれは塹壕戦という特別のかたちを予知してなかったと結論することができる。しかしフォッシュは後節で火器の威力の不断の増加によって、「掩蔽の必要が毎日増加している。」と主張している。ゆえに歩兵は「使用しうるすべての遮蔽物を利用し、できるだけ長くこれに頼らなければならない。」フォッシュはまた砲兵技術の発達によって攻撃準備における砲兵火力の重要な役割を認識するようになった。準備段階における砲兵の戦術は、「全戦線にわたって歩兵の道を開き決戦実行を可能ならしめ、これらの攻撃、これらの決定的行動を支援するにある。」と。

フォッシュは歩兵の役割を分析するにあたり、掩蔽について短いが強く言及しているほかに、火力の重要性をも強調している。「火力は決定的な要素となった。」最も勇敢な部隊でも「彼らの攻撃が攻撃火力によって準備されていなかった場合は、いつでも相当な損害をこうむるであろう。」と警告しており、火力の優越が軍隊の優越性の主因だと主張している。陸軍大学校での最初の講義で、フォッシュは一八七〇年以前にフランスで流行していた形而下的理論（物的理論）を批判したが、それによると、戦勝は単に物質的要素の累積に依存し、精神的要素については両軍ほとんど同等と想定していたのである。フォッシュが戦争の精神的方面を強調し、おそらくその結果と思われるがやや部分的に物質的優越の必要を看過してしまった。しかしそれはフォッシュの士気の取り扱い方において、フォッシュの個性の著しい特徴があらわれ、その成功の基礎となったのである。有名なペテルブルクの夜会（Soirées de Saint-Petersbourg）という対話で、ひとりの対話者が職業軍人にとってさえも勝敗を決する要素はとらえがたいものだと追憶している。「敗戦というのはどんなものですか。」という質問に対して、大いに狼狽した将軍が最初は、「私はわかりません。」と答えたが、少したってから、「それは負けたと信じている戦いでしょう。なぜなら戦闘というものは物質的には負けられるものではないからです。」といった。フォッシュは主張する、「ゆえに人々はただ精神的方面で負けるということができる。同時に戦闘に勝つのも精神的なものである。そこでわれわれはこの警句を拡大して、勝利とは人が負けたことを自認しない戦いのことであるということができる。」と。

〈勝利＝意志〉（Victory＝Will）この方程式は〈問題は何か〉とほとんど同じくらい有名で、フォッシュの精神的要素の表明である。この理性と意志、知能と信念との結合が、彼の軍隊指揮官としての独特の天稟《てんぴん》として一般に認められている。それを最高度にもっていなくてかつて偉くなった将軍はいないのだが、フォッシュを当時の最も優れた将軍にしたのは、フォッシュが燃えるがごとき信念と精力をもって当初は学生に後には全軍に浸透せしめた能力である。〈戦争＝精神力の領分〉〈勝利＝勝者の精神的優越、敗者の精神的敗北〉〈戦闘＝ふたつの意志の闘争〉

「征服の意志、これは勝利の第一条件で、したがって各軍人の第一の義務である。しかし指揮官は必要に応じ毅然として、これを兵の魂に吹き込まなければならない。」

すべての人の目が科学技術の業績に幻惑されていた物質主義の時代に、フォッシュは先輩のド・ピックのように戦争における精神的要素の必要を強調し、そしてフォッシュの話を聞くものに対し、科学の進歩がいかにわれわれの生活に大きな変化があったとしても、それらは人間の心の法則を変えることはできないことを思い出させた。戦争では、社会的活動の他のあらゆる方面と同様に、最初から終わりまで役者は人間である。フォッシュは後に、「この前の戦争の初期にはわれわれは士気だけを勘定に入れていたが、それは子供らしい考えだ。」と告白している。これは勇敢かつ感銘を与える言葉であった。戦争が単に物質的優越のみで勝てるという観念が固執されている限り、フォッシュのこの教訓はなお異常な意味をもつものであった。

フォッシュの次の大胆な断定には高い知性にもとづく誇りを感ずる。「戦闘の勝敗は、下士官兵によるものではなく第一に将帥によって決まる。」しかしそれとともに責任も率直に認めている。「大戦果は司令官による。ゆえに歴史が勝利を将帥の責任に帰しているのは正しい。この場合は司令官は栄誉を受ける。しかし敗戦の時は司令官は恥辱を負う。司令官なしでは戦闘も勝利もありえない。」これは一八七〇年のフランスの最高統帥の失敗を矯正せんとする決意によって思いついた講義の初めからの明白な結論であった。

陸軍大学校におけるフォッシュの教育の影響はまぎれもなく一九一三年の攻勢主義を充分にもりこんだフランス陸軍会戦計画の立案にあらわれている。「青年トルコ党」の指導者ド・グランメゾン大佐の計画が採用されたのだが、グランメゾンはフォッシュの教え子のひとりであった。しかしフォッシュは直接戦争計画には関与してはいない。それはグランメゾンの安全の原則が充分重視されていなかったということで明らかであろう。

フォッシュの信念的な運動戦は新しく現出した塹壕戦によって消え去った。マルヌ会戦後、フォッシュがフランス・イギリス・ベルギーの三軍の協同作戦調整のために北方戦線に派遣せられた時に、彼はアンドレ・タルデューにいった。「彼らはもはや運動戦には遅すぎる時になって私をここに派遣した。事態の進展は思わしくない。戦線を外へ外へと無限に伸ばしていくことは私の癪の種である［訳者注・外へ外へとは両軍が相互に包囲を企図し外翼へ兵力を投入すること――延翼競争］」。フォッシュが戦争の最も優れた形式と信じていた運動戦は次第に〈線の戦闘〉（膠着状態の戦線）に道を譲らねばならなかった。

しかしフォッシュの第一の原則が戦争でいかに変化していっても、彼は知性的な創造力よりもむしろ精神力を発揮して時流に抗した。ジャン・ド・ピエールフーは戦闘中のフォッシュの記念すべき風貌を描き出している。「どこの司令部にも旋風のようにあらわれ、しかめ面で、体は緊張しきって、手振り足振り性急な大声で叱咤した。苦戦していたひとりの将官が彼にいった。『わが軍は優勢な敵に圧倒されつつあります。もし援兵を得なければ、御趣旨にそうことはできません。』と。すさまじい勢いと恐ろしい身振りで彼は答えた。「攻撃しろ。」「しかし…」と将軍がいった時「攻撃しろ。」とくりかえした。その将軍はなおいい張ろうとする。「攻撃、攻撃、攻撃」と、フォッシュは咆哮した。フォッシュという将軍は、恐ろしい精力と発露する攻撃精神をもって、どこへでも飛んで行って充電された電池のように元気一杯に他人の活力を高め、他人のたじろぎ始めた意志を強くした。」

フォッシュはマルヌの戦いの時の役割を次の言葉で要約している。「第一日に私はやっつけられた。最後の日にはもちこたえられるかどうか疑問だった。しかし私は六キロ前進した。なぜか。私にはわからない。主としてそれは私の部下たちのゆえだった。そしてほんの少しは私の意志だったかもしれない。そうしたら、そこに神がおわしました。」

この信念と謙遜の告白があったからこそ、運命は、フォッシュを連合軍最高司令官にし、またフォッシュが一番大事なものは統帥だといった主張が確認された。三月二六日デュランで、イギリス第五軍がルーデンドルフの打撃を受けてよろめき、ヘイグとペタンがそれぞれ退却を考えていた時に、戦勢を救ったのはフォッシュの英雄的なねばりであった。連合軍最高会議が開かれた時に、フォッシュはぶっきらぼうにいった。「あなた方は戦っていない。私は戦う。私はアミアンの前面で戦う。アミアンの背後で戦う。私はいつでも戦うだろう。」と。

そこで一九一八年三月以降、西部戦線のすべての作戦はフォッシュの監督指導下におかれた。最初の戦略は極めて簡単だった。軍隊は一週間の後退と混乱の後に彼らの地歩を確保した。それから彼らは気力を回復し再編成された。フォッシュは、一度アメリカ軍が到着すれば充分長く持ちこたえられること、また攻勢の力が再び自分の手にかえってくることを知っていた。しかしアメリカ軍はまた戦線に到着してはいなかった。三月二七日になると別の攻撃がシュマン・デ・ダムに加えられた。フランス軍はまったく不意をつかれてその戦線には大きな突破口ができ、ドイツ軍がその突破口へ一九一四年以後はじめての再進出を始め、一日に一〇マイル以上進出した。五月三〇日にドイツ軍はマルヌに達した。フランス軍は不意を打たれたが二度と奇襲されてはならなかったのである。七月一五日にドイツ軍第三次攻勢が開始された時には、フォッシュは使用しうる全予備兵力をもって攻撃を待ちかまえ、そして三日後に最初の攻勢移転を開始した。この時開戦以来、初めての戦術的創意が戦闘のふたつの面で成功を収めた。防勢段階では、グーロー将軍の軍によって実施せられた行動で、薄い第一線と主抵抗線との間に間隙をおいていた。その間隙にドイツ軍は砲兵の支援なしに突進してきた。ここでついに敵の攻勢を予期した(計画的な)戦略後退が実施されたのである。しかしそれまで寸土も守り通すことが必要だと思いこんでいたフォッシュに、その有効なことをさとらすためには何ヵ月もかかったのであった。この防勢方式は極めて簡単なものであるが一九四〇年までフランス軍の防勢方式で長く使われたものである。

攻勢の考案はそれ以上に大胆なものであった。戦闘の初期、攻撃軍の歩兵が防御陣地の堅固な障害物を啓開するために砲兵の攻撃準備射撃が必要であった。しかしこれは著しく急襲効果を減殺する。ドイツ軍は砲兵の攻撃準備射撃を二〇分間に減らすことによって五月二七日攻勢には完全に急襲の成果をあげることができた事実があったので、この時はマンジャン将軍とデュグッツ将軍の両軍の戦車がヴィラーコットレの森から、マルヌへの張出したドイツ軍右翼に向かって動き出すまで一発も撃たないことに決定されていた。

フォッシュは敵の攻勢を予期して攻勢移転を準備した。七月二四日の彼の覚書には彼は潮が変わったと公言している。「今日まで劣勢のゆえにとらねばならなかった一般的防勢的態度を一擲し攻勢に転ずる時が来た。」最近の作戦の教訓にかんがみて、彼は各軍司令官に、「第一に、そして何よりも急襲をやることが必要である。最近の作戦はこれが成功の必須要件であることを示している。」ということを思い出させている。

次の三ヵ月間フォッシュは敵に全然休養を与えしめないようにした。あらゆる地点で攻勢が相次いで行われた。今やフォッシュは手段をもっていた。すなわちそれは不断に増加する人と物の補給である。

最近の評論で、フォッシュは卓抜な戦略によっていかにしてルーデンドルフを撃破することができたかを説明している。フォッシュは一九一八年の攻勢について意見を述べて次のようにいっている。（ルーデンドルフの作戦の戦術的な詳述のなかで）「ルーデンドルフの攻撃計画は賞嘆に値するもので、計画は完璧そのものである。それはほとんど改良の余地がないが予備の計画をもたなかった。…（中略）…ルーデンドルフには総合的効果という観念がなくまた大規模な計画もなかった。…（後略）…」ルーデンドルフの大攻勢が皆異常に立派な戦果を収めていながら、なぜ彼は決定的勝利を獲ることができなかったか。「それにはたったひとつの回答がある。すなわち究極の勝利はいかに顕著な成果をあげても単一の攻撃の成功に依ってえられるものではない。その攻撃は必ず他の若干の攻撃と結びついていなければならない。それは全体の一部であって、全体それ自身であってはならない。ルーデンドルフはこれを忘れていたのだ。」

フォッシュは作戦の総合計画の価値を重視し、それがドイツを降伏に導いたのだと説明している。大事なことは一連の攻勢が、「全体の戦線を包含するようにし、……(中略)……相互に組み合わされていなければならぬ。」この表現はレクーリーとの談話にしばしば用いられており、また一九一八年のフォッシュの大攻勢戦略の主な特色である。この戦争の前でさえもフォッシュはどこでも真の攻勢戦略は〈鸚鵡《おうむ》の行進〉のようだといっていた。攻勢作戦の進捗が、鸚鵡が籠の棒によじのぼるのに嘴と爪を交互に使って、一歩ずつ確実な把握をしながら次の段階に踏み出すのに似ているというのである。

「紳士諸君――鸚鵡――すばらしい動物」これはまったくフォッシュ流の省略された不思議な文句で、フォッシュはこの調子で会議を終わったことがある。これは疑いもなく兵力節約の原則にかなっている。すなわち「一貫した主義方針に基づいて編成組織化された全軍の重心を連続的に諸所の敵の抵抗線に指向する術策である。しかしこれもまたフォッシュの標榜した「戦闘―決戦」とは大きな違いがある。

フォッシュの理論とその実行との間に矛盾のある他の問題は、フォッシュの休戦に対する態度である。戦勝は決戦により、また敵の軍隊の破壊によってのみ勝ちうるものであるから、敵をノックダウンする前に、またまだ敵の軍隊が連合国の領土にいるのに休戦を締結するということは誤りではなかったか。今日よく知られているようにフォッシュはこれらの批判に対して答えている。一一月上旬の戦争指導会議(supreme council)でフォッシュは次のようにいっている。「戦争はある結果を得るために戦闘することを意味している。私は戦争のために戦争をしているのではない。休戦によって、われわれがドイツに課そうとする条件を受諾させることができるならば私は満足である。一度この目的が達成されればもはや何人も一滴の血をも流す権利はない。」

フォッシュは彼の戦勝が完全だと信じる充分な理由をもっていた。またそれは実際に戦場でフォッシュ自身に関する限りは完全だった。ドイツはそれ以後は戦闘不能となったからである。しかし会議の卓上ではそうではなかった。条約が準備されている時ドイツはいなかったが、連合国が承認したウィルソン案は、休戦準備中のフォッシュには想像もできなかった制限が加えられたもので、勝者がかえって拘束されねばならなくなってしまった。そして今はフォッシュの役目は終わった。フォッシュは最早ゲームのなかにはいなかった。フォッシュが干渉を試みた時にクレマンソーはこの軍人の政治介入を激怒して、特徴のぶっきらぼうでフォッシュを本来の場所に追い帰してしまった。

フォッシュは愛国者の義務だという熱烈な信念でなおもその意見を聞くように頑張った。フォッシュの政策は休戦と条約の調印との間に、フォッシュが書いた数編の覚書と戦争指導会議での演説でその輪郭が分かるし、またそれはすでによく知られている。だがフォッシュの軍事的安全の概念を完全に描き出すのに欠くべからざるものであるから、ここに述べておかなければならない。

その考えは簡明なもので、ヨーロッパの安全は、ドイツの武装解除（永久に強制できるものではない）によって保証できるものでもなければ、また架空な同盟国の保証によって得られるものでもないと、フォッシュは主張した。ただ物質的な保証のみが満足すべきものである。それはライン川の橋頭堡の占領である。この河は決定的要素で、ライン川の主人はその周囲の国の主人公となる。どちらの側でもライン川を支配できない側は敗れた。この解決策には多くの利点がある。すなわち数ヵ所の選定された地点の占領は、それに必要な軍隊が少数ですむので、最も経済的であろう。フォッシュはその占領は国際的な分遣隊によって実施さるべきであると提案した。フォッシュは他の連合諸国がフランスがこれによって、ヨーロッパの覇権を握る手段を獲得するのではないか、という疑惑と恐怖を抱くかもしれないことを見抜くことができなかった。フォッシュはこの占領を永久的にして、ライン川左岸に独立国を作ってこの補助にしようと意図していたように思われる。フォッシュの案が拒否され、またその代案である連合諸国によるフランスの安全保障をフランスが拒否してしまった後で、フォッシュは政治家、とくにクレマンソーをその勝利を危うくしてしまったことについて非難した。フォッシュはレクーリーに話して、「それは君が安全の問題をいかに考えねばならないかということである。君はそれをその重要さと複雑さのすべてにわたって考えなければならない。それはラインの防壁というような限られたものではなくはるかに広範囲の問題である。それはヨーロッパの平和をいかなる代償をもってしても維持しなければならぬということである。その平和は、われわれの勝利の後に条約で確立されたものだ。ドイツがこれらの新しくできた国々をゆさぶったらと想像してみなさい。仮にそれが心理的影響にすぎなくともその国々はドイツの思いのとおりになるであろう。君はその時のドイツの巨大な国力を想像できるか。もうその時はドイツと戦うことは無駄だろう。戦争の始まる前に戦勝の見込みはまったく失われてしまうだろうから」といった。

（山田積昭訳）

第10章

フランス植民地戦争の戦略の発展

ブジョー　ガリエニ　リヨテ

ジャン・ゴットマン　プリンストン大学陸軍特別教育問題教授。ジョンホプキンス大学地理学講師。地理学者。

フランスの植民地地域は現在、世界大戦の戦略に重要な役割を果たしつつある。この地域は広大で四六〇〇万平方マイル、人口六五〇〇万、全世界に散在した大小の地域から成っている。その主要なものはアフリカにあって地中海西部からコンゴ川に達している。その他の前哨地点（仏領ギニア、マルティニーク、グアドループ、レユニオン諸島）を除き、この広大な帝国は前世紀に征服されそしてひとつの単位にかためられたのである。その一部は現在の戦争史に決定的な役割を果たした。この征服は一八三〇年のアルジェの占領に始まり、一九三四年の南部モロッコにおける強情な種族の最後の帰順をもって終わりをつげた。

ある偉大なフランスの植民地通のいった言に、「イギリス帝国は金儲けを欲した商人の手でつくりあげられたが、フランス帝国は刺激を求める退屈な将校たちによってつくられた。」とあるが今世紀の植民地拡張の歴史を詳細に研究してみるとこの寸鉄の言が本質的に正しいことに気づくであろう。一九一四年まではフランス帝国の領域は何の計画も調節もなく発展した観がある。各地に散在していた地方軍の将校や兵営生活に退屈した将校が自分の創意と努力とによって大いに発展させたのであるが、それらの人々は事を好む人たちのみでなく理想をもった人物であったことが研究によって明らかにされた。彼らは植民地戦争の文学を、あるいは手紙のかたちでまたは訓令のかたちで、あるいは報告に演説に、または雑誌の記事に、または史書のかたちで残していて、戦争の学問および植民地政策に関して、非常に大きな寄与をなしている。

植民地戦争は一般に知られている大陸型戦争の常識とはまったく異なったものである。その戦場は辺鄙な田舎で広大かつ未知の地域であり、敵は数多く、地理に明るいが海外からの補給は貧弱で物質的な知識は不完全である。それゆえに植民地戦争においては質をもって劣等な多数に対抗するようにしなくてはならない。要するにその本質は文化程度の非常に低い相手との戦いである。

植民地戦争はその方法において、またその目的において普通の戦争とは異なったものである。それは敵を殲滅するのが目的でなく、征服した人民および土地を特別に組織して支配下におくのが目的である。戦闘においてはできるだけ破壊をさけなければならない。第一に戦場における生産力をできるだけ保存し遠い距離から運ばなくてはならない補給品を節約するためである。さらに大切なことは征服した領域を征服直後、政治的にも経済的にも帝国主体のなかに統合しなければならないということである。ゆえに領土は征服が終わった時できるだけ最良の状態にあるようにすることが望ましい。問題は敵を徹底的に破ることではなく最小の代償で永久的平和を確実にする方法によって敵を服従させることである。

これらの目的が与えられてあるから、植民地戦争は征服した土地の占領と組織とが密接な関係をもっている。すなわちその占領の成功はその組織の成功にかかっている。それで植民地戦争は両交戦国が戦後の再建や連合を考えずに戦うようなものでなく、征服した人民を包含して新帝国を作るという考えのもとに行う戦争である。

植民地拡張の第一期においてはフランス陸軍の首脳部は植民地戦争の特種な性格に充分気がついていなかった。その原則や方法を作りあげるまでには半世紀以上の年月を要し、しかも初めはそれは制限を付して承認したものであった。植民地戦争に関するフランス軍事的思想の発達は三つの主な時期に区分することができる。一八三〇年から一九三〇年にいたる間に三人の偉大な人物、三人の元帥がフランスの海外植民地を作る過程において戦略と戦術の新しい原則を作りあげた。彼らはトマ・ロベール・ド・ブジョー元帥（一七八四～一八四九年）、ジョセフ・シモン・ガリエニ元帥（一八四九～一九一六年）およびおそらく最も輝かしい、ユベール・リヨテ元帥（一八五四～一九三四年）である。彼らの思想と教訓とはすこぶる重要なものである。それは単に彼らの征服業績と著書とのためによるものでなくて彼らの弟子たちが、その思想を受けついで二〇世紀の戦争に活躍しているからである。ガリエニのマダガスカルにおける弟子のなかには、ジョッフル、ロック、リヨテがいた。リヨテのモロッコにおける弟子のなかにはフランシェ・デスペレー、グーロー、マンジャン、ユレ、ノゲ、カトルー、ジローその他若い人たちがたくさんいた。一九二〇年のフランス植民地軍の若い将校のなかにはリヨテの弟子と思われるものがおり、来たるべき数十年に大きな感化を及ぼすものと考えねばならない。これらの元帥や将軍たちの行為は連続した思想傾向によって互いに結合されている。たとえばユレ将軍はモロッコ戦争最後の司令官であったが、一九三九年の著書に彼が一九三〇年代に採用した戦略の基礎となったのは一八四〇年代のブジョーの教訓であったと書いている。

I

一八三〇年六月にフランスは新しく植民地の拡張を始めた。そして約三万七〇〇〇人よりなる遠征軍がアルジェに近いアフリカ沿岸に上陸した。これはフランス領事がその地方の統治者たるアルジェ大守に受けた侮辱に対し、報復するために派遣されたものであった。市街はただちに占領され、一八三〇年七月五日には大守が降伏した。バルバリー海賊の兵力はアルジェの港を根拠地としていた。そして単に名目だけの忠誠でトルコ皇帝（スルタン）に臣属していた。ヨーロッパ人はその実力を過大に評価していたが、遠征軍の警察的行動によって容易にまた直ぐに西部地中海の海賊行為に終止符を打つことができた。

しかしアルジェ占領後フランスは内地に住む種族と永久的な接触を保つこととなった。好戦的だが未組織な人々が専制君主的な政治状態のもとに住んでいた。彼は従来コンスタンティノープルのスルタンに服従することを拒んでいたと同様に、フランスに対しても服従を拒んだ。彼らはスルタンの代表アルジェの大守に対してさえ臣従を拒み続けてきたのであった。沿岸にあったフランス軍はしばしば彼らの襲撃を受けた。アルジェの市街を一歩外へ出ると、高原の遊牧民もしくは山岳密林地帯に住むベルベル人の攻撃と戦わねばならなかった。

アフリカ遠征軍を指揮していたフランス軍将軍が第一に採るべき行動は、これらの敵に対し、ナポレオン流の大部隊指揮によって歩兵部隊に有効な砲兵を付し、内地深く派遣することであった。輜重の大縦隊をともない荒涼とした不可思議な人跡未踏の敵地にのろのろと侵入して、そしてひどい目にあうのが普通であった。土着民の部隊は熟知した地域にあってその軽快な運動力を主要の武器とした。彼らは意表外のところで突然フランス軍を攻撃し、輜重を脅かしその施設を焼いた。彼らは縦隊の翼か後尾を襲撃し、重大な損害を与え、時には物資を盗み去った。そしてフランス軍が戦闘隊形を備え攻撃しようとすれば、すでにその姿は広い山野のなかに消えてしまうのであった。

これらの戦術は北アフリカにおけるフランス軍が占領の最初の一〇年間にとったもので、それは非常に高価でその成果はほとんど失望をもたらすものであった。一八四〇年にブジョー元帥がアルジェリアの総督および軍司令官に任命せられてから六年間を経て、彼は征服を成功させ大部分の地域を決定的に服従させた。これには従来とまったく異なった方法をブジョーが用いたからであった。

ブジョーはエミール・アブド・アルカーディルのもとに統一されている土着民の主要な利点は、その機動性能にあることを充分承知していた。そこでブジョーはフランス軍部隊を、彼らと同様に高度の機動性をもたせるようにした。ブジョーの意見によれば、最終の勝利を得るための手段として敵国の町や中心部を占領することはさして重要な意味を持たないということである。たとえこれらの点を要塞化しても、それらの地点が常に防御態勢にある場合にはその周囲の地域に対しては支配力をもたない。

そこでブジョーは土着民をしてフランス軍の威力をどこでも感じさせる必要があると感じた。それでまずブジョーはその軍隊に精神的威信を与えるようにした。そのこと自体が実際の用兵にあたって兵力の節約となることを欲した。これらの事についてブジョーは古代ローマ人がアフリカにおいて行った戦略の線にならったのであった。

ブジョーはアルジェリア軍の再編制を行い、その装備をつとめて軽快なものとしたため各兵科ともに大なる運動性と柔軟性を発揮することができるようになった。輜重力は重く遅い車両を用いるかわりに全部徴発の動物、すなわち馬、驢馬、駱駝の背に着けるようにした。そして補給品はできるだけ現地徴発のものをあてるように命令した。かくして普通の兵六〇〇〇人と馬匹一二〇〇頭よりなる軽快な部隊を編制し、国内をパトロールすることとした。すなわち戦争は機動戦となった。フランス軍は土着民から植民地戦争の方法を学ぶことができたのである。これがため多くの種族はその主要な武器を失ったと感じ投降するようになった。征服した地域ではどこでもフランス軍がまず手をつけたのは道路を管制するための防衛用家屋を網状に建設することであった。これは一面に軽快部隊がさらに奥地に浸透するための倉庫と基地の役目を兼ねるものであった。

　この戦略はブジョー着任の最初の年より決定的な効果をあらわし、手におえないエミール・アブド・アルカーディルの手におえないアラブ族を完全な敗北に導いた。しかしブジョーの直面した最も困難な仕事は沿岸山岳地帯に住んでいるベルベル人農民居住地帯への浸透と平定であった。ベルベル人は頑固な戦士で歴史的にも北アフリカを征服したローマ人、アラビア人およびフランス人に対しいつも最後まで抵抗した。ブジョーの『カビルの山岳地帯の戦略、戦術、退却および隘路通過について』という報告は、今日までフランス植民地戦争の価値ある古典として残っている。その主要な着想は要約に値するものである。

　カビルのような山岳地帯は部隊の機動に適していない。その地域は自然の要害の連鎖であり、各地点は容易に要塞化することができ、防者に非常に有利であった。平地の戦争でいかに有効な戦術でもここではその効力を失った。地形は各個戦闘に有利であるが外側からの攻撃部隊が連続する戦線を形成するのに不利であった。この理由でブジョーは各部隊を派遣する方向が最も重要なことを強調している。戦術の分野で失った利点は戦略によって取り返さなければならない。この戦略の第一の原理は山岳を征服するには兵力の多寡より精鋭でなければならないということで、これは防者という敵より、地形が最大の敵であるからである。必要の場合は数個の縦隊にわかれて作戦し、各縦隊は相互に防護しあうことが必要である。なぜならばそれによって敵は数方向に不安を感ずるようになり、また敵の強固な前線を形成している諸拠点を包囲できる。あるいは敵がこれから出撃しわが隊の翼や後尾を攻撃することができる、諸拠点を包囲することができるからである。

しかし戦いの行程を計画することだけが戦略の全部ではない。また山脈をこえて山岳地域の人々を一度や二度破ったところで充分ということはできない。問題は彼らが再び他の時、他の場所で戦闘のために再編成することができない程度に敵を破りこれを制圧することである。軍隊の行動は土着民の利益に対して指向することが必要であり、またこれにより各種族の各地区に重圧を感じさせるようにしなくてはならない。このようにして彼らの士気をくじき戦争を継続する意志を挫折させることが必要である。ゆえに戦略は地方経済の分野においても計画し、敵の軍隊だけでなく経済をも破壊し、これにより敵の潜在戦力を破壊するに努めなくてはならない。

これらの原則は次代の植民地勤務の将校によく記憶せられ注意深く踏襲された。ブジョーは戦術においても戦略と同様新機軸をだした。ブジョーは敵の抵抗を弱めるため奇襲をもって戦闘開始を行うべきだと強調した。この発案に基づきフランス軍は迅速に行動し敵の予期しない点に打撃を与えることを企図した。しかしそういう急襲も勝利の成功をまっとうするには充分でなかった。そこでブジョーは歩兵に方形陣を作ることを命じた。これは古いローマのレギオンの方陣にならったものである。この隊形は前面からも後面からもすべての方向からの敵の襲撃を撃退することができるものである。攻撃動作を行う間はこの歩兵方陣の両翼は騎兵中隊によって援護される。このような古いローマの戦術を一九世紀に復活させたことは賢明なことで成功であった。

ユグルタ（戦争）の時代から引きつづいて、土着民は時勢を無視し、その戦術にも地形利用法にもなんらの変化も認められなかった。ローマ人がアフリカ征服に用いた手段をフランス人は踏襲してローマ人同様の成果をあげたのであった。フランスの大学において教えられた古典教育はこのようにしてアフリカにおけるフランスの将軍たちに計算できないほどの助けとなった。

ブジョーはローマの方陣隊形を採用するとともにローマ帝国建設の古い手段のなかで政治的行動の重要性を忘れていなかった。ブジョーは敵の内部軋轢と分裂を利用し、また種々の種族間にわだかまる利害関係および種族民と首酋族との反目を助長することにより敵を弱体化させようと努めた。また政治戦争はフランスにとってもまた一般の膨張国家にとっても主要な武器として残された。このようにしてブジョーは次の半世紀以上にわたって基礎となった軍事思想の学説を打ち立てた。フランス陸軍のなかでブジョーは一九世紀におけるナポレオンの教えが特種の環境のもとでは不適当であると断定した最初の軍人であった。かえってブジョーはローマ軍の方法を復活して良好な結果を得たのであった。しかしこの古くて新しい方法はアルジェリアおよび地中海地区に発展し、さらに広い場面の戦闘にまで適用され近代の軍隊に採用されるまでに発展した。やがてこの新しい軍事学説はガリエニが首唱者でかつ達人となった。ガリエニは植民地戦争に没頭した世代を代表する将校ということができる。しかしガリエニと同時代の人々は彼の植民地作戦に成功したことについて、ブジョーの事績と比較して、「それがブジョー流の最上のものだ」という賛辞以上のものを見出しえなかった。

II

ガリエニ元帥が最も一般によく知られているのは、彼が一九一四年にパリの軍事総督として顕著な働きをなし、とくにマルヌの戦いの準備をしたことである。しかしガリエニの真の働きはフランス大帝国の建設にあった。一八四九年に生まれ一八七〇年ないし一八七一年の普仏戦争中に海兵隊の若い尉官としてスタートを切った。この戦役中、ガリエニは最も英雄的な二、三の逸話を残した。一八七一年後のフランスはヨーロッパにおいて没落するように見えたが、植民地戦争の世界だけが若い将校に途を開いていた。植民地における戦争と行政に関与したその最初の二〇年間に、ガリエニはいろいろな地方で豊富な体験を得た。

ガリエニの最初の任地はレユニオン島であった。次で西アフリカに転じセネガル州およびニジェール州で戦い、ついでフランス領カリブ諸島に行き、後にスーダンに帰った。一八九二年には大佐に進級してトンキンに到着し、インドシナ北部の中国との国境の困難な地区の司令官となった。

ここでガリエニは非常に困難な状況下、野戦軍司令官ならびに植民地行政官としてその技量を大いに発揮する機会を得た。そして一八九六年にガリエニは平定と開発の仕事に非常な功績を残してトンキン前線からマダガスカル総督としてこの地を去った。新地位は当時最も重要視された地位であった。

ガリエニの生涯において、トンキン時代は彼の植民地戦争に関する技術を磨き上げるのに、決定的要素となったように見える。ガリエニは優秀な参謀将校の助力を得た。ガリエニは自分より上級者には自分の考えを吹き込み、部下のものには自分の考えを教えた。参謀将校のなかにガリエニはひとりの男をみつけた。ガリエニは後にその人をマダガスカルにともなった。それはリヨテその人であった。中国国境でこの二人の軍人の交際が始まった。この二人の軍人が数多くの国家の現在および未来に大きな影響を与えた。この二人は同じような性分を持ち互いに理解しあった。もっとも二人の過去の背景は反対のものであった。ガリエニは植民地軍育ちで行動的な現実論者であった。リヨテはパリ市職員の出身で貴族的な環境に育ち、後正規軍人となったが理論と書物と、規則とにあきあきしながら四〇歳を過ぎていた。

約四〇年後良い老人となったリヨテがトンキンにおいてガリエニから技術書、教科書、便覧書、参謀規則書等、パリからもってきたすべての書物を取り上げられたことを楽しそうに思い出として語っていた。リヨテはガリエニからすべての書物を読むことを差し止められ「周囲を見よ、現実を学べ」

と教えられたのである。リヨテはガリエニ同様赤筋（気取った将校風）を憎み、効果的な行動を把握しようとする共通の考えをもっていた。その時からこの二人は反対の背景を持ちながらたがいに相補い、一九、二〇世紀の植民地戦争と行政に関するフランス学説を樹立し、歴史に残る仕事をやりとげたのであった。

インドシナへの任命はリヨテにとっては一種の島流しであった。リヨテはその頃パリにおける若い将校仲間にはよく知られた学者であった。リヨテが当時大きな影響力をもった文学ならびに政治雑誌の『両世界誌』（Revue des Deux Mondes）に一文を寄稿したことから厳しい批判が起こり、その懲罰として植民地軍に左遷されたのであった。リヨテの文は、『フランス将校の社会的役割』という表題でフランス社会の構成において陸軍将校の重要な役割を説いたものであった。リヨテは兵営生活に少々退屈を感じ、当時フランス国家の政治的、社会的変化が重大な性質をもっているにもかかわらず、軍人の間にその重大性が理解されず無為の生活に流れつつある状態を心配した。リヨテはフランス上層部に対して、若い世代の教育のなかで陸軍将校の占める地位はとくに重要であるとの注意を喚起したものであった。その頃一時的の現象であったとはいえフランスの青年期に達した若者のほとんどすべてが軍隊に入り、数年間の兵営生活をなすことになっていたので、彼らの心身の発達の上に将校の感化が最も大であったことはいうまでもない。そこでリヨテは彼らに対しては教練よりも教育を多く施し、赤筋（気取る）よりも実情をよく観察し、彼らの精神状態を肉体的活動と同様に注意した。これにより将校は若者に対してもまた国家に対しても大きな貢献をすることとなった。リヨテはよりよい改善を行い、より自発的に愛国心を発揮させ、また市民としても叡智のあるよりよき世代を作ることになると考えた。

これらの大胆な発表は高位の保守派を驚かせ、参謀本部では陸軍将校が社会的の役割を論ずるなどはもってのほかでほとんど革命的行為であるとまで考えた。このためにリヨテは追放せられることとなった。当時の参謀総長ボアデッフル将軍は個人的にはリヨテ少佐に好意をもっていたので、彼をインドシナ勤務に任命し『社会の役割』が有力な人々から忘れられるまでしばらく島流しにする必要を好意的に告げ、この任命をあまり重大視しないようにと注意した。リヨテは植民地軍なるものはほとんど外部とは交渉のない特異部落であると知らされ、またすでに齢四〇にも達してこれから植民地生活を始めるにはあまりに遅すぎると思ったのである。

リヨテは一八九四年中国との国境地区から書簡をガリエニの司令部に送っている。そこでリヨテは、軍隊生活がただ訓練日課と赤筋（気取り屋）と戦いの中で、休みの仕事とに制限されて日を暮らすものである、という思想を受けいれることを拒む人にとっては、理想的な環境であることを発見した。リヨテはガリエニのいう軍隊の役割は人生と文明との現状を進歩させ、改良させるものであるとの思想に共鳴した。軍隊は永続的平和状態を作り、流血を避け、教養と物質的生活程度を向上し、それによって祖国の権威と威信とを増大させることが任務であると信じた。すなわちこれは『社会的役割』を書いたリヨテの本心でもあった。これらの陸軍の任務はこの時以来フランスの植民地政策の思想の根本となった。これはアングロサクソンの主として物質的利益を重視する思想とは正反対なものである。

Ⅲ

一八九九年の終わりにマダガスカル総督ガリエニ将軍は、直接フランス政府にマダガスカルの新たな組織と、また今後何をなすべきかを出頭報告するためパリに来た。リヨテは彼の参謀長としてガリエニにしたがって出府した。彼らのパリ滞在の終わりに彼らは植民地軍のよるべき基本的な思想と原則とを定めた立派な学説を記草し、再び『両世界誌』に『陸軍の植民地での役割について』を発表した。この原文はフランス帝国建設者の行動に関する原理の根本をなすものとして残っている。

リヨテは植民地の軍事行政者に有利な主張をしようと意図するものではないということから書き出している。当時植民地の行政は文官をあてるべきである、いな軍人が適任であるとの論争が盛んに行われていたが、リヨテはこの論争を無意味なものと考えた。問題は出身でなく人物である。何事も予見できないことが通常であり、毎日の決定が必要になる植民地においては次の原則が他のすべてに優越する。すなわち適材を適所に配置するという原則である。良い将校たるべき主要な資質と良い植民地行政官であるべき資質とはほとんど同じである。これらの資質をもっている人であれば、その人が陸軍将校であろうと文官であろうとまったく問題ではない。この人物は必ずよい仕事をなし遂げるであろう。これらのことは明らかに古くから占領地区において行われたことで、いまさら新しい論争の種となるべきものではない。また行政権と司法権との理論的な問題も実際上行動的な人々にとってはほとんど問題とならないのである。リヨテは、フランス旅行協会に招かれた。それは選ばれた人々によって外交問題等の研究に毎月一回パリにおいて会合を催している会であるが、リヨテはその席上このことを強調し、適材適所ということはすべての政策において考慮されなければならないと述べた。

リヨテは述べている。「植民地は実際生活における最良の学校である。この学校では免状や身分や、ややこしい階級制度などはほとんど何の意味もなさない。ただ、問題をよく解決するということが必要である。それでももしそれに役立つならば、場合によっては文官の権威を陸軍将校に与えてもよいし、また軍隊の指揮を文民に与えてもさしつかえないと思う。」リヨテは危急の場合に野戦部隊の指揮をマダガスカルで文官が行った実例を述べた。リヨテはとくにE・F・ゴーティエのことを例にあげた。ゴーティエはマダガスカル教育長であって後にアルジェ大学教授となり、アフリカにおけるフランス行政の重要な顧問となった。永久的な問題として「軍政か民政か」ということについてリヨテは答えて、「公式はどうでもよい。政治はドゥメールでもフュエでも、またフェデルブでもガリエニでもよい。それは彼らが良いからよいのである。」といっている。リヨテの考えでは植民地にある開拓者の人々は実質的に皆軍人である。彼ら自ら安全を計り、またその周囲の安全を計る。彼らは有効的な土着民の指揮者となる。これがためには制服や野外勤務令の暗誦などは何の役にも立たない。植民地統治の根本的要素は人にあるということである。

そして海外のフランス人の能力を有効に発揮するのに幾多の技術がいる。リヨテは第一原則適材適所ということにしたがって、その技術の原理の主要な点を『陸軍の植民地での役割について』に詳しく説明している。多数の軍人はこの時彼の新しい戦略原則に衝撃をうけた。その原則は、「部隊の使用にあたってはできる限り縦隊（線的に突っ込む方式）を避け、そのかわりに次々と占領部隊を推進していくよう考慮するのがよい。」ということにある。これは単にブジョーの考え方を進歩させたものである。すなわち敵を撃破するだけでは不充分であること、敵は撃破されても、後に部隊を再建して新しい戦闘に出てくるかもしれないということである。この理由によって、リヨテは前線を各縦隊の穿貫部隊を連ねたものでなく、よく連係を保って地歩を獲得する部隊の波とすることとした。もちろん、縦隊編成をまったく止めたわけではなく、普通最初の行動には穿貫部隊をもって敵に打撃を加え、敵をして植民地軍の威力を感ぜしむることが必要であるが、しかし打撃だけでは決定的かつ永久的な成功は覚束ない。そこで占領がこれにともなって推進されるようにしたのである。リヨテの有名な、「軍事占領は戦闘を少なくし、むしろ前進組織の推進に依存する。」という言葉がある。

この〈前進組織〉というのは何を意味しているのだろうか。これは占領地の組織のことで戦線の後方でやるのではなく、前線がひとつの組織体となり軍とともに一歩一歩前進するのである。この組織は単に占領地域に新しい絶対的支配権を樹立するだけではなく、軍の前進直後に作られる占領地域を覆う網でなくてはならない。これがため占領行動が行われる前、あらかじめこの任務に従事する人の教育を行うことが必要である。すべての将校と兵とには地域を研究し、また占領直後に行うべき使命と手はずについて正確な知識と打ち合わせを充分行っておかねばならない。「占領は沈澱した地層のようにその土地に部隊を落ちつかせることである。」とリヨテはいっている。占領の真の仕事は実際の占領とともに始まるのではなく、反対に作戦準備ができた時に開始されるのである。ただ行動する範囲だけが残っているのである。

その方法にはなんら興奮した所作もなく英雄的な行動もない。人を節約し、憎悪を少なくする。なぜならば一般的に武器を使う目ざましい戦闘を避けるからである。この方法によって軍事作戦の結果をかためるのに好適な新しい地域を創造する。この教義を説明するためにリヨテは、一八九五年インドシナ占領軍総司令官デュ・シュマン将軍が総督へ提出した報告を引用し、ガリエニの方法を強く擁護している。デュ・シュマン将軍は前進占領は賊を殲滅せず、ただ前線の向こうへ押し出すのみであるから、敵は常に再び占領地区の平和を脅かすことができるという批判に対し抗議し、兵力をもってしては海賊（トンキンでは敵のことをそういう）をまったく殲滅する可能性はないと強調している。「賊はある特殊の土地に生ずる植物である。……（中略）……最も有効な手段はその土地を賊の発生に不適当な土地にすることである。……（中略）……完全に組織化された土地には賊の生ずる余地がない。雑草をぬき出すだけでは充分でなく、その土地を耕さなくてはならない。そうしてそこに垣を作り良い種子をまき、その土地を毒麦の生じる余地がないようにするのである。占領は武力を用いると否とを問わずこれを耕すものである。それを軍事的帯状地域をもって包み、他より隔絶させるとともに住民の再組織、必需品の付与、市場と文化施設の設置、道路の建設等、よき種子をまき、占領地域をして賊の住家とせず住民を革命的方法に協力させることを目標とする。」と。

デュ・シュマン将軍の報告は多くの賛成者を得た。インドシナ総督M・ルソーはパリのフランス政府に覚書を送り、ガリエニ流の方法は中国国境の状態に非常によく適合するという所見を述べた。ルソーは占領軍の任務は本来前線の防備であるがこれに加えて占領地区の社会的、経済的再建を促進するにあると述べている。ルソーはさらに「この方法以外では賊には疑わしい妥協か、または高価で無益な討伐で対処するしか方法はない。」と付言している。

リヨテは前進占領方式と強大な縦隊をもって、地区内を横ぎって常に逃避する目標に向かって攻撃していく、古風な戦略との比較をなし、その対照的な点を強調した。強力な縦隊の維持は国家を疲労させ、とくに征服者が直接の利益を目先に感じない時には労多くして功少ない結果となる。前進占領方式もしくは前進組織による占領は土地の保存と復興体系に基づいて行われる。それは次の原則を生む。すなわち「植民地遠征は占領後その地区の行政長官となるべき人によって指揮され実施されなければならない。」これにリヨテは自らの経験から次の一節を付け加えた。「もし土着民の巣窟を掃討するにあたって占領後明日にも市場を開こうとするならば、普通戦争の方式をとったのみではできない。」と。これくらい通常の戦争と植民地戦争との間の大きな相違を上手に強調することはできないであろう。

リヨテは、ガリエニが一八九八年五月二二日マダガスカルにおいて発布した訓令を引き、植民地戦争の一般的技術について説明をしている。「新しい植民地における平和を達成する最良の方法は武力と政治力の併用にある。植民地戦争の進行中、破壊は最後の手段でより良き再建の準備としてでなければやってはならないということを銘記しなければならない。われわれは常にその国と住民のことを熟慮して取り扱わねばならない。なぜならば前者はわれわれの将来の植民地企業を受けいるべきところであり、後者はわれわれ事業の発展に協力者となるべきものであるからである。兵力をもって行動する場合将校が村や市街地に対して第一に考慮すべきことは住民が降伏した場合は、すぐに村の復興、市場の創設、学校の建設を行うことである。そして武力と政治力とを併用して地方の平定と将来の組織とを完成させねばならぬ。この場合には政治活動がはるかに重要である。それは土地と住民との新組織によって大きな力が発揮されることを期待できるからである。

「平定が地に着いてくると土地は次第に開けてくる。市場は再開され貿易は始まる。かくして軍人の役割は第二義的なものとなる。そして行政官の仕事が始まる。植民地の向上発展をはかり、土地の自然資源を利用し、ヨーロッパ人に対し貿易の道を開く。…（中略）…規則はただ全般的規則のみを掲げ、種々の場合に臨んで適用の範囲を広くし、個々の場合に判断して処理するようにしなくてはならぬ。行政官と将校は常識をもって行うことを許され、規則のゆえをもって住民の利益を阻害してはならない。」

ガリエニは征服中における軍の任務がひとまず終わり、占領が完成し、平和が達成せられた場合における軍人の任務について次のごとく述べている、「軍人はもともと軍人である。植民地が降伏したといってもまだ幾分か降伏しない分子が残っている限り、軍人が必要である。しかし平和となれば武器は捨てなければならない。そこで軍人は行政官となる。最初はこの行政要素のある部分は軍人に対し相いれないように見える。しかしこれに従うことが植民地軍将校、ならびに忠実な下士官・兵の役割である。そしてそれは多分にデリケートな要素であり、勤勉と努力と高い人格とを要求する。それは建設は破壊よりはるかに困難な事業であるからである。

そのうえ情勢はそれらの義務を課することを避けがたいものとする。軍事作戦で人民の多数が殺傷され、恐怖心を起こした時には、その国は征服も鎮撫もできなくなる。最初の嵐が去った後は、必ず反抗の精神が残忍な武力によって作られた遺恨の感情に煽られて大衆の間に起こってくる。

征服につぐ期間は軍隊の一部は警察力程度に削減せられ、間もなくその職務は憲兵と警察官に引き継がれる。この場合フランス軍人の献身と発明の才という資質を利用するのが賢明である。彼らは工事監督者、教師、職人、小仕事の長として（創意、自尊、英知に訴えねばならぬことが多いが）その任務を辱めないであろう。このために一時軍事訓練を休むことになるが、これにより彼らの軍紀を弛緩し軍事義務の観念を害するであろうと思うのは、考え違いであると信ずる。植民地軍の兵士は、普通年をとっていて数回連続して演習訓練を経験している。

彼らに要求せられている役割は精神的肉体的活動を包含しており、その任務はこれを課された兵士が自ら興味を喚起するほどの刺激をもっている。そのうえその国での仕事に対する兵士の興味を喚起することによって、彼らはその土地そのものに興味を感ずるようになるであろう。彼らは観察し計算し、またしばしばその任期の終わりにその土地についての計画を考え、その熟練と知識とを利用しその献身と着想とによって植民地に大きな利益を与えることとなる。

これらの訓令は厳格な意味では戦争の範囲をこえている。しかしそれは植民地の事業の特殊な性質によるもので、植民地の住民および地域に永久的な平和を維持するために与えうる唯一の可能な保証である。このような状態は単なる武力のみで成功するものでなく前進する組織には作戦以前に準備がいるのである。そこには間に合わせの余地はない。

リヨテはそこで植民地軍は植民地に派遣される正規陸軍であるならばどんなものでもよいというわけにはいかないという基本原則を強調した。植民地軍は高度に専門化された軍隊でなくてはならぬ。「植民地軍は自治権をもたなくてはならぬ。その指揮官は良く植民地の精神を理解し、（軍事）機関の利用を他のいかなる考慮にも先んじて考え、また実行力あるはっきりした人物でなくてはならぬ。」といっている。植民地戦争はヨーロッパにおける戦争よりもはるかに継続的であり、軍の任務は同じ尺度ではかることはできない。リヨテは「貴方は敵意ある興奮しやすい住民が突如蜂起した場合、これを砲火をもって鎮圧するかわりに、一発の弾丸をも発射せずに征服を維持することの方が一層の権威と沈着、判断力、剛毅な性格を必要とするとは考えませんか。」と質問している。これは明らかに植民地軍の全組織の完全な編成替えを求める訴願であった。少なくとも、ガリエニとリヨテはマダガスカルにおいてはこれを要求することができ、またその発案による再編成によって実に顕著な成績をあげることができた。リヨテはいわゆる平和的征服によって反抗的な南方マダガスカルの大部を平定した。軍隊との平和作戦というのは何だか奇妙なひびきに聞こえるが、事実上は戦争をせずにその目的を達成することに置き、また理想的な軍隊の使用法は戦いを挑発することではなく、むしろこれを防止することでなくてはならない。

植民地戦争に対して、かくも広い意味を与えたリヨテは進んで植民地における軍事行政に関する議論をしている。リヨテはガリエニにこの体系、すなわち行政と軍事の権力とを結合することは単に階級の頂上においてだけでなく、下級水準にまでも及ばさなくてはならないと主張した。ブジョーはアルジェリアにおいて〈アラブ局〉という名で知られたひとつの体系を作り上げた。これは特命の将校が特別の部隊に所属し行政部門に携わるもので、政府の一要員をなすものである。アラブ局に属する将校はその領土のいかなる部隊をも指揮していなかった。リヨテは、このような力の分割はただ植民地の戦線を弱体化するのみであることを主張した。「一握りの兵士で全住民を相手として安全を確保していかねばならない拡大な植民地諸国にあっては、不断にそして直接に軍隊を意のままに使用することが必要である。」と。ガリエニの領土支配の統一は軍事集会（Cercles Miliaries）の名で植民地史にでている。それには高度に訓練された。あまり狭く専門化されない人を必要とし、彼らは野戦軍の指揮とともに地方行政にも適した能力をもっていた。

リヨテとガリエニはまたブジョーの伝統に反対した。それはアルジェリアに始まったもので退役兵を占領地に移住させ、大きな兵隊村を作り日常生活と農業を命令のリズムにのせて、あたかも兵営における教練の音楽のように行うものであった。二人はもしも兵士が定住を決心するなら、彼らは自由な個人として仕事に就き、物質的にも人間的にもその地方の環境にとけこんでゆくことを大いに歓迎した。かくて彼らはブジョー体系の軍事植民政策によってできた移民と土着民との間の垣根をとり除こうと試みたのである。

二〇世紀の初めに、リヨテの『陸軍の植民地での役割について』は、数ページの冊子にまとめられたが、これはリヨテが戦闘を体験し、実際上また思想上の長い経験から集約せられたものであった。これは一九四〇年においてもフランスの植民政策を考える人々にとっては、なおいきいきとしたものであった。

ブジョーの教訓の大部分はこの時にはすでに葬り去られていた。もちろん歴史としてはアルジェリア征服者の影響は重要なものとして残っているが、それはラテン語の古典によってローマ帝国の戦争の影響が残っているのと同様である。しかし五〇年以上の経験を積むうちにフランス人の植民地政策と植民地戦争に対する知識は、非常に進歩し、かつ豊富となった。彼らは若干外国の経験、とくにロシアのコーカサス地方とトルキスタン占領の事績により大きな利益を受けた。ミハイル・スコベレフ(Skobelef)の名はフランス植民地軍の将校たちに確かに未知なものではなかった。リヨテはしばしばそれらロシアのアジア占領の挿話を引用して、一般の植民地軍将校のための参考としたが、前進占領という技術と教養とはこのフランス将校の小数グループの発明として残っている。戦争を一層広い視野から全体的に観察して、リヨテは植民地戦争を他の各種の戦争と区別して、判然とその相違を指

とであった。すなわちその目的は戦域に死をもたらそうというものでなく、そのなかに生命を創造することであった。

Ⅳ

一九〇〇年にリヨテの基礎的論文が発表せられた時、フランスの海外領土たる植民地の多くがすでに三色旗を掲げていた。しかしそれらの地域における陸軍の主要な任務は占領行為であって、その行政の研究はこの論文の範囲外のものであった。二〇世紀に入り、フランスはなお大きな征服を実施し、莫大な戦争犠牲を払って大きな成果を獲得した。それはモロッコの征服であり、これにはリヨテの名は忘れられないものがある。リヨテがガリエニの命令と指導とによってインドシナとマダガスカルにおいて実施し、経験して作りあげた理論が大規模にかつ最良の形で適用せられたのである。

一九〇二年三月にリヨテは南マダガスカル総督の位置を去り、フランス本国の第一四軽騎兵連隊長として新任務に就いた。しかし彼は一年しかこの地位に留まらなかった。当時アルジェリア南部において、モロッコとの国境地帯とサハラ砂漠の辺境一帯で重大な反乱が発生しつつあったのである。アルジェリアの種族民はモロッコの遊牧民の支持を受け、各地のフランス守備隊を襲撃し甚大な損害を与え、その地方へ侵入の恐れがあった。これはアルジェリア全地域に対する脅威であり、またそのうえに重大な国際紛争のもとであった。モロッコに関係のあることは、いずれもいろいろな利害関係のある列強の首府、とくにベルリンに重大な刺激を与えた。フランス政府はこの地域に平和占領の新教義に最も練達した専門家を派遣し、これによって反乱を最小限度の動揺に止め、治安を回復しようと決定した。リヨテは一九〇三年一〇月一日准将に進級し、その後彼が三年も留まった(一九〇六年一二月まで)アインセフラ地方独立混成旅団長に任命せられた。モロッコはリヨテにとっては初対面の土地でシャリフ帝国（アラウィー朝モロッコ）の入口にあって原則と技術に最後の磨きをかける研究室の役をすることとなった。ここでリヨテのもとで働いた若い将校なかには後に最も輝かしい名をあらわしたマンジャン、アンリーおよびラペリーヌらがおり、皆良き協力者であった。

リヨテが主として戦わねばならなかった相手は土着民の部族長でなく北アフリカ軍首脳部であった。北アフリカ軍首脳部はパリ参謀本部と同様、ガリエニ流の方法を認めるどころではなかった。リヨテのアインセフラからの報告を見れば上級司令部との争いとともに現地の平定作業が進行しつつあったことを示している。とくに興味深いのはリヨテが前の長官ガリエニに送った、一九〇三年一一月一四日付の長い手紙である。それにはリヨテがなそうと思ったことをよく説明している。

リヨテの説明によれば、彼はアルジェリア（それは母国フランスの領土の一部と考えられていた）の軍隊がまったくヨーロッパ流に編成されて官僚的形成主義が支配しているのを発見したと説明している。リヨテはまず彼の指揮権の特別の自治性について質問し、陸軍の指揮系統を通らずに直接アルジェリア総督に報告する権限を要求した。リヨテはその軍隊を真に機動性をもった軍隊とする特別の目的のために編成替えをする権限の付与を要求した。軍の運動性能を高めることはブジョー以来、またリヨテのいったように、「アフリカにおいては運動によって自らを守る。」ことは、すべての植民地軍指揮官の熱望するところであった。

またリヨテはこの国の本当の組織を希望した。それは砂漠地帯において、有効にオアシスを制御すること、市場と鉄道とを保護することであり、それにより商業が安全に行われるためであった。リヨテはとくにある指定された線（たとえば鉄道）を防護するためには、その線の上にある拠点を守備することは無益であると指摘した。点の守備体系はその弱点をねらって侵入する敵を防ぐことはできないので、その防御線はその線より若干距離前進した地点に設け、その線に敵が到達する前に攻撃を阻止するようにしなければならないとした。

反乱地ジュベル・ベシャールの西方地区にあるフランスの施設は、土着民の憎悪の中心であってはならない。それと反対に魅力の中心でなくてはならない。また土着民に恐れをいだかせてはならない。親しまれるようにしなければならない。土着民には、フランスの保護を受けることが彼らに利益をもたらすように仕向けることが必要である。したがって保護政策には、明確な経済の方向づけ、貿易の振興、隊商の吸引および土着民の安全を保証するだけでなく、物質的繁栄をもたらすような事項が含まれていることが必要である。事実、問題とするところは軍事要点をつくることでなく、活動の中心となり、また影響を与える中心をつくることが大切であった。このためには、ひとつの点を占領するのではなく、ひとつの地帯を占領しておくことが必要であった。政治行動も閑却させていなかった。すなわち敵対するモロッコ山脈地帯の部族長を軍の縦隊によらず土着民の補助部隊を用いて攻撃させ、部族長の領地またその支持者間に及んでいた権威を組織的に分割することにより、逐次その権威を崩壊させるような施策がとられた。

リヨテのモロッコ戦略および政策の基礎となったふたつの点は詳説するに値するものと思う。(1)外交の分野においてトルコ皇帝の政府と代表者との誠実な同盟を支持する。モロッコ地方においてはいかなる作戦行動も、モロッコ政府の同意と支持なしでは発動しないこと、この和親協商が保護政策の基礎であること。(2)戦略の分野においてはリヨテの手紙の一節をみれば根本がわかる。「防御組織の最終的な建設は徐々に実施されるであろう。その実現の時期を予定することはできない。もちろんそれは多くの人々が考えているよりずっと早く達成されると信じている。私は縦隊で進まないし、また力による打撃をも用いない。油の一滴が広がる様に一歩一歩進んでいく。それぞれの地方的情勢に応じて種族と部族長との間にわだかまる反感と競争心とを利用する。」この油点戦略は有名な油の斑点

(tâche d'huile) という言葉として、歴史上に残っているが、これは、フランスのモロッコ征服と平定工作の特色を端的に言いあらわしている。

この計画は実行に移され着々として効果をあげた。平和的占領により占領地区に平和と繁栄をもたらした。すべてリヨテの希望した以上に南方および西方に進展していった。アインセフラの司令部からサハラへの征服は急激に拡大されていった。その地方の経済的発展の象徴としてコロン・ベシャールがある。これはリヨテが作った町で、今日隊商の活発な商業中心地となり、砂漠横断道路とサハラ横断鉄道の起点となっている。しかしコロン・ベシャールの建設はフランスとドイツの競争を挑発する恐れがあった。フランスの勢力が西方に進むにつれ、モロッコの領土に接触するようになり、フランスとモロッコ間の問題が大きくなりヨーロッパの外交舞台に重大な影響を及ぼすようになった。ことにモロッコの大西洋岸に起こった事件は大きな問題となったのである。

リヨテはアインセフラを去り、一九〇六年一二月から一九一〇年までにオラン師団（西アルジェリア駐屯）の指揮をとるようになった。そこはモロッコ国境線から遠く離れてはいたが、モロッコ国境に以前より近く接触するようになった。そこでリヨテは持論にしたがってフランス、北アフリカ軍を再編制し平和占領を続けた。この年月の間に平和占領はアルジェリアの基地から南へ進んで、サハラ砂漠地帯の広大な地域を征服し、フランスのアフリカ植民地を地中海からニジェールとギニア湾にいたる地域に拡大することに成功した。ガリエニはリヨテとともにマダガスカルで働き、また後にサハラ探険者の偉大なひとりとなったゴーティエ教授はこの平定作業は心理的根拠によったものであると次のように書いている。「警察官の職業はここ（サハラ）では匪賊の職業よりも多くの利益がある。」と。

一九一〇年のクリスマスに陸軍中将リヨテは西フランス、ランヌの第一〇軍団長として新任地につくためにアルジェリアを去った。再びリヨテは軍隊生活の比較的閑散な一年を送った。この間にモロッコ問題はアフリカの軍事的敗北と同時に危機が増大して国際的紛争をかもす恐れがあった。ゴーティエは一九一〇年に次のように書いている。「われわれの最近のチュニジア、トンキンおよびマダガスカルにおける征服はふたつの階段を経過している。最初の戦争は明らかに決定的な勝利であったが、ついで反乱が起こり避けることのできない苦痛となり、これに対する論点が軍事的よりも行政的となり、地区の組織化に向けられた。この事実は未開の国では戦闘は無益のものであることを示しているようにおもわれる。

いかなる場合においても、戦闘は第二次的手段であることは明白である。もちろんわれわれが力の不用を信ずるほどうぶではないことはいうまでもないが、問題はその用法を知るということである。ヨーロッパにおける戦争は勝つことが目標である。それは軍事機構を破壊することに意味する。しかしそのような機構も何もない無秩序国家に対しては、そんなことはナンセンスである。そこには破壊すべき何物もない。そこで困難なことは破壊することよりこれを創造することである。サハラの例が示すように文化国家が、野蛮国に対し、保護国関係に立つ時、大きな戦争であっても最初の時期にこれを圧倒することはその外観にもかかわらず、比較的容易である。モロッコは今や活発な戦争に突入する段階を迎えた。そこでのフランスの一〇年以上の努力は今や危殆に瀕してきた。過去の血なまぐさい経験を再び繰り返さないためフランス政府はリヨテをモロッコ総督に任命した。

V

一九一二年五月から一九二五年一〇月までリヨテはモロッコ駐在の総督兼軍司令官として在住した。リヨテはフランス保護領の制度を作った。リヨテのこの国の統一と進歩につくした業績は、今日においてもなおフランス植民地政策の傑作とみなされている。モロッコはトンキンやマダガスカルに較べて文化の程度も高く、また土着民は一層好戦的な国であった。全般的には流血は避けられなかったが、しかしリヨテはこれを最小限度に止め、単に領土を獲得するにとどまらず住民の支持を得た新しい政権をうちたてた。

リヨテが任地に到着した時は、この地方はまったく反乱状態であった。土着民は単にフランスに対して反抗したのみでなく、法的なスルタン政府に対しても反対していた。鎮圧のため二個の遠征隊が編成された。フェズ地方にはグーローを長とする部隊、マラケシュ地方へはマンジャンの率いる部隊が派遣された。リヨテはアラウィー朝モロッコの主要都市を再び支配した。これらの行動は迅速に行われ思い切った打撃を敵に与えた。それ以来この行動は研究され軍事史と植民地史に模範的な行動として記載されている。この成功の迅速であったことは主としてリヨテの土着民に対する政策によるものであって、その政策は当初の日から実施された。リヨテはその名声に満足して安易をむさぼることなく、フェズ沿岸からマラケシュにいたる回廊地帯を確保するため、さらに防御線を推進することによってのみ安全を確保できると考えた。アインセフラの鉄道の場合と同じように占領地区が安全になるためには、実際の防御線はそれより若干距離だけ前方に推進しておかなければならなかった。当時のフランス軍は隅の方へ駆逐せられていた時は種々の方向に進出している。アトラス山脈地帯の西部は大カイズとの同盟により平和を保持していた。この地方は一九一二年以来常にフランスに忠実であり、彼らと協力して内陸に進攻する部隊の右翼を掩護した。

前線を前方に推進するために、後方では大規模なかつ多くの費用を投じて経済発展策が進められた。このようにして敵対した種族もフランス統治の有利なことを認めないわけにはいかなくなった。わずか二年間に賞讃すべき成果があがった。

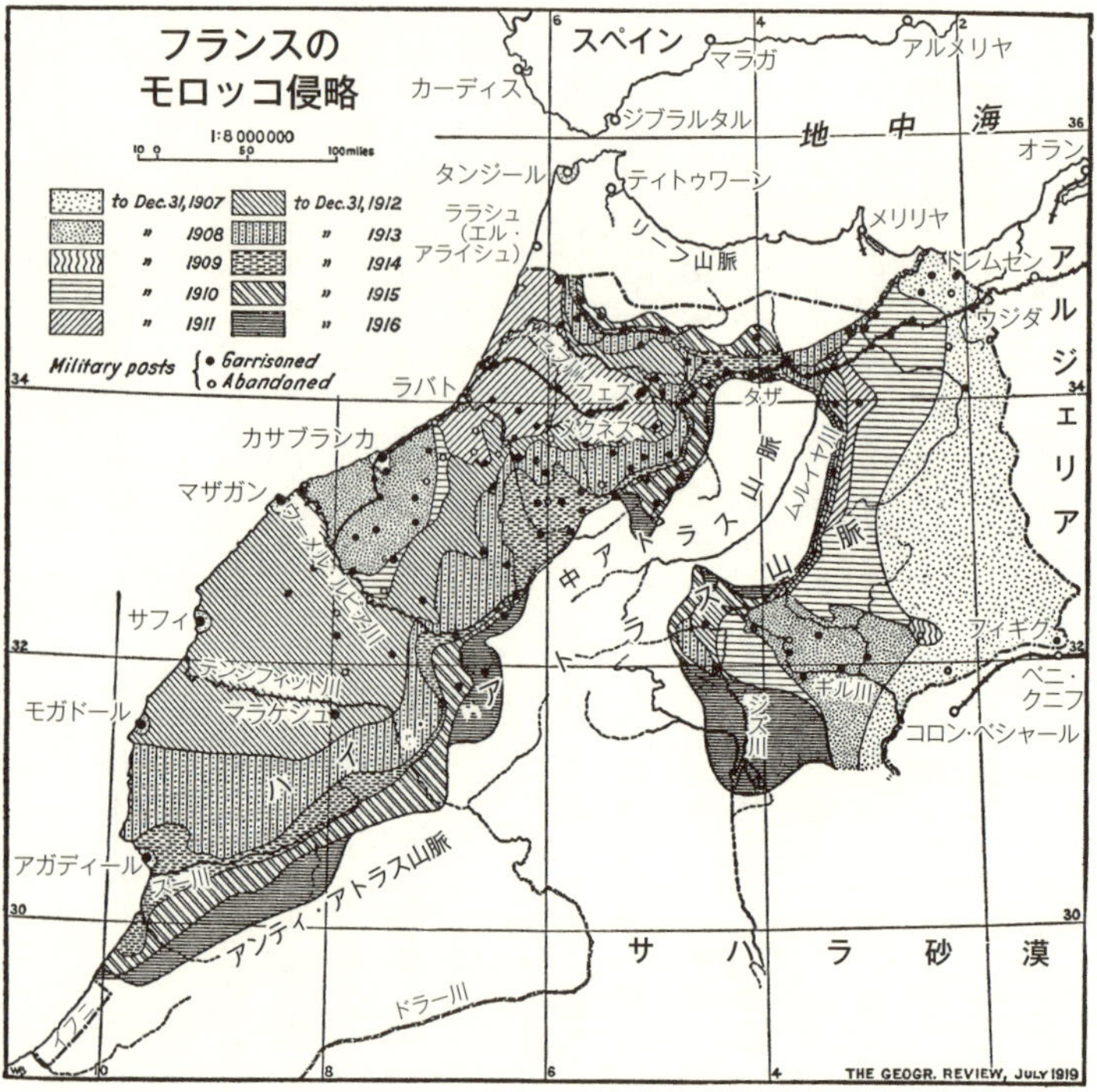

一九一四年の夏ヨーロッパに戦争が勃発した。フランス政府は首都の防御にあらゆる利用すべき兵力を必要としたので、リヨテに命じてその軍隊の大部分をヨーロッパに送還させた。そして二三個歩兵大隊と数個の騎兵中隊で守備できない地区は放棄してもさしつかえないと訓令した。またリヨテの判断により単に橋頭堡を沿岸に維持する程度に退却してもさしつかえないことを許可した。リヨテは命令の最初の部分を実行し、すぐに二個師団の兵力（彼の指揮下の三分の二にあたる）をフランス本国に送ったが、命令の後の部分に示されていた退却することを肯じなかった。

フランスのために最大の、し

かももっとも効力ある援助を与える方法は、退却することでなく、反対に現に占領しつつある輪廓（Contour）を完全に維持し、あたかもわが軍の維持している前線の後方を空虚にし、卵の殻が中身を保っているように前線を守備することであると考えた。このリヨテの考え方は現地の人にも政府にも受け入れられていた。一方においてモロッコにおけるわれらの地位を擁護し、すべての種類の資源、物資、労働力を利用しうるように維持し、他方においては帰順しない部族が前方に進出しているわが軍が沿岸へ退却しようとするのをみて襲撃し、その結果沿岸線に進出する間、不断の戦闘を実施し、多数の死傷者を出すことを防止する最も唯一の方法は、前項のリヨテの考え方なのでなる。もし土着民がこのひとつに成功すれば、それは全領域にわたって彼らを力づけ、すべての後方連絡線は遮断され、部隊運用ができなくなり、その結果完全に反乱した国家の前面でわれわれは港の地域に封鎖されることになるだろう。

信じられないくらい少ない兵力でリヨテは前線を維持した。リヨテは人力と資源を可能の限りすべて動員した。そして世界大戦の四年半の間、ふたつの決心、すなわちできるだけ多数の増援軍をフランスに派遣することと、内陸の征服行動が成功したのはリヨテの賢明でかつ勇敢な政策から生ずるその偉大な威信にもとづくものであった。リヨテはこれを〈微笑の政策〉と呼んでいる。

戦争の最悪時を通じて、リヨテは絶えず最後の勝利に対する自信を大きいに示していた。リヨテはその国の経済的発展を急速に押し進めた。戦争の第一年目にリヨテはカサブランカに大きなデパートや農業、その他の大展覧会を開いた。博覧会は一九一五年九月に開会したが、これはパリ政府と土着民の間に非常に深い印象を与えた。リヨテはそれを〈戦争の宣伝行為〉であるといった。そして実際ひとりの反逆種族の部族長は休戦を申し込み、カサブランカの博覧会を訪れるために特別の旅券を求めてきた。これは両方とも許された。部族長は、その部落に帰り、博覧会で受けたその感化と繁栄に対する印象が非常に大きかったために、戦闘を再開するかわりにフランスに服従することを決心した。一九一四年より一九一八年にいたる間、小兵力をもってしてこのような大きな効果をあげた戦略は、その後大きな兵力をもって、より速やかに、より広大な地域の征服に成功したのであった。ブジョーとガリエニの教訓の原則の精髄は実行に移され、また地方的状況によってその適用を誤らず進展していった。特殊な要素が征服の過程を決定した。保護領は平野地区にすべて拡大されることとなった。残る仕事はモロッコの大部を占めている山岳地帯の征服であった。山岳地帯は誇りを持ちかつ好戦的な種族によって占拠されていた（モロッコ戦士はイスラムでは高く評価されている）。これらの種族は何者にも服従せずスルタンの支配も拒絶していた。彼らは外国人に対しては死を賭して戦うことを決心していた。また世界大戦に際してはドイツからの援助が規則正しく彼らに送られたのであった。

リヨテの山岳地帯征服の戦術はどこか攻城包囲戦の戦術に似ているところがある。それぞれの攻撃開始に先立って、周到な準備をするが、その準備のなかで政治戦が大部分を占めている。攻撃の第一段階としてまずひとつの地域、またはひとつの大山塊を包囲して孤立させた。これを行うには長い連続戦線を構成することが必要である。リヨテは縦隊攻撃を行わず、広い正面を利用して敵が翼と後方に浸透できないようにすることを第一とした。しかし山岳地帯の地形はブジョーが正当な判断を下したように連続した前線を作ることを妨げた。

そこでリヨテは連続する前線を山の麓に設置し、反抗する種族を山上に閉じ込めた後、山間の谷の口まで攻撃前進し、第一歩として麓一帯を占領し、ついで険阻な山頂に向かって潮の満ちるがごとく次第次第に登っていき、峰が近づけばまず足場を固めて停止し、二方面よりできうれば、三方面から一斉に強力な二縦隊もしくは三縦隊が突入するようにした。この突入によって、山塊は二分され、この両隊の連絡によって完全に敵は包囲され、外部よりの連絡は絶たれその補給は遮断される。

その後この包囲を一層緊密な線によって固く引き締める。そしてその包囲圏内にある谷間低地のあらゆる方面から進出し、あげ潮のように侵入する。ついで予定日になると最後の突撃が下令され、数個の強力な縦隊が集中攻撃を行い、迅速な行動をもってその隔絶、疲労した種類に打撃を加える。多くの場合この最後の攻撃によって敵はすぐに降伏し、実際には死傷者を出すことは稀であった。かくして陸軍の前進にともなって部落の再組織その他が注意深く行われて前進し、山また山、山塊また山塊と次々に〈油の斑点〉は拡がっていく。

地形の特異性に応ずる作戦行動はすべて地理によって支配されるので、作戦は模型地図を利用することは、もちろん爾後の政治的準備を決定するため土着民の地図を利用して計画された。この戦略は一九一九年以後大規模に採用されモロッコ平定の全期間にわたってこの方針は変更されなかった。この間アブデル・クリムの反乱であるリフ戦争(一九二五〜一九二六年)が起こった。この時リョテは齢七一歳となり重病にかかっていた。彼はリフ戦争の途中で引退することとなったが、この戦争は彼の弟子によって引き継がれ、アブデル・クリムの攻撃を食い止め、前線を整頓した後、反撃に出て勝利を博し、一九二六年から一九三四年にわたりリョテの弟子が彼の仕事を完成した。

一九二五年以後リョテの戦略戦術に加えられた主要な改善事項は、彼の弟子の進歩した軍事的科学技術の採用によるものであった。なかんずく主要な兵器は自動車と飛行機であった。このふたつはモロッコ戦線で驚嘆すべき成果を与え、植民地戦争の主流をなす機動力の向上に大きな貢献をなした。それ以来各部隊の機械化は発展し、軍隊の補給力を増進し大きな効果をもたらした。さらに包囲作戦や奇襲攻撃に一大進歩を遂げさせた。また空中からの爆撃は土着民よりその主要な切り札、すなわち山頂からの狙撃という手段を奪うにいたり、とくにこれらの近代的方法は一九三一年ないし一九三四年モロッコ征服の最後の段階で使用された。

これらの作戦はユレ将軍の卓越した指揮の下に行われた。彼の一九三二年二月一九日付の一般訓令は機動部隊（それ以後自動車化縦隊と呼ばれた）の移動を統制する指揮の条項をまとめたものであった。それはブジョーとリヨテの教訓をともに採用したもので、攻撃は後方の安全を確実に保持しつつ広大な前線で行われなければならない。山岳地帯においては平行的なあるいは集中した谷地を通って攻撃は行われ、奇襲攻撃は後方において充分に準備せられ基地から迅速に行わなければならない。重要地形は砲兵と空軍により打撃を与えた後正規軍によって占領される。土地は占領と同時に組織されねばならない。シャベルとつるはしは小銃、大砲と同様に必要である。占領した土地はただちに後方と道路により連絡することが必要である。その国の支配を可能にする手段は道路である。

この最後の戦役の作戦についてはカトルー将軍によってよく書かれている。彼はリヨテ学派のなかで優秀な将校でありモロッコ征服戦最後の段階で顕著な働きをした人物だ。一九三〇年にはモロッコの大部分が平定され組織された。残っていたのはこの国の南部を保護領とすることであった。その大部分は山岳地帯で縦長一〇〇〇マイルにおよび中央のハイ・アトラス山脈より大西洋沿岸にいたり、タフイラレット、ジュベル・サゴおよびアンティ・アトラス山脈の山塊部を含んでいる。この高嶺をもって囲まれた南方はサハラ砂漠の広大な地域がワディ・ドラにいたりモロッコ地域となり、今なお征服しがたい遊牧民の隠れ家となり、彼らはときどき出撃して北部サハラ全域を不安にしている。

作戦はハイ・アトラス山脈において始められ、南方へ発展していった。一般計画がリヨテの〈油の斑点戦略〉によって立てられ、ユレ将軍を総指揮官としてふたつの縦隊が鋏状攻撃を行うためカトルーおよびジロー両将軍に率いられた。実際の戦闘は数週間を要したのみだったが、準備は長い時間を要した。政治戦争も決して忘れられていなかった。カトルー将軍は戦役の目的は「不服従者を協力者とすることである。」と彼の回顧録に繰り返し強調している。決定的な作戦行動が一九三三年に始め

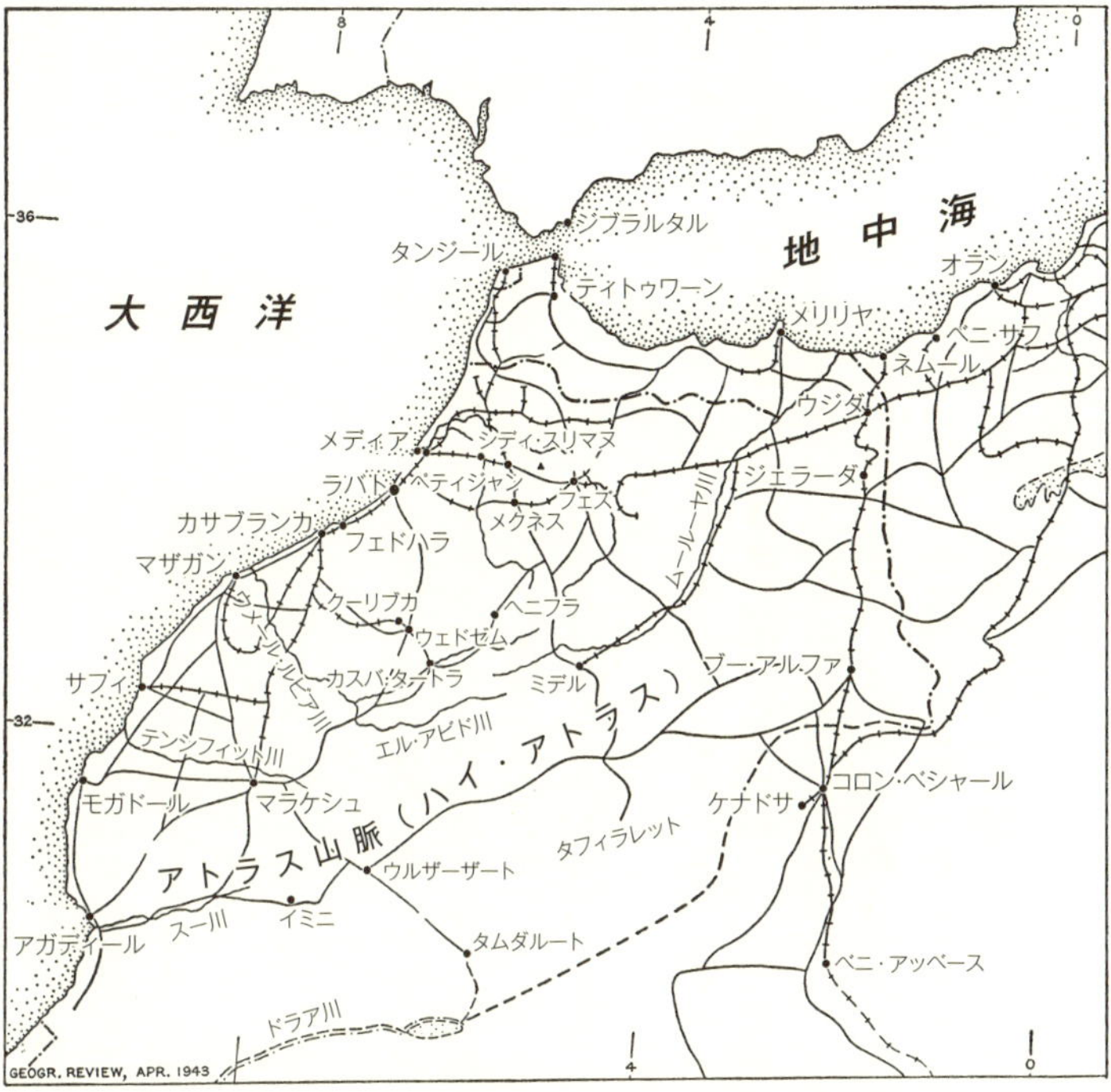

られた。エーベル・サゴは攻撃され、三月に征服された。ハイ・アトラス山脈は七月と八月に平定した。ついで次の作戦準備がなされた後、カトルー、ジローの鋏状攻撃が南方へ向け実施された。一九三四年の二月と三月に西のアンティ・アトラス山脈が包囲され、カトルーが山岳部を征服している間にジローは南方に高速自動車部隊を迅速に進出させこれを包囲して砂漠の最後の頑強な種族を降伏させた。

一九三三年ないし一九三四年の作戦は、高度に機械化された比較的大きな部隊が強固な縦深陣地を数回の強力な打撃によって撃破することに成功した史上最初の戦例である。

一九三四年三月、モロッコ征服

は終了した。第二のフランス植民帝国は最終的の完全なかたちに建設された。それ以後植民地軍の役割は広大な土地の警察任務と前線防御とのふたつに変わった。二〇世紀に入ってのフランスの脅威は植民地ではなく、ヨーロッパにおける国境となった。植民地軍とガリエニ、リヨテ流の将軍たちは第一次世界大戦には大きな働きをなし、また現在の世界大戦においてもフランスの自由のために戦いつつある。

VI

一九三四年以後は、フランスの海外植民地を外敵より防御することは比較的簡単になってきた。ほとんど隣接のすべての国々はフランスに友好的で、重大な脅威ははるかな海外よりくる可能性があった。したがってフランス植民帝国の防御は主としてフランス海軍の仕事で、とくに極東における防御はその様相を示した。一九三〇年の後半における実際の国境で唯一の問題の地点はチュニジアとイタリア領リビアとの間の国境であった。フランスとイタリアの関係は急激に悪化し、イタリアのファシスト政権は次第にフランスに対して攻撃に出て、とくにチュニスにおけるイタリアの計画は明らかにこれを物語るものであった。軍事的準備が大規模にリビアにおいて行われた。また事件が次々に起こり、とくに一九三七年以後は頻発する状勢となった。そこでフランスはリビア前線に要塞線を築き後方地区に強力な組織を作ることとした。この要塞線はマレト線としてよく知られているものである。

一九三九年の初めにヨーロッパにおける情勢は急迫を告げ、もし戦争が勃発すればイタリアは北アフリカのリビア基地からフランスとイギリスに対していかなる行動を起こすであろうかということが地中海における主要な戦略問題となった。カトルー将軍は短い論文においてイタリアの北アフリカにおける戦略的立場とリビアをめぐって可能な作戦の梗概を論じている。彼はその頃アルジェリアにおける北アフリカ軍の指揮から去った。一九四〇年以後に起こった事件は彼の見解の正確さを物語っている。

カトルーはイタリアのリビア植民地政策は戦争目的のための投資であることを洞察した。この地域はフランスとイギリスが管理している北アフリカ地区の中間に位置している作戦基地である。これを攻撃基地要塞として地中海主義（地中海をわが海とする主義――Mare Nostrum）による計画を満足させるために出撃しようとするものである。しかしいかなる方向に第一撃を加えようとするのであろうか。主要な準備の方向はこれに基づいて考えなければならない。「リビアにおけるイタリアの兵力は、その編成と数と、装備とによって見れば縦深の攻撃動作――看過することのできない程度に重要さをもった――に適したものである。しかも砂漠地帯を横断しうる。…（中略）…二個の自動車化軍団が急襲と迅速な機動部隊として適当に装備編成されている。…（後略）…」とカトルーは述べ、水、燃料および弾薬の供給のために自動車輸送力の強化、広漠たる砂漠地帯における迅速な集団攻勢作戦に対する指揮訓練、敵の後方部隊を空挺隊により脅威することの利益を強調した。カトルーの意見ではこのような戦略的特色は戦略の計画にも適しているとしている。トリポリとチュニジアとの間には広大な砂漠がある。イタリアの歩兵および砲兵の装備では、マレト線の後方に強大な予備群を縦深に配置しているので、この要塞線を有効に攻撃することはできない。イタリア空軍は優勢であるが、フランス海軍はマレト線後方から上陸するいかなる部隊に対してもこれを防ぐに充分な力をもっていた。（イタリアの）バルボ元帥はフランスの防御線を突破して通過する冒険を行わないであろう。またこれはフランスとして心配の種にならないように見える。おそらくイタリア軍はリビア砂漠を東進してエジプトもしくはスエズを目標とする攻撃を行わんとするものと思われた。

これについてカトルー将軍はエジプト陸軍が日なお浅く実戦の経験がないこと、イギリス軍の兵力が非常に少ないこと、大リビア・エルグと海との間の沿岸地区の新要塞が弱いことなどあげている。海と砂丘との間の回廊地帯は狭くともそれはナイルのデルタへの道で包囲作戦に対する機会を与えるものである。「空間の要素が君に有利であれば、君はいつでもサハラに通じる道を発見することができるであろう。」とカトルーはいっている。ゆえに彼はバルボの計画はエジプトに対する攻撃ではないかと疑った。スエズの失陥は連合軍に対する重大な事件であると評価しているが、しかしこの出撃作戦は一種の冒険的なものである。もしチュニジアがリビアに出撃してこれを制圧すれば、イタリア軍は砂漠のなかに孤立することとなる。リビアはイタリア本国よりの補給なしには基地の役割を果たすことはできない。そこで海軍力は決定的である。イタリアの潜水艦と空軍とは連合軍の地中海制覇を阻止することができないのは確かである。

人里離れた砂漠戦のために装備し訓練を続けているバルボはどこを攻撃しようとしているのであろうか。サハラにおけるフランスの中心地、たとえばワルグラまたはフォールフラテルのごときは彼の目標となるかもしれない。一〇〇〇キロメートルの路程は、高度に自動車化された縦隊が空軍の援護を受ける場合には、サハラへの進撃は不可能ではないどころではなく容易なことである。しかしオアシス地帯はフランス軍の機動部隊によってしっかり防御されているし、重要な攻撃目標といえばそれはチャド湖地帯であろう。そこはアフリカにおけるフランスの交通上の要衝であり、以後ニジェールとギニアもしくはイギリス領エジプト、スーダンに対する行動基地となるであろう。チャド湖はリビアの南境からわずかに八〇〇キロメートルであり、その間には自動車化部隊の行動を阻害する何物もない。したがってフランスの反撃も比較的容易に組織せられ敵をチャドからフェザーンへ駆逐することができよう。

またイタリアの新しい植民地エチオピアからイギリス領エジプト、スーダンのカッサラーハルツームの方向に攻撃を試みることができる。しかしカトルーはエチオピアの基地がそのような攻撃前進を維持するだけの力をもっているかは疑わしいと考えていた。彼の結論は明らかにリビアよりエジプトへの進攻準備を認め、彼の論文は中東におけるイギリスならびに連合軍がナイルとスエズの防衛を増大すべく訴えたものである。しかしカトルーはアフリカにおけるイタリアの成功は永続すべきものとは信じなかった。イタリアの攻撃力は空軍と地上軍に応用された機械力の優秀さに基づいている。しかしこの戦闘力の発揮は機械の更新と燃料の供給を絶えず行うことにかかっている。リビアはこのような絶対要求に応じる力をもっていない。イタリアは海にとらわれている。イタリア本国もその属領もともに海上権を支配することができない限り鉄鎖に繋がれている。イタリアはこれも断ち切ることはできないであろう。戦争となってアフリカにおいてイタリアが試みるかもしれない企てに対し、このことは不幸な結果に終わらせる必然の運命にある。

カトルーは一九三九年の春、すでにアフリカ戦争の一般的進展を先見した。ただしフランスの崩壊とそのアフリカに及ぼす影響とは予想することができなかった。一九三九年の秋に彼はインドシナの総督に任命せられた。しかしカトルーは一九四〇年にその職を去ったのでヴィシー政府と日本との協定を阻止する機会はなかった。カトルーは一九四一年にフランス軍を率い、イギリス軍の援助を受けてシリアとレバノンを回復した。カトルーは中東フランス軍司令官としてイギリス第八軍とともに枢軸軍の手に帰していたマレト線を破ってチュニジアに向かって進撃し勝利を収めた。カトルー将軍の論文にはド・ゴール将軍の兵力が組織したチャド湖の基地の果たした役割までも予言している。この基地からジャック・ルクレール将軍の命令によって一縦隊が出撃し、リビアのオアシス基地フェザーン、クフラ、ガダミス等を占領し、ついでイギリス第八軍に合同した。一九四〇年の秋、ド・ゴール将軍が放送でチャド植民地は自分の側についていることを発表し、このことはこの戦争にフランス軍参加の歴史中での一大事件であることを証明するであろうと予言したが、この放送の充分な意味を了解したフランス人はほとんどいなかった。

VII

フランスの植民地戦争の一般原則は、苦心の末一九世紀末に作りあげられた。一九〇〇年以後、リヨテの『陸軍の植民地での任務について』にあらわれた思想以上につけ加える新機軸はひとつもなかった。モロッコの経験は、リヨテに〈油の斑点の戦略〉と山岳地方征服の戦術を開発させるにいたった。その後機械力の発達によって移動の向上を見たが、植民地軍将校は常に新しい方法を試みることに熱心であった。フランスの植民地軍将校は空軍と機械化部隊の利用を他にさきがけて実行した。

しかしフランス流学説の考えによれば、植民地における戦争は行政事務と不可分の関係をもつように見える。少なくとも占領および平定の当初はそうであった。結果からみると一世紀の間にこの仕事は極端に制限された兵力をもって、中央政府の制肘を受けながら、徹底的に実行され、歴史上の最大の帝国のひとつが征服され建設された。そしてその組織はあらゆる部分に平和と大いなる繁栄をもたらした。またこの征服と植民政策が成功したことは、現在の戦争における帝国の態度によって明らかに証明することができる。

一九一四年から一九一八年の世界大戦には、ヨーロッパ防衛のために植民地軍はフランス本国に来た。一九四〇年六月フランスは歴史上最大な恥辱的な敗北を喫した。植民地より来た数十万の植民地出身の兵がこの現実を見、かつ深い影響を受けたが、フランスの海外領土を構成している各地域のひとつたりともフランス政権を転覆しようと企てたものはなかった。これらの状況において植民地の土着民たちはフランスと運命をともにしようとする決心を示した。各地区別にフランス人を首班とするグループが作られ、将来の方針を決定した。彼らはヴィシー政府の統治に参加するか、あるいはド・ゴール将軍の戦闘部隊に加わるかのいずれかを選んだ。これらの植民地によってフランスはヨーロッパ本国の崩壊の後も戦争を継続した。チャドよりフランス軍は出撃して敵を攻撃し、アルジェリアにおいては北アフリカにおける連合軍の勝利の後、フランスの新しい勢力がおこり、これらがフランス解放に携わることとなった。植民地征服に要する支出の帳尻はどうであろうとも、植民地はフランスの一番暗黒な時代に最大可能なサービスをした。

このような成功は単に戦争と行政の理論だけでは説明できない。リヨテ元帥が一九二〇年七月八日アカデミー・フランセーズの会員に推挙せられた機会に述べた演説で、軍隊指揮官にとってその参謀、とくに参謀長の重要性を高く評価し、つぎのように語った。「卓越した指揮の第一条件は、司令官の心に充分な自由が確保せられ、保証されることである。空中に描かれた彼の思想がすぐにその形を見出してかたちを作り、時間の浪費なしに、またなんらの歪みなしに極遠のところまでも伝達されることである。」これは参謀が是非ともやらなければならない重要な仕事である。なお彼はこの重要事項にふたつの原則を加え「将帥は決して政治的考慮によって邪魔されてはならない。また勝利の信念が勝利を決定する。」といった。最後の原則から見ればリヨテは、フォッシュやクレマンソーと同様の範疇に入る。彼らは計画より信念をより重く信じたのである。

適材を適所にという原則はリヨテの生涯を通じて彼の思想を根強く支配した。リヨテは同時代の協力者の教育に多くの時間をさき、これを適用し、また彼らに対してできる限りの広い経験と教養ならびに観察力を要求した。リヨテは絶えず専門家主義に反対し、植民地軍にひとつの伝統を残した。それは将校にとって学位は軍事行動の経験と価値的に差異はないと定めたことであった。彼の最良の生徒のひとりであったフレイデンベルク将軍は有名な地質学者であった。モロッコ軍の多くの若い将校は彼らの勲章のほかに学位免状をとるよう努力した。

リヨテは一九一五年におけるカサブランカ博覧会の非常な成功後、リヨン博覧会の名誉賓客として招待を受けた。これはリヨン市長で同地の大学の文学部教授であったエドアルド・モリオによって主催されたものであった。リヨテはこの機会に一場の挨拶を述べ、一九一六年二月二九日その席上で正しい人の型という定義について次のごとく述べた。

「単に軍人であるというだけではよい軍人とはいえない。ただ学者であるというだけではよい学者ではない。ただ実業家だけではよい実業家だとはいえない。完全な人はその天命を成就しようと努力する人であり、かつ指導者として価値ある人物…（中略）…一言にしていえば首長であることを望む者…（中略）…である、この人は人類の称讃すべきすべての事柄に対して虚心坦懐でなくてはならない。」と。しかし植民地流の人生観からいえば、最高の性格をもった人というのは疑いもなく努力の人、すなわち行動の人である。ガリエニは、「私が常に最大の満足と人生の真の存在意義を発見したのは行動している時だ。」と。モロッコでリヨテが使用した個人的の封印の環には、シェリーの詩「魂の歓びはなすことにあり。」が刻してあった。そして彼らはその行動に自信をもっている精力的な人物を求めた。「勝利の信念が勝利を決定する。」彼ら自身がこのような人間であった。そして彼らはその時代の最も興味ある思想家の部類に入れることができるであろう。

（伊藤博邦訳）

第11章

軍事史家デルブリュック

ゴードン・A・クレイグ　プリンストン大学歴史学助教授。プリンストン大学哲学士。オックスフォード大学文学修士。

ハンス・デルブリュックのいきいきとした生涯はちょうどドイツ第二帝政の興亡と一致している。デルブリュックは軍事史家で、ドイツ民衆に対する軍事解説者であり、また参謀本部に対する民間批評家であった。これらのいずれの役割についても彼の近代軍事思想に及ぼした影響は特筆に値するものがある。デルブリュックの『戦争術の歴史』はドイツ学界の記念碑であるだけでなく、当時の軍事理論家にとって貴重な知識の山のようなものであった。プロイセン年報に書かれたデルブリュックの軍事論評はドイツ民衆の軍事知識普及に貢献し、とくに第一次世界大戦中参謀本部が直面していた戦略的根本問題を民衆が諒解する一助となった。戦中、戦後に書かれたデルブリュックの最高統帥に対する批判は、モルトケ以来、ドイツ陸軍を風靡した従来の戦略思想の再検討をする気風を大いに刺激したのであった。ドイツの軍事指導者は戦史的な教訓を常に重視しており、一九世紀においてはとくに盛んであった。戦争を純粋な戦例によって教えることはクラウゼヴィッツの理想だった。そしてモルトケもシュリーフェンも戦史課を参謀本部に置いていた。しかしもし戦史を軍人の役に立てるならば、その記録が正確で、過去の記録から謬見や作り話を除去しなければならない。一九世紀を通じレオポルト・フォン・ランケのおかげでドイツの学者は、歴史的事実を不明瞭にしていた言い伝えの下ばえを一掃しようと試みていたが、デルブリュックが『戦争術の歴史』を書くまでは、過去の軍事的記録には新しい科学的手法が採用されてはいなかった。デルブリュックが軍事思想界に寄与した最たるものはこの点にある。

しかしこれはデルブリュックの貢献のすべてではない。一九世紀に入り、政府の機構は拡大され、西欧では民衆の声が政府の行政各部門に次第に影響するようになってきて、軍事の統制ももはや少数の支配階級の特権ではなくなった。プロイセンでは一八六二年の軍事予算について激しい論争が行われたが、これは軍事行政に関して将来は民衆とその代表者たちの希望を少なくとも真剣に考慮すべきであるという声の高まりであった。ゆえに国家の安全と軍事機構維持のためには、国民大衆が軍事問題について適切な理解をもつように教育することが肝要だと考えられ、参謀本部の軍事図書出版は単に陸軍部内の用に供せられるのみでなく、もっと一般的な使用をはかって計画されるようになった。しかし職業軍人の著作は、ただ作戦や戦闘を説明することに急で、概してその形式も内容もあまりにも専門的にすぎていた。大衆向けに軍事事項を普及することが要望され、デルブリュックはこれを痛感してその要求に応じようとした。デルブリュックの著書はすべて彼自身がドイツ民衆に対する軍事の解説者であることを期して書かれており、デルブリュックのこの方向の努力は、第一次大戦中に『プロイセン年報』に寄稿した毎月の作戦経過の論評に最も顕著にあらわれている。この評論は最高統帥

（参謀本部）の戦略と敵の戦略とを入手しうる資料に基づいて説明している。そしてついにデルブリュックは晩年になって、軍事機構と戦略思想についての権威ある批評家となった。過去の軍事機構に関する研究によって、彼はいかなる時代でも戦争と政治は密接な関係のあることを知り、また戦略と政略は相提携していかねばならぬことを知った。クラウゼヴィッツはその言及のなかで、「戦争は明らかにそれ自身の文法をもっているが、それ自身の論理をもっていない。」また、「戦争は他の手段をもってする政治の延長である。」という主張で、上述の原則を確認している。しかしクラウゼヴィッツのこの格言は、クラウゼヴィッツが軍の指揮権は政治的制約から自由であるべきだと論じたことを覚えている人たちにとっては、ややもすれば忘れられやすい。デルブリュックはクラウゼヴィッツの主張を顧みて、戦争の実施と戦略計画の作成は政策の目的によって左右さるべきであって、一度戦略的考慮が柔軟性を欠き、自己満足に陥るならば、赫々たる戦術的成功も政治的悲劇を招くかもしれないと強調している。戦争中のデルブリュックの書いたものを読むと、デルブリュックは歴史家から脱皮して次第に評論家に成長している。デルブリュックは最高統帥の戦略思想が政治的要求と正反対になってきたと信ずるにいたるや、平和交渉論者の急先鋒になった。戦後にドイツの議会が一九一八年のドイツ崩壊の原因を調査しようと企てた時に、デルブリュックはルーデンドルフの戦略に対し最も説得力のある批判を下した。デルブリュックの批判は歴史から引き出された教訓から自然に生まれたものであった。

I

デルブリュックはその生い立ちについて一九二〇年に自ら次のように簡潔に述べている。「私は官吏と学者の系統のなかで生い立った。母はベルリン出身である。私は戦場勤務についたことがあって予備役将校である。皇帝フリードリヒ（三世）が皇太子の時に五年間その宮廷で暮らしたことがある。私は国会議員であったし、プロイセン年報の編集者として出版界にいた。私は大学教授にもなった。」

デルブリュックは一八四八年一一月にベルリンに生まれた。デルブリュックの父は地方裁判官で、母はベルリン大学の哲学教授の娘であった。先祖には神学者、法律学者や学士院会員がいた。デルブリュックはグライフスヴァルトで大学進学まで教育を受けた後、ハイデルベルクとグライフスヴァルトとボンの諸大学に学んだ。デルブリュックは早くから歴史に興味を持ち、ノールデンとシェーファーとジーベルの講義を聴講し、ランケの流れをくむ彼らの新しい科学的傾向に深い感銘を受けていた。ランケの影響はデルブリュックの博士論文に明瞭に認められる。この論文は一一世紀のドイツの年代記作者の記事の批判であり、辛辣な評論であった。長い間歴史家によって正しいものとして受け入れられていたその記事が大部分信頼できないものだということを示したので、デルブリュックは始めて鋭い批評家として認められるにいたった。

デルブリュックは学者として政治問題に熱烈な興味を持ち、ドイツ統一の熱心な主唱者だった。しかし一八七〇年までは、デルブリュックはビスマルクの政策によりドイツの統一が成功するということを信じなかった。フランスとの戦争の避けがたいことを感じて、デルブリュックは一八六七年に陸軍に応募し、一八七〇年の普仏戦争に従軍し、一八八五年まで予備役将校であった。一八七四年から一八七九年までデルブリュックは皇太子の息子ヴァルデマール親王の家庭教師であった。デルブリュックの地位は単に彼を皇太子フリードリヒの宮廷の人たちと親密な間柄にしただけでなく、当時の政治問題について卓抜な洞察力をまわりの人たちに与えたのであった。その間デルブリュックは歴史家になろうという初志を持ちつづけ、一八八一年にはベルリン大学にポストを求めることに成功し、一九二〇年まで輝かしい学究生活を続けた。デルブリュックは研究と講義で大部分の時間をとられていたが、政治的にも大いに活躍する機会を得て、一八八二年から一八八五年までプロイセン国会の議員となり、一八八四年から一八九〇年までドイツ国会の議員をつとめた。しかし議員としてデルブリュックは常に実際的活動家というよりは傍観者で、彼は自分のことを政治学者といっていた。

さらに、デルブリュックは政治評論家として重視され命名嘖々たるものがあった。デルブリュックは公文書（公文書と外交文書を一年一回蒐集発行）とシュルテスの『ヨーロッパ歴史年報』（前年の出来事を毎年評論する刊行雑誌）の編集長をつとめた。一八八三年、デルブリュックは『プロイセン年報』の編集委員となり、一八九〇年以後はその編集長になった。デルブリュックが戦争中軍事評論を書き、また戦後ヴェルサイユ条約戦争犯罪の条項を手厳しく攻撃したのもこの雑誌であった。

デルブリュックはベルリン大学で学究生活を始める前から軍事史の研究に注意していた。一八七四年のヴィッテンベルクの春季機動演習の時に軍人としてリュストウの『歩兵史』を読み、後日デルブリュックが語ったようにこのことが、その経験の選択を決定したのであった。しかし一八七七年までは戦争の研究を真面目にやろうとは考えていなかった。この年デルブリュックはゲオルグ・ハインリッヒ・ペルツによって始められたグナイゼナウの回顧録と論文の編集を完成する好機に恵まれた。デルブリュックは解放戦争史に没頭している間に、ナポレオンとグナイゼナウの戦略思想とカール大公、ウェリントンおよびシュヴァルツェンベルクの戦略思想とが根本的に違っているのにびっくりした。グナイゼナウの伝記の研究を進めるにつれて、その相違は一層著しくなるように思われた。そしてデルブリュックは一九世紀の戦略は一般にその前世紀の戦略と顕著な違いのあるのに気づいた。デルブリュックは初めてクラウゼヴィッツを読み、フリードリヒの宮廷付将校と多く語り合う機会をもった。そうしているうちにデルブリュックの興味は高まり、そしてデルブリュックは戦略と軍事行動の根本的かつ決定的な要素を探究してみようと決心したのであった。

ベルリン大学におけるデルブリュックの最初の講義は、一八六六年の会戦に関するものであった。しかしその後デルブリュックは過去の事柄の研究に頭を向けて、まず封建制度の初めからの戦争技術の歴史を講義し、それからさらにデルブリュックの研究は過去に遡ってペルシア戦争からローマ没落にいたる期間に後戻りした。デルブリュックは古代と中世の資料の組織的研究を始めてペルシア戦争、ペリクレスとクレオンの戦略、ローマ軍の中隊戦術、古代ゲルマンの軍事機構、スイスとブルゴーニュとの戦争、フリードリヒ大王とナポレオンの戦略に関する短論文を発表した［訳者注・クレオンはアテネの政治家、将軍でもあった。煽動政治家、厳罰主義者］。その間デルブリュックは学生にさまざまな時代のくわしい研究を行うことをすすめた。これらの講義と専攻論文とによりデルブリュックの『政治史的枠組みの中における戦争術の歴史』が生まれ、その第一巻が一九〇〇年に出版された。

Ⅱ

第一巻出版の日から、『戦争術の歴史』は批判の的になった。古典学者はデルブリュックが、ヘロドスの取り扱い方が手酷かったので憤った。中世学者は封建制度の起源に関するデルブリュックの章を攻撃した。愛国的なイギリス学者はバラ戦争を軽蔑的に取り扱ったというので激怒した。その結果起こった論争はこの本の続刊の脚注に書かれているが、そこには学者の怒りの火がいまだくすぶっている。しかし主な筋書きに関しては、この本は専門家の攻撃にもかかわらず何の影響も受けず、ワイマール共和国の陸軍大臣グレナー将軍、有名な社会主義政治評論家フランツ・メーリングのような一般の読者からは賞讃の辞をうけた。グレナーはこれを、「まったく独特」だといい、メーリングは、「新世紀のブルジョアドイツの歴史的記録によって作られた最も特色ある著述だ。」とほめている。

デルブリュックの書いた四巻のうちで、第一巻はペルシア戦争の時期からユリウス・カエサルのローマ戦争の頂点までの期間の戦術を論じている。第二巻は主として初期ゲルマンに関するもの、ローマ軍事制度の没落、ビザンツ帝国の軍事組織および封建組織の起源を論じている。第三巻は中世の戦略戦術の衰亡とスイスーブルゴーニュ戦争における戦い方の様式の復元について記述してある。第四巻はナポレオン時代にいたる戦術と戦略的思想の発達を書いている。比較的初期における軍事史には些細な事柄を述べた記事が多いが、デルブリュックはむしろ一般的な考え方や傾向に関心をもっていた。デルブリュックは第一巻の緒言に、とくに戦争・戦術の完全かつ包括的な歴史を書く意図をもっていないと断っている。「かかる著述には教練とその指揮、武器使用法、馬匹飼育法、海軍関係事項の全貌などを必然的に包含することになるだろうが、それについては私は新しいことを語ることもできないし、少しも理解していない。歴史の目的は標題にあるように政治史から見た戦争・戦術の歴史である。」と。

第四巻の緒言でデルブリュックはそのことをもっと詳細に述べている。この本の根本的目的は国家の構成と戦略・戦術との関係を論じようとするものであった。「戦略・戦術と国家の構成ないし政策との関連性を知ることは、軍事史と世界史との関係を知ることとなる。今日まで暗黒のなかにかくされていた事項または認識されていなかった多くのことを明るみに出そうとしたものである。この本は戦争・戦術のために書いたのではなくて世界史のために書いたのである。もし軍人がこれを読んで啓発されるところがあれば、それは著者の喜びであり、名誉であると思う。しかしこれは一歴史家が歴史学の友人に贈るために書いたものである。」とのべている。これと同時にデルブリュックはなんらかの一般原則を過去の戦争から引き出す前に、歴史家としては、できるだけ正確にいかにしてこれらの戦争が戦われたかを判定しなければならないといっている。デルブリュックが過去の戦いの小さな出来事や細かい事実と取り組まざるをえなかったのは、他の歴史家にとって興味があるだろうと思われる一般的概念を見つけるのに熱心だったからにほかならない。彼の著述の趣旨にもかかわらず、これらの事実の再鑑定は単に歴史家のみならず、軍人にも非常に価値のあるものであった。

この事実は過去から伝えられた大量の資料の中から発見されたものであるが、戦史資料の大部は信頼できないものが多く、井戸端会議のおしゃべりか副官の噂話のようなものであった。近代歴史家がどうしてこれらの昔の記録を正しく捉えることができるだろうか。

デルブリュックは、これはいくつかの方法で可能であると信じた。歴史家が過去の戦場の地形をよく知っておれば、彼は近代地理学のあらゆる手段を使って、伝えられた記録の真偽を確かめることができる。使用された武器と装備を知っておれば、それらを有効に使用する戦術の法則を推定することができ、論理的にその戦闘の戦術を復元することが可能となる。近代戦争を研究することにより、歴史家はさらに手段方法を与えられよう。なぜならば、近代会議での平均行軍能力、馬の搬送能力、大部隊の戦場機動力などを計測することができるからである。また信頼できる資料が存在する会戦や戦闘と、これと同一状態(条件)にある過去のものとを比較してほとんど正確に後者を復元することができるような会戦や戦闘を発見することもしばしばである。

スイスーブルゴーニュ戦争には正しい記録が残っている。またマラトンの戦闘についてはヘロドトスが唯一の資料である。このふたつの戦闘とも一方は騎士と弓手で、他方は格闘兵器をもった歩兵との間で戦われた。両方の場合とも歩兵が勝っている。ゆえにグランソン、ムルテン、ナンシーの戦闘の結論をマラトンの戦闘にも適用することが可能であるべきである。これらのすべての方法の組み合わせを、デルブリュックは即事批判(Sachkritik)と称した。この適用の数例をあげることは必要なことである。最も驚くべきことは、デルブリュックが過去の大戦の参加部隊の兵力の調査によってえた結果にもとづく研究である。一例をあげればヘロドトスによると、紀元前五世紀にアテネと戦った時のペルシア軍は四〇〇〇万を超えたことになっている。デルブリュックはこの数字は信頼できないといっている。

ドイツ軍の行軍序列に従えば、約三万の一個軍団は段列を除き、その行軍長径は約三マイルとなる。ゆえにペルシア軍の行軍縦隊は四二〇マイルの長きにわたり、先頭部隊がテルモピレーに到達した時はその後尾はチグリス川の対岸スサをちょうど出発したばかりだということになる。」たとえこの馬鹿げたことを説明できたとしても、この戦いが行われた戦場の地積はヘロドトスの記述にあるような大部隊をいれるほど大きいものではないのである。たとえば約五〇年前マラトンの平野を訪れたプロイセンの参謀将校がびっくりして、「大変狭いところでプロイセンの一個旅団が演習できる地積もない。」と書いている。

デルブリュックは古代ギリシャの人口の近代的研究を基礎として、クセルクセスに対抗したギリシャの軍隊の大きさを約一万二〇〇〇と算定した。それは粗雑な方陣(ファランクス)で戦うように訓練された国民兵で、戦術的機動はできなかった。ペルシア軍は職業的軍隊で、その兵卒の勇敢さはギリシャ軍においてさえ認められていた。「もしペルシア軍の兵力と軍人の勇敢さもともに本当ならば、ギリシャ軍が常に勝ち続けたということは説明できないままであろう。このふたつのなかでただひとつが本当でありえるならば、ペルシア軍の利点は数ではなくて、その質にあったと推定しなければならない。」と。デルブリュックは、ヘロドトスが述べた大軍とは大違いでペルシア戦役を通じてペルシア軍は実際にはギリシャ軍よりも数においては劣っていたものと結論している。

ヘロドトスの記事はずっと前から疑われていたものである。デルブリュックの批判は決して全部が独創的なものではないが、デルブリュックの真の貢献は、ペルシア戦役からナポレオン戦争にいたるまでの各戦争について記されている数字に組織的手法を適用して研究したことである。それでデルブリュックはカエサルのガリアにおける戦いについても、カエサルの敵兵力の算定は、政治的理由で大変に誇張されていることを明瞭に説明している。カエサルによるとヘルベティア人(スイス西部ケルト種族名)は三六万八〇〇〇人が三ヵ月分の糧食を携行して大縦隊で行軍したことになっている。デルブリュックはこの数字は信じられないといっている。デルブリュックの断定の根拠となったものはヘルベティア人の糧食補給の問題である。デルブリュックはかかる食糧の輸送には、八五〇〇の車両がいる。カエサル時代の道路の情況ではこの大縦隊は動くことはまったくできないであろうと指摘した。また匈奴(フン)のヨーロッパ侵略を論じてアッティラが七〇万の兵力をもっていたと信じられていることを、一八七〇年の戦役でモルトケが五〇万の兵力を動かした困難な経験から推定して効果的に否定している。かかる大軍を統一指揮することは、鉄道、道路、電信を使用し、また一般幕僚をもっていても著しく困難な仕事である。モルトケが五〇万の兵力を同じ道を通って移動するのに非常な困難をなめたのであるから、どうしてアッティラが七〇万もの大兵を率いてドイツからラインを越えてフランスに入り、シャロンの平原に達することができようか。この一例は他の例をチェックすることができる。デルブリュックの数の研究は単に考古学者的な興味以上の意義をもっている。ドイツ陸軍が歴史に教訓を求めるように教えられている時に、この伝説の破壊者はドイツ陸軍が誤った結論を引き出すのを避けるのに功があった。戦争中また戦史の研究においては、数字は最も重要なものである。デルブリュック自身、「一〇〇〇人の部隊で容易な運動も、一万人になると難しくなり、五万人では相当の技量を要し、一〇万人になると不可能になる。」と指摘している。過去の会戦に参加した正確な数が分からなければどんな教訓も引き出すことはできない。

即事批判を他にも活用して、デルブリュックは論理的に個々の戦闘の細部事項を復元することに成功した。この成功は参謀本部の戦史課に深刻な影響を与えた。グレナー将軍は翼側包囲を可能にする傾斜戦闘隊形の起源に関するデルブリュックの研究の価値を称揚し、一方デルブリュックのカンネーにおける包囲運動の科学的説明が、シュリーフェン伯の理論に強く影響したことは周知の事実である［訳者注・傾斜戦闘隊形の意は不明であるが、エパミノンダスの斜型戦闘隊形の意ではないかと判断する］。マラトンの戦闘の記事はおそらくデルブリュックが過去の戦闘の細部を再構成することについての手腕をしめした最もよい例である。それはデルブリュックの「交戦両軍の武器と戦闘法とを知っており、戦闘の結果さえはっきりしている限り、地形は戦闘の経過を復元するのに重要かつ雄弁な根拠になる。」という信念を明瞭に説明しているからである。マラトンのギリシャ軍は重装備の歩兵で編成され、原始的な方陣を形成していて、その機動性といえば、のろのろとした前進しかできなかった。

この部隊は、劣勢だが高度に訓練せられた弓手と騎兵とよりなるペルシア軍の抵抗を受けた。ヘロドトスはギリシャ軍はマラトン平野を横断し、約四八〇〇フィートを突進してペルシア軍の中央を突破して戦勝を得たと書いている。デルブリュックはこのことは物理的に不可能なことだと指摘している。近代ドイツの教範によると完全装備の兵隊は時間で二分間だけ、距離で一〇八〇ないし一一五〇フィートしか走ることはできない。アテネ兵は近代ドイツの兵士よりも軽い兵器で装備されていたはずはないし、さらにふたつの不利がつけ加わっている。彼らは職業軍人でなく市民だったうえにその多くは近代軍で要求される年齢制限を超えていた。また方陣は謂集した密集隊形でいかなる種類の迅速な運動も不可能である。かかる距離を突進したとすればきっと方陣は崩れて烏合の衆と化し、職業的ペルシア軍はこれを容易に撃破することができたであろう。

ヘロドトスの述べた戦術は明らかに不可能である。ギリシャの方陣は翼に弱点があるので平野で交戦すれば、ペルシア騎兵に包囲を受けることを考えると一層その無理が分かる。そこでデルブリュックはこの戦闘はマラトン平野で戦われたのでなくて、ギリシャ軍はその南東の狭い谷で戦い山と森によって敵の側背包囲をさけて戦闘したことが明瞭だと判断している。ヘロドトスが両軍は戦闘を数日間遅らせたと語っている事実は、アテネ軍の将、ミルティアデスがギリシャ軍流戦法により堅固な陣地をとるためブラナ谷地が最もよいところだと判断したことを物語っている。そのうえこの陣地はアテネに通ずる唯一の道路を支配しているのでこれに達するためには、ペルシア軍はミルティアデス軍を処理せねばならない。そうしないと全会戦を断念するしかないので、彼らは前者を選んだのであろう。そこでこの戦闘の唯一の合理的な説明としては、ペルシア軍が劣勢で包囲が不可能にもかかわらず、当初攻勢に出たので、ミルティアデスは適時に防勢から攻勢に転じ、ペルシア軍に中央突破を行い、これを掃討したものであるということができる。『戦争術の歴史』は、読者には一見、他の多くの古い本と同様戦闘の断片記事の集録のように思われるであろうが、それはデルブリュックの意図した目的を達成するため戦闘復元法というものを用いた独特の著述である。デルブリュックは勝敗の鍵になった戦闘を研究することにより、攻究者は当時の戦術の様相を知り、それからさらに広汎な問題の研究に進むことができると感じていたのである。なぜならば主要な戦闘はその時代の典型的な表現であるばかりでなく、軍事科学の進歩発達を示す一里塚になるからである。いくつかの戦闘を復元することによって、デルブリュックは軍事史の連続性を求めたのである。こうして即事批判によって、デルブリュックはその著書に、いまだかつて他書にはなかった意義と統一を与える三つの主要問題を展開した。すなわちペルシア戦役からナポレオン戦争にいたる戦術の革新、歴史にあらわれた戦争と政治の相互関係およびすべての戦略をふたつの基本形式に分類することなどである。

デルブリュックの戦術の進化に関する著述は、軍事思想に対するデルブリュックの最も顕著な貢献のひとつといわれている。デルブリュックは古代世界におけるローマ軍の軍事的優越の理由を発見することに興味をもった。この問題の鍵は何かという点に対し、デルブリュックはローマの成功は戦闘法の優越にあったという結論に達した。これは原始的なギリシャの方陣から次第にローマ軍の高度に調整された戦術部隊に徐々に発展したことであって、ここに〈古代の戦争技術の粋〉があると考えた。それから近代に移って、デルブリュックはスイス－ブルゴーニュ戦争でローマ軍に似た戦術部隊が復活し、引き続いてナポレオン戦争にいたるまで、その改良と完成が続いて現代軍事史に一貫性を与えたものだと論じている。

古代戦争の転機はカンネーの戦闘であった。この戦争でハンニバルの率いるカルタゴ軍は今までにかつてなかった最も完全な戦術をもって、ローマ軍を覆滅した。いかにしてローマ軍がこの打撃から回復し、カルタゴ軍を撃破して、その結果古代全世界に軍事的優越を得ることができたのであろうか。それは発達した方陣に起因する。カンネーではローマ歩兵はマラトンの戦闘で勝った時と実質的に同じ隊形で戦った。方陣（初期の）の内蔵的弱点のために、ローマ軍はハンニバルの手に落ちたのであった。翼側の暴露とローマ軍の後方部隊の独立した機動力の欠如により、カルタゴ軍の騎兵の包囲を阻止することができなかった。だがカンネー戦の後にローマ軍の戦闘隊形に驚くべき変化がとり入れられた。ローマ軍は最初は、原始的な方陣そのものだったが、やがてこれを分割して中規模の戦闘群に分かち、最後にこれを多くの小戦術単位部隊に分割した。これによってある時は相互にこれらを近接させて、突破できない統合部隊とし、ある時はこれを分割して極度に柔軟性のあるかたちにかえて容易に自由な方向に向けることができるようにした。近代の戦争研究者の目にはこの進歩はあたり前のことで注意するに値しない自然のなりゆきのように見えるだろうが、当時はこれを完成することは非常に困難で、古代諸国民のなかでローマ人のみがこれに成功している。それには一〇〇年間の経験が必要であった。その間に軍隊は国民軍から職業的軍隊に変わった。そしてこのローマ方式はローマ軍の特徴であった軍紀の厳正によりはじめて可能なことであった。

かくてローマ人は世界を征服した。それはローマの軍隊が、すべての相手よりも勇敢だったからではなくて、ローマの軍紀のおかげでより強い戦闘方式を保持しえたからであった。ローマ人の征服を避けることに成功した唯一の民族は、ゲルマン人でその抵抗は彼らの政体に根ざす本来の規律と戦闘部隊が非常に有効な戦術単位だったからである。実際ローマ軍との戦争中ゲルマン人はローマの〈古代ローマ軍団＝レギオン〉の編制を学んでこれを模倣して、状況に応じて、彼らの方形群（Gevierthaufe）を独立的にあるいは統一して機動せしめた。

ローマ帝国没落によりミルティアデスの時代以来発展してきた戦術的進歩も終わりを告げた。セウェルス朝の統治の後、政治的混乱はローマ軍の軍紀を弛緩せしめた。そして徐々にその戦術の優秀さが失われていった。これと同時に多数の野蛮人を隊伍のなかに編入することになったので、数世紀にわたって工夫され完全に統合された戦術部署を固執することはもはや不可能になった。歴史は歩兵が強力な戦術部隊に組織せられた時においてのみ、騎兵に勝ることを示している。かくて国家の衰退とその結果もたらされた戦術の退化とともに西方の新たな野蛮帝国とユスティニアヌス帝の軍隊にも同様に歩兵を重武装の騎兵に代えようとする傾向が生まれた。その傾向が高まった時、歩兵の戦術で勝敗を決した時代は去り、ヨーロッパは武装騎士の数によって左右される長い軍事史時代に入ったのである。

デルブリュックは、軍事科学の発達はローマの衰亡とともにとまり、文芸復興とともに再び盛んになったと主張したために非難されたが、このことは正しかった。カール大帝（シャルルマーニュ）の時代からブルゴーニュ戦争でスイス歩兵が登場するまでは封建時代の軍隊であった。デルブリュックの意見ではこれは戦術部隊ではなかった。それはひとりひとりの戦士の格闘力に依存していた。そこには軍紀も、指揮の統一も、武器の活用もなかった。この全期間を通じ戦術の進歩はとまった。

独立した歩兵が一五世紀のスイス軍のなかに再びあらわれた。ラウペン、ゼンバッハ、グランソン、ムルテンおよびナンシーの戦闘で再び方陣や軍団――ファランクスやレギオン――に比較できる組織的歩兵の再現を見る。スイスの槍兵はドイツの方形群と同様な隊かたちを作って、ブルゴーニュ人との戦争の間に、ローマ軍団の使った柔軟な戦闘法を完成した。一例をあげればゼンバッハではスイス歩兵は二隊にわかれ、一隊は騎馬の敵に対して防御し、他は敵の翼に対して攻撃し決定的打撃を与えた。

この戦術の現出はカンネーに比較すべきもので、カンネーに次ぐ軍事革命であった。これは火器の発明以上に封建戦争を終わらせるのに力があった。グランソン、ムルテン、ナンシーでは新兵器が騎士によって使われたが戦闘の結果を左右するほどの効果はなかった。歩兵戦術部隊の復活は戦争の決定的要素となったので騎士は単に騎兵となり、非常に有用だが、軍隊の補助的分野になった。第四巻にデルブリュックはこの発展と近世歩兵が常備軍となるまでの時代の歩兵の進歩を論じ、フランス革命によって可能となった戦術革命を記して結論としている。

デルブリュックは戦術分野の現象に注意を払ったが、これは彼の軍事史に一貫した意義を与えただけでなく、この本の基礎となった主題、すなわち政治と戦争の相互関係を説明することに役立っている。彼は歴史のいかなる時期においても政治の発達と戦術の進歩とは密接な関係があると指摘している。

たとえばカンネーにおけるローマ軍はその戦術の拙劣さによって敗北した。しかしその拙劣さの根本は軍隊が職業軍人でなく訓練されていない市民で編成されていた事実と、国家の憲法が最高指揮官を二人の執政官が交互につとめるように要求していることであった。カンネーの後、統一指揮の必要が一般に認められ、いろいろな政治的試みがなされた後、紀元前二一一年にプブリウス・コルネリウス・スキピオ（大スキピオ）がアフリカにおいてローマ軍の最高指揮官となり、全戦争中指揮権を保有することを保証された。その任命は国家憲法の直接的違反で、共和政体の衰える始まりであった。政治と戦争との相互関係はこの場合明らかであった。デルブリュックは次のように書いている。「世界史における第二次ポエニ戦争の重要性はローマがその軍事力をすばらしく増強するための内部改造を実行したことである。」と。しかしそれは同時にこの国の全性格を変更した。

政治的要素がローマ戦術の完成に絶大な影響を与えたと同様に、戦術体系の崩壊もその後の帝国の政体を注意深く研究することによってのみ説明できる。三世紀の政治と経済の混乱はローマの軍事制度に直接的影響を与えた。「永続的国内抗争はこれまでローマ軍という強い壁を保っていたセメント、すなわちローマ軍団の軍事的価値を形づくっていた軍紀を破壊してしまった。」『戦争術の歴史』のどの部分でもデルブリュックは政治と戦争の相互関係の論議を入れていない。しかしデルブリュックがある歴史的時代から次に移るごとに政治と軍事機構の密接な関係を説明し、またひとつの分野の変化が他の分野に必然的にこれに相当した反響を起こすことを示して、純粋の軍事を全般的背景に適応させている。デルブリュックはドイツの方形群がドイツ民族の村落組織の軍事的表現であることを明らかにして、ドイツ民族の自治体生活の解消が戦術部隊としての方形群を解消してしまったことを論証している。デルブリュックは一五世紀におけるスイスの勝利が各州の平民的要素と貴族的要素の融合と都市の貴族と農民大衆との統合によって可能になったことを明らかにしている。またフランス革命の時期にはいかに政治的要素が影響したであろうか。この場合デルブリュックは、祖国防衛という新しい意識が、兵士の集団を鼓舞し、それがいかに新戦術を発達せしめたかについて説明している。

政治と戦争は密接な関係があることは、デルブリュックの時代以前においても自明の理として認められていた。しかしそれはあらゆる角度から研究され、かつ具体的な事件によって説明さるべきものである。デルブリュックの軍事理論家に対する貢献は、彼があらゆる時代の政治的および軍事的要素の相互作用を説明した組織立った手法にある。

デルブリュックの軍事理論のなかで最も驚異的なものは、すべての戦略はふたつの基本型式に分かつことができるという意見であった。この理論は『戦争術の歴史』の出版のずっと前に考えられていたが、この本の第一巻と第四巻に要約されている。

クラウゼヴィッツの『戦争論』の影響を受けて、デルブリュックの時代の多くの軍事思想家は、戦争の目的は敵兵力の完全破壊にある。したがってこれを成就することがすべての戦略の目的だと信じていた。デルブリュックは最初の戦史研究によってこの型式の戦略思想は常に無条件には受け入れることはできないこと、そして歴史にはまったく違った戦略が戦場を支配した長い期間があったと確信するにいたった。そのうえクラウゼヴィッツ自身もひとつ以上の戦略的思想の存在の可能性を許容していることを発見した。クラウゼヴィッツが一八二七年に書いた覚書に、彼はふたつの著しく相違している戦争手段のあることを示唆している。ひとつはまったく敵の殲滅に熱中するもの、他は敵を殲滅しない制限戦争である。制限戦争はその戦争に包含されている政治目的または政治的緊張が小さいかあるいは軍事的手段が殲滅を成就するに不充分な場合かのいずれかの理由によるものであるとしている。クラウゼヴィッツはふたつの型式があることを説明できるほど長く生きていなかった。デルブリュックはこの区別を認め、その各々に固有の原理があることを解説しようと決心した。戦争の第一型式、それをクラウゼヴィッツは殲滅戦略（Niederwerfungs strategie）と命名しているが、『戦争論』はこれに重点をおいて書かれている。その唯一の目的は決戦で、将帥に求むるところは唯、与えられた状況においてこのような戦闘の可能性を追求するにある。

第二の戦略型式をデルブリュックは消耗戦略（Ermattungsstrategie）または両極戦略（two-pole

strategy）といろいろに呼んでいる。その殲滅戦略との差異は、「殲滅戦略は唯、一極すなわち戦闘があるだけだが消耗戦略には二極、すなわち戦闘と機動（位置の戦争）がある。そしてそのふたつの間を将帥の決心が動いている。」という。消耗戦略では戦闘はもはや戦略の唯一のねらいではなくて、戦争の政治目的達成に有効な数種の方法のひとつにすぎない。そしてそれは本質的に領土の占領、農作物または通商の破壊、封鎖よりも重要だとはいえない。戦略の第二型式は第一型式の変化でもなければ第一に劣った型式でもない。歴史のある期間において政治的要因のためかあるいは軍隊の小さいためにそれは採用しうる戦略の唯一の型であった。それが将帥に課する仕事は殲滅戦略の要求するところとまったく同じように難しい。消耗戦略により限られた手段が与えられた時、戦争を実行する数種の手段のなかで、いずれがその目的に最もよく適合するかを決定しなければならぬ。すなわちいつ戦うか、いつ機動するか、いつ大胆の法則に従うか、いつ兵力節約の法則に従うかである。ゆえにその決定は主観的なものである。すべての状態や状況、とくに敵の陣営で何が行われているかについて、完全かつ根拠ある情報がえられることは決してないのであるから、一層主観的にならざるをえない。すべての状況すなわち戦争目的、戦闘部隊、政治的反響、敵の指揮官の個性、自国および敵の政府、国民性を慎重に考えて、将帥は戦闘をやった方がいいか悪いかを決定せねばならない。将帥はいかなる代償を支払っても大戦闘を避けねばならぬという結論に達することもあるだろう。また将帥はあらゆる機会に戦闘を求める。つまり一極戦略と彼の行動との間に本質的に差のない決定に達することもあるだろうといっている。

過去の偉大な指揮官のなかで殲滅戦略家はアレクサンドロス、カエサル、ナポレオンであった。同じようにデルブリュックは消耗戦略において、ペリクレス、ベリサリウス、ヴァレンシュタイン、グスタフ・アドルフ、フリードリヒ大王をその代表者としてあげている。最後の名前（フリードリヒ）

を包含したことは、歴史家のなかに憤怒の嵐をまき起こした。デルブリュックに対する非難の声の大部分は参謀本部の戦史家たちで、彼らは殲滅戦略のみが唯一の正しい戦略であると確信し、フリードリヒはナポレオンの先駆者だったと主張した。デルブリュックはこれに答えてそのような見解をもつことはフリードリヒにとって非常に不利なことだといった。もしフリードリヒが殲滅戦略家だったら、一七四一年にフリードリヒは指揮下に六万の兵を持ちながら、すでに打ち破られた、たった二万五〇〇〇の敵の攻撃（撃滅）を拒否したこと、また一七四五年ホーエンフリートベルクの大勝の後、再び機動を利用する戦いに移ることを選んだ事実をいかにして説明できるのであろうか。もし殲滅戦略の原則が将帥の資質を判定する唯一の規準であるならば、フリードリヒははなはだあわれな点数しかかせげないであろう。しかしフリードリヒの偉大さは、彼がもっている手段があらゆる機会に戦闘を求めるには不充分なことを知っていて、それにもかかわらず戦争に勝つために他の戦略原則を有効に使用することができたという事実があったからである。

デルブリュックの議論はその批評家を説得できなかった。コルマール・フォン・デア・ゴルツとフリードリヒ・フォン・ベルンハルディも、デルブリュックに対してともに挑戦した。そして紙上の戦争は二〇年以上もつづいたのであった。論争好きなデルブリュックは彼の理論の論駁に答えて倦むところを知らなかった。しかしデルブリュックの消耗戦略の概念は、ナポレオンやモルトケの伝統に養われ、速戦即決の決戦の実行の可能性を信ずる将校団に拒否された。そして軍事批評家たちはまったくデルブリュックの戦略理論の深遠な意義を見落としていた。歴史はいかなる時代にも通用する正しい唯一の戦略理論というものはありえないことを示している。戦争のあらゆる様相と同じように戦略は密接に政策、政治力、国力と結びついている。ペロポンネソス戦争の時、相手の同盟に対しアテネの政治的弱みはペリクレスの採用したような戦略をとることを余儀なくした。もしペリクレスが後にクレオンのやったように殲滅戦略の原則に従おうとしたならば、必然的に災害がおよんだことであろう。イタリアのベリサリウスの戦略はビザンツ帝国とペルシア人との間の不安な政治関係によって決定せられた。ここでもいつものように、戦争を主宰し、戦略に方向を指示したものは政治であった。また三十年戦争の戦略は極度に複雑で度々変わった政治的関係によって決定され、そしてグスタフ・アドルフのようにまぎれもなく個人的には勇敢で好戦的傾向をもつ将帥も制限戦争をやらざるをえなかった。フリードリヒ大王が偉大な将帥とうたわれるようになったのは、フリードリヒが戦闘に勝ったためではなくて、むしろフリードリヒの政治的聡明さとその戦略が政治的現実に即していたためである。戦略機構は自立できるものではない。一度そのようにしようとして政治情勢から引き離そうと企てたならば、戦略家は国家にとって脅威となる。

王朝封建戦争から国民戦争に移ったこと、一八六四年、一八六六年および一八七〇年の戦勝、国家の戦力の著しい増大は、殲滅戦略が近代の戦争の自然の姿であることを立証したかのように見えた。一八九〇年頃まではデルブリュック自身でさえこれを真実と信じていたようである。一九世紀の終わりに一八六〇年代の大軍がさらに世界大戦で戦った一〇〇万陸軍に変貌していった。この変化は殲滅戦略の適用を不可能にしてペリクレスやフリードリヒの原則に帰ってきたことを先触れするものではなかったか。参謀本部が戦略上別の形式のあることを認めようとしない限り国家が恐るべき危険にさらされたのではなかったか。これらの問いはすべてのデルブリュックの軍事的著述に暗示されていて、またドイツが世界大戦に入るとともに彼は不断にそれを口にしていたのである。

III

デルブリュックはドイツの民間軍事専門家の最先頭に位置する人であったので、一九一四年から一九一八年の戦争中にデルブリュックの書いたものには非常に興味深いものがある。一軍事解説者として、デルブリュックの情報源は新聞や定期刊行誌の他の記者よりも少しも勝ってはいなかった。彼らと同じようにデルブリュックも参謀本部発表の声明、日刊新聞にあらわれる話や中立国からの報道に頼るほかはなかった。もしデルブリュックの戦争記事が普通の民間解説者の労作に比して視野と理解の広さで目立っているならば、それはデルブリュックの近代戦に対する専門的知識と歴史の研究から得た先見洞察力によるものである。プロイセン年報に毎月寄稿した評論には、デルブリュックの歴史的著作に陳述せられた原則、とくにデルブリュックの戦略理論と彼が重視した政治と戦争との相互関係が一層くわしく述べられているのを発見することができる。

シュリーフェンの戦略のとおりに一九一四年にドイツ陸軍は急速にフランス軍の抵抗を破砕し、しかる後ロシアの全力をもって立ち計画でまずベルギーに侵入した。これは殲滅戦争の最後の形式で、デルブリュック自身も戦争の最初の月にはこれを正しいものと感じていた。その同僚の大部分と同様に、デルブリュックはフランス軍の抵抗は恐れるにたらぬと思っていた。フランスの政情の不安定はフランスの軍事方面に有害な影響を及ぼした。「四三年間に四二人の陸軍大臣をもった軍隊が有効に働きうる組織を作りあげることは不可能だ。」といっている。またデルブリュックはイギリスも抵抗を持続できるとは感じていなかった。イギリスの過去の政治的発展から見て申しわけ的な軍隊以上のものを作ることは不可能だと信じていた。イギリスは常に小さい職業軍隊にたよっていた。一般徴兵制度は心理的にも、政治的にも不可能であろう。どこの国民もその歴史の子である。それゆえ人々が自分から彼の青少年時代を切り離せないごとく、その過去からはぬけられないものだ。

しかし最初のドイツ軍の大進撃が失敗して長期の塹壕戦が始まった時、デルブリュックは戦略の転換が第一に必要だと感じた。西部戦線、とくにヴェルダン攻勢の失敗後手づまりとなるにおよんで、デルブリュックはますます最高統帥の戦略的考え方が改訂されねばならぬと信ずるようになった。少なくとも西部戦線での防勢は当然であったが、この事実は戦前の戦略理論上攻勢の優越が常に称揚されていただけに、一層意義が深い。現在では西部戦線の状況は消耗戦略時代の状態に非常に似てきたことは明らかである。「この戦争は新しいものをたくさんもってきたが、それにもかかわらずある種の歴史的類似点を発見することができる。たとえばフリードリヒの戦術に発見されるその堅固な陣地、その砲兵の不断の増強、その野戦築城、そしてその結果としての長い遅退作戦は、明らかに今日の陣地戦と消耗戦（Stellungs und Ermattungskrieg）に類似していることを示している。西部戦線では決戦によることはもはや不可能になった。ドイツは自己の意志を敵に強要する他の手段を発見しなければならなくなった。

一九一六年一二月までに「いかにわが軍事情勢が有利だとしても戦争を継続する限り、われわれが和平に迫りうる望はははるかに遠くなるであろう。」とデルブリュックは指摘している。ドイツ軍の完全な、圧倒的な勝利は不可能でないとしても望みが薄くなった。しかしそれはドイツが戦争に勝てないという意味ではない。ドイツの内線の位置は敵国を分離しただけでなく、主導権を持続することを可能ならしめた。ドイツの戦力はなお恐るべきもので敵にドイツの撃破は不可能だと思いこますことも困難ではなかった。西部戦線の堅固な防御が連合軍の戦意を徐々に弱めている間に、最高統帥部はその最強部隊を連合軍のなかの一番弱いつなぎ目のロシアとイタリアに対して投入すべきであった。ロシアに対する集中攻撃はツァー（ロシア皇帝）の軍隊の士気を完全に阻喪させ、サンクト・ペテルブルクの革命を促進することになるかもしれない。またもしドイツ・オーストリア＝ハンガリー軍のイタリア攻勢が成功すれば、イギリスとフランスに与える精神的効果がおびただしいだけでなく、フランスの北アフリカとの交通連絡を脅かすであろう。

ゆえにデルブリュックの意見では、ドイツの戦略は敵の同盟の破壊、その結果としてイギリストフランスを孤立する方向に指向されなければならぬということになる。これとともに相手の西欧諸国に新しい連合軍が加わる恐れのある方策はすべて採用してはならないことが大切であった。デルブリュックは常に潜水艦作戦に極力反対していたが、それは彼がアメリカを戦争に引き込むことを恐れたからであった。

その最後の研究で、もしドイツが戦争に勝たんがためには政府は戦争中の政治的現実を明確に把握せねばならない。西部戦線が消耗戦になったのだから戦争の政治面が重要性を増加してきた。政治は支配的、また究極的な要素である。軍事作戦は単にその方法のひとつにすぎない。イギリスおよびフランス国民の戦意を弱めるようひとつの政治的戦略を工夫せねばならぬ。

デルブリュックは開戦当時からドイツは政治戦略的分野では大きい弱みに苦しんでいると感じていた。ポーランドとデンマーク地方に対するドイツ化のような視野の狭い政策を採ったために、われわれは自分で小国家の保護者ではなくて、圧迫者だという評価を世界に与えてしまった。」もしこの評判が戦争の過程で確かめられたならば、それはドイツの敵国を精神的に鼓舞し、究極の勝利の望みを危うくする。デルブリュックは歴史に目を転じて、ナポレオンの例はドイツ政治首脳に対する警告として役立たせなければならぬと論じた。ナポレオン皇帝の最も圧倒的な勝利でもそれらはただ敵の戦意を強め、彼の最後の敗北への道を開くに役立ったにすぎない。「神よ、願わくばドイツをしてナポレオンの政策の道に踏みこむことを免れさせたまえ。……（中略）……ヨーロッパはひとつの共通の確信をもっている。それはヨーロッパは一国によって強制された覇権には決して屈服しないという確信である。」

デルブリュックはベルギー侵略が戦略的に必要だったと信じていたが、これは不幸な行動でもあった。なぜならば、それはドイツが小国の征服と併合に熱心だという疑惑を確証したように見えたからである。一九一四年九月から戦いの終末にいたるまで、デルブリュックは、ドイツ政府が終戦となってもベルギーの併合意図はないという声明を出すべきであると主張し続けたのであった。デルブリュックはまたイギリスはドイツがフランドル沿岸を確保する危険の存する限り決して講和しないだろうと論じた。西欧諸国の抵抗を弱める第一歩はドイツが西方になんらの領土的野心を有せず、その戦争目的は他の国民の自由と名誉を傷つけんとするものでないことを明白に宣言するにある。

おそらくドイツが世界支配を求めているのでないことを相手の西方諸国に信ぜしむる最良の道は、ドイツが講和に何の異議ももっていないことを明らかにすることであった。デルブリュックは一九一四年九月のマルヌにおける連合軍反攻の成功以来かかることを表明していた。デルブリュックはこの戦争はロシアの侵略によって起こったもので、イギリスとフランスが、ヨーロッパとアジアをロシアの支配から守っている国と戦い続けねばならぬ理由はないと固く信じていた。戦争が長引くにつれて、デルブリュックは真面目に交渉を望めば、武力のみでは勝ちうることができない勝利がえられるに違いないという確信を強めた。そしてアメリカの参戦後は、デルブリュックはドイツの指導者がその道を選ばぬ限り敗北は免れえないと公然と予言するにいたった。ゆえにデルブリュックは一九一七年七月の平和決議が帝国議会で可決されることを熱烈に望んでいた。なぜならば、それは西部戦線での新攻勢よりも西欧諸国の抵抗を弱めるのに、一層役立つものと感じていたからであった。

デルブリュックは一瞬といえどもドイツ陸軍は世界最強だという自信をゆるがしたことはなかった。しかしデルブリュックは軍隊の最強だということだけで充分ではないことを見抜いていた。一九一七年中にデルブリュックはひとつの主題を強調しつづけた。すなわち「われわれは全世界がわれわれに反対して協調しているということを直視しなければならぬ。そしてもしわれわれがこの世界的同盟の根本的原因を理解しようとするならば、われわれはドイツの世界征覇に対する恐怖という動機にぶつかるだろう。…（中略）…ドイツの専制を恐れているということは、われわれが勘定に入れておかねばならない最も重要な事実のひとつであり、また敵の方の最も強い要因のひとつである。」この恐怖を克服せざる限り戦争は続くであろう。それは西方に対する領土的野心を否認する宣言と、喜んで交渉に応ぜんとする態度を示す政治的戦略によってのみ克服することができるのである。

デルブリュックの見解によれば、現在の戦争の状況と一八世紀のそれとが酷似しているように、現在の情勢ではフリードリヒ大王によって実施せられた消耗戦略の原則にしたがって戦争の政治的方面を重視せねばならない。ドイツ陸軍が一九一四年に戦争を開始した時には、すべてを決戦にかけたが失敗した。デルブリュックは今や軍事作戦を補足的地位に落とし、戦闘はすでにそれ自身が目的ではなくて、ひとつの手段にすぎないものとなってしまった。もしドイツの政治専門家が最初に西欧諸国に平和が望ましいということを納得させるのに失敗したならば、新たな軍事攻勢を企図することができ、また躊躇を打破し思いきって攻勢に出ることに役立つであろう。かかる軍事的努力と政治的計画の協同があって始めて戦争の結果を成功に導くことができるだろう。

敵の抵抗を弱めるのに有効だと思いこんでいた政治的戦略の希望について、デルブリュックは激しい失望を味わわなければならなかった。一九一五年頃ドイツ世論の大勢が戦争をヨーロッパの東方だけでなく西方でも領土獲得の手段と見なすべきだといっていることが明らかになってきた。デルブリュックが進んでベルギーを撤退するという声明を出すべきだと主張した時、彼は怒った罵声で酬いられ、『ドイツチェ・ターゲスツァイトゥング』（ドイツ日刊新聞）に、「われわれの敵に降伏するものだと非難せられた。戦勢が変化してきても、戦利品への欲望を制することができず、また併合主義者のグループの最も重要な部分であった有力な祖国党は、ドイツ政府に強い影響力を与えた。ドイツ政府はベルギーについて何の声明もしなかっただけでなく、講和条約についてもその立場を明らかにしようとしなかった。一九一七年に平和決議が討論せられた時に、ヒンデンブルクとルーデンドルフはもし議会がこれを採択するならば辞職するといって脅やかした。この決議が議会を通過した後にも、最高統帥部の影響力が極めて有力で、政府はこの決議をその政策の基本とすることはできなかった。いわゆる一九一七年七月危機の結果として、西欧諸国はドイツ帝国議会の宣言は不真面目で、ドイツの指導者は依然として世界征覇を目指していると固く信ずるにいたったのであった。

デルブリュックの見解によれば、七月危機はさらに深刻な意義をもっていた。それは政府の政治的指導力の欠如と、軍人が政策の決定を支配する傾向が増大していることを示すものであった。ドイツの軍首脳部は決して政治的聡明さをもっていなかった。しかし過去においては、彼らは国家の政治的首脳の指導にしたがっていた。グナイゼナウは進んでハルデンベルクの意見に従った。モルトケは時にはいやいやながらのこともあったが、ビスマルクの政治的判断に従った。今やドイツ最大の危機に際して、軍人が完全に政治主導権を握るにいたったが、彼らのなかにはひとりとして当時の政治の要求に対し正当な評価をなしうるものはいなかった。ヒンデンブルクとルーデンドルフは軍事的天才であったが、なお単に西欧諸国に決定的軍事的勝利を得ること、すなわち撃破によって西欧を彼らの手に入れようとばかり考えていた。次第に深まってくる失望の念をいだきながら、デルブリュックは次のように書いている。「アテネはペロポンネソス戦争で、ペリクレスの後継者がいなかったために滅びた。われわれの国内には熱火のようなクレオンが多すぎる。ドイツ国民を信頼している人は誰でも、ドイツはその息子のなかに大軍事戦略家をもっているだけでなく、必要な時に外交政策の指導を任せられる天才的政治家をもっていると信じているであろう。」と。しかしその天才的政治家は決してあらわれてこなかった。そして火のようなクレオンたちが幅をきかしていた。

このようなわけでデルブリュックは一九一八年のドイツ軍の攻勢をほとんど自信もなく見守っていて、「開戦以来、私が今まで説明してきた原則には、何の変更もないことは明瞭である。そしてわれわれの西方の戦争目標についての意見の相違はそのまま残っている。大戦略攻勢は同様な政治攻勢とともに実施され、それに援助されねばならぬ。政治攻勢はわれわれの敵の国内戦線に、ヒンデンブルクと灰緑色軍服を着たドイツ兵が敵の前線に働きかけるのと同じ方法で働きかけるものである。」と書いている。もしドイツ政府が攻勢開始の一四日前に、彼らが講和を強く希望していて、講和締結後ベルギーを撤退すると発表さえしておいたならば、その結果はどうなっていただろうか。ロイド＝ジョージとクレマンソーはこれらの声明をドイツの弱った徴候だと考えたかもしれない。しかしそこに攻勢が猛烈な勢で開始された時に、ロイド＝ジョージやクレマンソーはまだ国政の指導権を握っていることができるだろうか。私は大きな疑問だと思う。

デルブリュックは戦争の政治、軍事両面の調整が得られなかったから、この攻勢はせいぜい戦術的成功を収めうるのみで、戦略的になんらの重要性をもつものでないと感じていた。しかしデルブリュックさえもこれが殲滅戦略家の最後のばくちのような冒険だったとは想像していなかったので、ドイツの崩壊が急激かつ徹底的にやってきたのには、彼はまったくびっくりしてしまった。プロイセン年報の一九一八年一一月号の紙上でデルブリュックは読者に奇妙な、そして事実を明らかにした謝罪を書いている。「何と私は大きな間違いをしたものだろうか。四週間前にどんなに状況が悪く見えても、私はなお前線部隊がどんなに動揺していても、現戦線を保持して、敵に休戦を強要しわが国境を守ることはできるという望みを捨てていなかった。」デルブリュックが軍事解説者としてドイツ民衆に対する責任を痛感していることをあらわした文章のなかに、次の言葉を付加している。「私は心の奥底で感じているよりも一層自信あり気に語っていたことを認める。私が陸海軍の公表や報告の自信たっぶりの調子にだまされていたことを認めたことは一再にとどまらない。」しかし、かかる判断のうえの誤りはあったけれども、デルブリュックは常にいかに戦況が悪くても、ドイツ国民は真実を聞く権利があると主張し、また不断に政治の適正を説いて勝利への道を示そうと努めてきたことを誇りとするといっている。デルブリュックが戦争の最後の段階の軍事作戦について最も完全な評論ときびしい批判をしたのは、この精神によるものであった。これは一九一八年のドイツ崩壊の原因調査のために、戦後ドイツ国議会によって作られた委員会の第四分科委員会でデルブリュックが一九二二年に作成した二通の報告書が明らかにしている。分科委員会での証言で、デルブリュックは、プロイセン年報に書いた議論を繰り返したが、検閲の制限がなくなっていたので、一九一八年攻勢のくわしい批判を戦争時よりさらにくわしく述べることができた。

デルブリュックの批判の重点は一九一八年攻勢を計画指導したルーデンドルフに向けられた。デルブリュックはただひとつの点でルーデンドルフが軍事的に優れた才能を示していることを感じた。デルブリュックは、「軍隊の事前の訓練と敵を急襲する時機を考慮し、非常な精力と周到な注意で巧妙な方法をもって攻勢を準備した。」しかしこの周到な事前準備の利点は、それよりも重要な若干の根本的弱点と戦略的考察の過誤によって帳消しになってしまった。第一に攻勢の始まった時ドイツ軍は敵に致命的打撃を与えうる状況でなかった。その優勢さはわずかなもので、予備兵力については敵よりはるかに劣勢だった。その装備品は多くの点で同様に劣っており、そしてそれは誤った補給組織と自動車化部隊に対する燃料の不充分な貯蔵で一層不利な地位に置かれていた。これらの不利は攻勢開始前にすでに明らかだったが、最高統帥部はこれを意に介さなかった。ルーデンドルフは最大の戦略的成果がえられる点（攻勢の主攻指向点）において敵を撃破することを不可能にしているこれらの諸弱点を熟知していた。ルーデンドルフ自身の言、「戦術は純然たる戦略以上に重視されねばならない。」

ということは、(戦術的)突破の最も容易な地点を攻撃し、攻勢の目的(戦略的)に最も役立つ地点を選んだのではないことを意味している。会戦の戦略的目的は敵の殲滅であった。「戦略的目的を達成するため、すなわちイギリスとフランスの両軍を分析し、イギリス軍を席捲するには、攻勢はソンムの線にそって周到に準備されなければならなかった。しかしルーデンドルフは敵の戦略的な戦線の弱点たる攻勢正面を四マイル以上南方にずらしたところに選定した。」約言すれば、敵の抵抗の最も弱い点を攻撃するという戦術的な考え方に従ったために、ルーデンドルフは即興の危険な方針のもとに作戦し、殲滅戦略の第一原則を破ってしまった。

この攻勢の根本的過失は、最高統帥部が一九一八年のドイツ軍がどれくらいのことができるかをはっきり認識して、その可能性に合った戦略を採用することに失敗したことであった。ここでデルブリュックは歴史家と時事評論家として彼の仕事の主題に戻った。両軍の兵力比較によって最高統帥部は敵の殲滅はもはや不可能だと気がつかねばならぬ。ゆえに一九一八年攻勢のねらいは敵がくたびれきって講和を望むようにすることでなければならなかった。これはドイツ政府がかかる平和を望むことを表明することによってのみ可能であったであろう。もしこの声明が明らかにされたら攻勢を開始するにあたってドイツ軍は大きな戦略的利益がえられたであろう。その攻勢は使用可能の兵力に調子を合わせることができる。それは戦術的利益のある地点を、換言すれば最も容易に成功のえられる地点を安全に攻撃できる。なぜならば小さい勝利でも敵国首都に倍加した精神的効果を与えうるからである。一九一八年に最高統帥部は歴史の最も重要な教訓である政治と戦争の交互関係を無視して、敗戦を招いたのであった。「今一度クラウゼヴィッツの基本的文章に立ち帰れば、いかなる戦略構想も政治的目的を無視して考えることはできない。」

IV

軍事史家は、一般の歴史家たちからも、またその活動の分野にある軍人からも疑惑の目で見られる。何かしっくりいかないものをもっている。軍人の疑惑は説明することが難しくない。それは多くは専門家の素人に対する自然的な軽蔑からきている。しかし学者が彼らのなかの軍事史家に対して抱く不信はもっと深い根をもっている。とくに民主主義国では、戦争は歴史的過程の常軌を逸脱した事件であるので戦争の研究は実りの悪い上品な仕事ではないという信念から起こっている。現代の軍事史家のなかで最古参といわれるチャールズ・オーマン卿が、その著書『歴史を書くことについて』において、彼自身のことを取り扱った章を〈軍事史に対する弁明〉と題さねばならなかったことでも明らかである。チャールズ卿は、民間の歴史家が軍事問題に手を出すことは特殊の現象だといい、これを次のように説明している。「中世の僧系の歴史家も近代の自由な歴史家も、戦争の意義についてそれが各種の恐ろしいことを含んでいて、悲しむべき生命の喪失をひき起こすということ以上に、もっと深い意味を把握していないことがしばしばであった。両者とも彼らの個人的な無知と軍事を好まないことを、その歴史上の重要性と意義を否認することによって偽装しようと努めた。」

オーマンが憤ったこの偏見は、デルブリュックも生涯を通じて同じように鋭敏に感じていた。デルブリュックが比較的若い時に軍事史の研究に手を染めた際、デルブリュックの同学の仲間の多くは、デルブリュックの専門をそれに費す彼の精力に値しないものと見ていたようである。プロイセンの学者はイギリスの自由主義の歴史家のように戦争を不自然な出来事と見なすことはなかったが、彼らも軍事の研究に大いに没頭しても学問的に認められもしなければ、またこれにともなう昇進や俸給にも値するものとも信じなかった。デルブリュックが、戦争の歴史がローマの碑文を解くのと同様に大事なことだといい張ったために、本当の教授の資格を得たのが遅れたのは確かである。そしてデルブリュックの生涯を通じて、デルブリュックは常に彼の歴史的分野の正当性を強調した。デルブリュックは当初から歴史家は戦史に対して付随的ではない専門的興味を向けることが極めて必要であると主張している。デルブリュックが学界で不動の地位を得てからずっと後（晩年）に、デルブリュックは戦闘や戦争は世界史の重要でない副産物だという考えに固執しているものを非難している。

デルブリュックの軍事思想史の重要性については、きびしい論争があった。デルブリュックの即事批判の発見の多くは疑問とされ、あるいは独創的でないとして問題とされなかったが、一方デルブリュックの戦略理論も、歴史家にもまた軍人にも一般的には受け入れられなかった。しかし『戦争術の歴史』は近代科学を過去の遺産に適用した最も立派な一範例であり、また微細な点についてはあるいは訂正があろうとも、その厖大な著述は比類のないものである。そのうえ戦争があらゆる人の関心事となった今日においては、歴史家ならびに時事評論家としてのデルブリュックの著述の主なテーマは身近な注意すべきもの、戒めとすべきものとなっている。政治と戦争の調節は今日もなおペリクレスの時代のように重要である。そしてただ唯我独尊的になった戦略や戦争の政治的な面を忘れた戦略的考察は、不幸・災厄を招くにすぎないのであるということである。

（山田積昭訳）

《下巻に続く》

エドワード・ミード・アール（Edward Mead Earle）
1894年～1954年。アメリカのプリンストン大学高等研究所教授，コロンビア大学科学学士，哲学博士。第二次世界大戦中は陸軍航空部隊特別顧問，戦争大学講師などを歴任。専門は〈外交的領域における軍事の役割〉。『新戦略の創始者』（*Makers of Modern Strategy: Military Thought from Machiavelli to Hitler*, Princeton University Press, 1943）は，マキアヴェリからヒトラーまで近現代の戦争を歴史的に検討し，戦争の転換の思想的背景と社会的変化を分析した書として，第二次世界大戦後の今日も高い評価を受けている歴史的名著である。

山田積昭（やまだ・もりあき）
大正６年東京都生れ。陸軍士官学校，陸軍大学校卒。陸軍少佐（軍参謀で終戦）。陸上幕僚監部，統合幕僚会議事務局勤務。陸上自衛隊幹部学校教官，研究員および教育部長。防衛研修所卒。合衆国陸軍歩兵学校卒。方面総監部幕僚長。大隊長，連隊長，第12師団長，富士学校長を歴任。陸将。

石塚栄（いしづか・さかえ）
大正３年横浜市生れ。海軍兵学校卒（昭和11年）。海軍少佐（大東亜戦争主要な全作戦に参加し駆逐艦槇艦長で終戦）。防衛研修所卒。統合幕僚会議事務局勤務。合衆国海軍水陸両用作戦学校卒。海上自衛隊幹部学校研究部長。防衛研修所副部長護衛隊群司令。第一術科学校長。海上自衛隊幹部学校長を歴任。海将。

伊藤博邦（いとう・ひろくに）
大正６年姫路市生れ。陸軍士官学校，陸軍大学校卒。陸軍少佐（軍管区参謀で終戦）。陸上自衛隊幹部学校研究員。陸上自衛隊富士学校機甲科戦術班長。合衆国陸軍指揮幕僚大学校卒。第９普通科連隊長。陸上僚幕監部第５部訓練・演習班長。陸上自衛隊装備開発実験隊長。第９師団副師団長，兼青函輸送連絡隊長等を歴任。陸将補。

新戦略《しんせんりゃく》の創始者《そうししゃ》

マキアヴェリからヒトラーまで

上

●

2011年3月15日　第1刷

著者……………エドワード・ミード・アール

訳者……………山田積昭《やまだもりあき》，石塚栄《いしづかさかえ》，伊藤博邦《いとうひろくに》

装幀……………伊藤滋章

発行者……………成瀬雅人

発行所……………株式会社原書房

〒160-0022 東京都新宿区新宿1-25-13

電話・代表03(3354)0685

http://www.harashobo.co.jp

振替・00150-6-151594

印刷……………新灯印刷株式会社

製本……………東京美術紙工協業組合

ISBN978-4-562-04674-4, Printed in Japan

本書は1978年小社刊『新戦略の創始者』を新組みし，下巻に新たに解題を加えた新版である。

歴史と戦略の本質　上・下

歴史の英知に学ぶ軍事文化

ウィリアムソン・マーレー／リチャード・ハート・シンレイチ編著
今村伸哉監訳

現代人の教養としての「軍事文化」を学び、その歴史研究との真のコラボレーションの重要性を踏まえて探究に取り組むスキルを身につける基本テキスト。急速に変化するグローバル化世界における国内外の課題を「戦略的」に考えようとする者に必読。

各２５２０円
（価格は税込）

マハン
海上
権力史
論
Sea Power

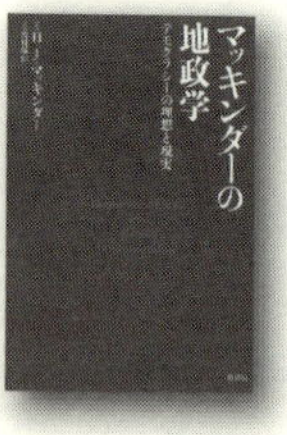

国際関係を動態力学的に把握するマッキンダー地政学の名著。国際関係を常に動態力学的に把握しようとする、いまなお世界に影響を与え続ける「ハートランドの戦略論」の全貌を記した最重要文献。『デモクラシーの理想と現実』を改題、新装刊。

３３６０円
（価格は税込）

H・J・マッキンダー著
曽村保信訳

マッキンダーの地政学

デモクラシーの理想と現実

世界史の名将たち

B・H・リデルハート／森沢亀鶴訳

チンギス・カンとスブタイ、仏の軍事指導者M・サックス、スウェーデン国王グスタフ・アドルフ、新大陸で英国領を確定した将軍ウォルフなど歴史に革命をもたらした名将の生涯と軍事史上の意味を描く名著。　２５２０円

ナポレオンの亡霊

戦略の誤用が歴史に与えた影響

B・H・リデルハート／石塚栄、山田積昭訳

第一次大戦の惨禍の原因を、ナポレオン戦術を誤解した軍事思想にあるとした著者の講演記録を加筆。クラウゼヴィッツやジョミニ他を解読し、歴史事例に照応した理論・実践双方の誤読・誤用の悪影響を指摘。　２５２０円

第一次大戦　その戦略

B・H・リデルハート／後藤冨男訳

英国陸軍の部隊指揮官だった著者が四年に亘る大戦を戦略、戦闘、指揮官、兵器等のあらゆる面から分析。この戦争の歴史的意味と中世以来の戦略の誤謬を鋭く指摘し、独自の「近代戦」理論を構築させた名著。　２９４０円

フラー制限戦争指導論

J・F・C・フラー／中村好寿訳

戦争の真の目的は平和であり、勝利ではない。無制限戦争を回避するため、如何なる戦争指導をすべきか。フランス革命以降の無制限戦争を分析、いかなる戦争指導が戦争を拡大し野蛮化してきたかを解明する。　３９９０円

マキアヴェリ戦術論

ニッコロ・マキアヴェリ／浜田幸策訳

ルネサンス期の自由都市フィレンツェ防衛のため、「戦争」に勝利するためになすべき支配・管理・統制の実際を、時代を超えた人間関係学として展開し、フランス革命後の国民軍構想を予言した先駆的名著。　３３６０円

（価格は税込）

クラウゼヴィッツ「戦争論」入門

井門満明

名著「戦争論」は、深い内容と解釈の多様性によって難解な書として定評があるが、原書の構成に従い、その真髄を判り易く解説、古典的名著を現代に生かすための入門書。最新の研究成果も解説の中で補った。　２５２０円

ハンチントン　軍人と国家　上・下

サミュエル・ハンチントン／市川良一訳

近代国家における軍人の行動とはどうあるべきなのか。アメリカを代表する国際政治学者が豊富な資料を駆使し、政治と軍事の関係およびシビリアン・コントロールの健全なあり方を究明した名著の新装復刊。　各２５２０円

キッシンジャー　回復された世界平和

Ｈ・Ａ・キッシンジャー／伊藤幸雄訳／石津朋之解説

冷戦時代のアメリカを軍縮へと舵を切らせた国際政治学者の実践と理論の名著。「本書は将来の国際秩序のあり方を考える上でも、極めて多くの示唆を与えてくれるに違いない」（防衛研究所・石津朋之）。　３９９０円

ゴルシコフ　ロシア・ソ連　海軍戦略

セルゲイ・ゴルシコフ／宮内邦子訳

冷戦下、大陸間ミサイルよりも遥かに優位な原水艦による核攻撃を可能にし、海上における脅威を軍事的のみならず、外交上の切り札として効果的に利用したゴルシコフの「抑止」によるシーパワー理論の全容。　２９４０円

軍事思想史入門

浅野祐吾／片岡徹也解説

軍事思想は、指揮官・軍隊・兵器の相関関係において理解しなければならないとして、近代西洋と中国の各時代の戦略思想を考察、変遷と系譜をたどる。人間文化史の重要な一部である軍事を理解する好個の書。　３３６０円

（価格は税込）